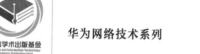

华为网络技术系列

丛书主编
徐文伟
华为数据通信
架构与技术

IPv6 网络切片
使能千行百业新体验

IPv6 Network Slicing
Offering New Experience for Industries

主 编 李振斌 董 杰
副主编 张亚伟 曾昕宗

人民邮电出版社
北 京

图书在版编目（CIP）数据

IPv6网络切片：使能千行百业新体验 / 李振斌，董杰主编. -- 北京：人民邮电出版社，2023.6（2024.5重印）
（华为网络技术系列）
ISBN 978-7-115-61524-4

Ⅰ. ①I… Ⅱ. ①李… ②董… Ⅲ. ①计算机网络—通信协议 Ⅳ. ①TN915.04

中国国家版本馆CIP数据核字(2023)第064956号

内 容 提 要

IP 网络切片技术随 5G 的发展而兴起，成为运营商 2B 业务的重要支撑技术，逐步得到广泛的部署和应用。本书以 IP 网络当前存在的现实问题开篇，分析 IP 网络切片技术与传统 SLA 保障技术的差异，解释 IP 网络切片为什么能够满足 5G 和云计算的业务发展需求，帮助读者从业务角度理解 IP 网络切片技术承载的历史使命。IPv6 在 IP 网络切片技术中扮演了重要角色，本书聚焦 IPv6 网络切片的体系架构、实现方案、资源切分技术、数据平面技术和控制平面技术等，详细介绍 IPv6 网络切片的技术实现，同时结合 IPv6 网络切片控制器，介绍如何进行 IPv6 网络切片的部署，并且结合华为的具体实践，给出 IPv6 网络切片部署的建议。最后，本书结合华为对 IP 网络的理解以及研究进展，对 IPv6 网络切片产业的发展进行展望。

本书是华为 IPv6 网络切片技术研究团队的研究成果，代表 IPv6 网络切片技术的前沿发展方向。本书内容丰富、框架清晰、实用性强，适合网络规划工程师、网络技术支持工程师、网络管理员以及想了解前沿 IP 技术的读者阅读，也适合科研机构、高等院校通信网络相关专业的研究人员参考。

◆ 主　　编　李振斌　董　杰
　　副主编　张亚伟　曾昕宗
　　责任编辑　哈宏疆　韦　毅
　　责任印制　李　东　焦志炜
◆ 人民邮电出版社出版发行　　北京市丰台区成寿寺路 11 号
　　邮编　100164　　电子邮件　315@ptpress.com.cn
　　网址　https://www.ptpress.com.cn
　　固安县铭成印刷有限公司印刷
◆ 开本：720×1000　1/16
　　印张：21　　　　　　　　　2023 年 6 月第 1 版
　　字数：412 千字　　　　　　2024 年 5 月河北第 6 次印刷

定价：99.00 元

读者服务热线：**(010)81055410**　印装质量热线：**(010)81055316**
反盗版热线：**(010)81055315**
广告经营许可证：京东市监广登字 20170147 号

丛书编委会

本书编委会

主　　编　李振斌　董　杰

副 主 编　张亚伟　曾昕宗

委　　员　吕　东　陈　立　骆兰军　刘潇杨

张钰婷　黄慧娴　林　晨　蔡　义

技术审校　胡志波　郝建武

技术审校者简介

胡志波：华为公司（以下简称华为）SR 与 IGP 专家，负责华为 SR 与 IGP 规划和创新工作。目前主要从事 SR-MPLS/SRv6 协议以及 5G 网络切片相关技术的研究。自 2017 年起，积极参与 IETF 标准创新工作，主导和参与 SRv6 可靠性保护、SRv6 YANG、5G 网络切片和 IGP 等相关标准的制定，致力于通过 SRv6 创新支撑网络向 5G 和云化演进。

郝建武：华为数据通信产品线运营商 IP 网络首席架构师。2004 年加入华为，长期从事解决方案的规划、设计工作。曾主导华为数据通信产品线移动承载 3G、4G、5G 三代的解决方案规划和设计工作，对数据通信产品解决方案端到端的规划、设计、验证有丰富的实践经验。2018—2019 年曾在日本、韩国工作，依托华为先进的解决方案，助力日本、韩国 5G 承载网的建设和发展。当前主导智能云网的解决方案设计，致力于打造云网融合、算网融合时代的领先解决方案。

推　荐　语

随着 5G、云计算、物联网等技术与千行百业的数字化进程的加速融合，以段路由、网络编程、网络切片、随流检测等技术为代表的"IPv6+"网络创新体系蓬勃发展。其中，网络切片作为提升关键业务确定性体验的核心技术，越来越受业内人士和相关研究机构的重视。华为公司多年来一直关注数据通信技术及产业演进，致力于新型网络创新与实践，在"IPv6+"网络创新技术研究、产品研发以及解决方案上，取得了大量成果，积累了许多经验。本书汇聚了李振斌团队在网络切片领域的理论思考、技术创新和产业实践，以精练的语言、深度的思考和独特的视角为我们呈现了数据通信网络的高质量发展前景，必将为从事该领域研究开发的工程技术人员、师生带来新的启示和灵感。

——推进 IPv6 规模部署专家委员会副秘书长、

中国信息通信研究院融合创新中心主任

田辉

网络切片是近年来网络领域的重要创新方向，随着 5G 等新一代网络技术的大规模应用，运营商已经开始为客户提供 5G 网络切片服务，开辟了 2B 服务的新模式。为了实现 5G 端到端网络切片能力，IP 网络如何提供切片服务备受关注。本书系统地阐述了 IPv6 网络切片这一重要技术方向，恰逢其时。持续推动 IPv6 规模部署是建设网络强国的重要基础之一，IPv6 网络切片将为用户提供高品质的网络服务，有利于加速 IPv6 从公众互联网到产业互联网的应用发展。同时，算力网络也已经成为产业热点和重要发展方向，IPv6 网络切片为算网融合发展提供重要技术支撑，有助于算力网络的加速建设。希望这部学术著作能够助推 IPv6 网络切片走向规模化商用，为业界提供重要的技术参考。

——中国移动研究院网络与 IT 技术研究所所长　段晓东

在数字经济时代，网络智能化、业务数字化、数据价值化、计算 AI 化的加速发展，驱动着 IT 和 CT、连接和算力、应用与网络等的深度融合。海量数据爆炸式增长以及数以十亿计的泛在接入需求给网络 SLA 带来前所未有的挑战。IPv6 网络切片技术在应对未来"数字洪水"，加速构建面向未来的新型信息基础设施的过程中必将发挥重大的作用，是构建 IPv6 端到端承载底座的关键使能技术。《IPv6 网络切片：使能千行百业新体验》凝聚了华为和业界同行在网络切片技术领域的研究成果，系统地阐述了网络切片的架构原理、业界的应用实践，对其未来进行了技术展望。全书的叙述注重体系性、简洁性和实用性，对研究人员和工程技术人员都有极高的参考价值。

——中国电信研究院副院长　陈运清

"IPv6+"已经形成产业共识，中国联通在对算力网络的探索中，逐步形成了基于"IPv6+"的"四梁八柱"体系架构，网络切片是该体系架构中最为重要的一柱。网络切片使能网络具备"一网多用"能力，可以打造更加灵活的网络切片，提供差异化、高隔离、低时延能力。本书从网络切片的技术原理、方案部署、应用场景及标准等维度进行详细的阐述，对网络研究、部署、应用等均有较高的参考价值，相信这本书的出版有助于促进"IPv6+"产业繁荣发展。

——中国联通研究院副院长、首席科学家　唐雄燕

网络切片是当前业界的热点技术之一，这本书的出版非常及时，不仅详细介绍了网络切片的技术架构、实现细节，同时还将网络切片的来龙去脉、背后故事等娓娓道来，可见作者扎实的技术功底和深厚的行业背景。相信有了这本书的指导，中国联通在各省份的网络切片商用部署一定会更快、更稳、更好！

——中国联通网络线专家　屠礼彪

网络切片是"IPv6+"的核心技术之一，利用该技术，一张物理网络在逻辑上可以分出多个子网平面，不同子网平面间逻辑隔离，能够在实现集约化建网的同时，满足业务多样性、差异化的部署需求。当前，在数字政府建设的大背景下，政务外网在智能化、集约化建设过程中，采用网络切片技术，能够很好地应对专网迁移、业务整合、数据安全、资源调度、感知网接入等多种挑战。华为是"IPv6+"网络切片技术的引领者，这本书对网络切片体系架构、控制器、转发平面等进行了详细描述，可帮助读者了解网络切片技术，也为政务外网未来技术演进提供了参考。

——国家信息中心政务外网技术管理处副处长　金梦然

总　序

"2020 年 12 月 31 日，华为 CloudEngine 数据中心交换机全年全球销售额突破 10 亿美元。"

我望向办公室的窗外，一切正沐浴在旭日玫瑰色的红光里。收到这样一则喜讯，倏忽之间我的记忆被拉回到 2011 年。

那一年，随着数字经济的快速发展，数据中心已经成为人工智能、大数据、云计算和互联网等领域的重要基础设施，数据中心网络不仅成为流量高地，也是技术创新的热点。在带宽、容量、架构、可扩展性、虚拟化等方面，用户对数据中心网络提出了极高的要求。而核心交换机是数据中心网络的中枢，决定了数据中心网络的规模、性能和可扩展性。我们洞察到云计算将成为未来的趋势，云数据中心核心交换机必须具备超大容量、极低时延、可平滑扩容和演进的能力，这些极致的性能指标，远远超出了当时的工程和技术极限，业界也没有先例可循。

作为企业 BG 的创始 CEO，面对市场的压力和技术的挑战，如何平衡总体技术方案的稳定和系统架构的创新，如何保持技术领先又规避不确定性带来的风险，我面临一个极其艰难的抉择：守成还是创新？如果基于成熟产品进行开发，或许可以赢得眼前的几个项目，但我们追求的目标是打造世界顶尖水平的数据中心交换机，做就一定要做到业界最佳，铸就数据中心带宽的"珠峰"。至此，我的内心如拨云见日，豁然开朗。

我们勇于创新，敢于领先，通过系统架构等一系列创新，开始打造业界最领先的旗舰产品。以终为始，秉承着打造全球领先的旗舰产品的决心，我们快速组建研发团队，汇集技术骨干力量进行攻关，数据中心交换机研发项目就此启动。

CloudEngine 12800 数据中心交换机的研发过程是极其艰难的。我们突破了芯片架构的限制和背板侧高速串行总线（SerDes）的速率瓶颈，打造了超大容量、超高密度的整机平台；通过风洞试验和仿真等，解决了高密交换机的散热难题；通过热电、热力解耦，突破了复杂的工程瓶颈。

我们首创数据中心交换机正交架构、Cable I/O、先进风道散热等技术，自研超薄碳基导热材料，系统容量、端口密度、单位功耗等多项技术指标均达到国际领先水平，"正交架构 + 前后风道"成为业界构筑大容量系统架构的主流。我们首创的"超融合以太"技术打破了国外 FC（Fiber Channel，光纤通道）存储网络、超算互联 IB（InfiniBand，无限带宽）网络的技术封锁；引领业界的 AI ECN（Explicit Congestion Notification，显式拥塞通知）技术实现了

RoCE（RDMA over Converged Ethernet，基于聚合以太网的远程直接存储器访问）网络的实时高性能；PFC（Priority-based Flow Control，基于优先级的流控制）死锁预防技术更是解决了 RoCE 大规模组网的可靠性问题。此外，华为在高速连接器、SerDes、高速 AD/DA（Analog to Digital/Digital to Analog，模数 / 数模）转换、大容量转发芯片、400GE 光电芯片等多项技术上，全面填补了技术空白，攻克了众多世界级难题。

2012 年 5 月 6 日，CloudEngine 12800 数据中心交换机在北美拉斯维加斯举办的 Interop 展览会闪亮登场。CloudEngine 12800 数据中心交换机闪耀着深海般的蓝色光芒，静谧而又神秘。单框交换容量高达 48 Tbit/s，是当时业界其他同类产品最高水平的 3 倍；单线卡支持 8 个 100GE 端口，是当时业界其他同类产品最高水平的 4 倍。业界同行被这款交换机超高的性能数据所震撼，业界工程师纷纷到华为展台前一探究竟。我第一次感受到设备的 LED 指示灯闪烁着的优雅节拍，设备运行的声音也变得如清谷幽泉般悦耳。随后在 2013 年日本东京举办的 Interop 展览会上，CloudEngine 12800 数据中心交换机获得了 DCN（Data Center Network，数据中心网络）领域唯一的金奖。

我们并未因为 CloudEngine 12800 数据中心交换机的成功而停止前进的步伐，我们的数据通信团队继续攻坚克难，不断进步，推出了新一代数据中心交换机——CloudEngine 16800。

华为数据中心交换机获奖无数，设备部署在 90 多个国家和地区，服务于 3800 多家客户，2020 年发货端口数居全球第一，在金融、能源等领域的大型企业以及科研机构中得到大规模应用，取得了巨大的社会效益和经济效益。

数据中心交换机的成功，仅仅是华为在数据通信领域众多成就的一个缩影。CloudEngine 12800 数据中心交换机发布一年多之后，2013 年 8 月 8 日，华为在北京发布了全球首个以业务和用户体验为中心的敏捷网络架构，以及全球首款 S12700 敏捷交换机。我们第一次将 SDN（Software Defined Network，软件定义网络）理念引入园区网络，提出了业务随行、全网安全协防、IP（Internet Protocol，互联网协议）质量感知以及有线和无线网络深度融合四大创新方案。基于可编程 ENP（Ethernet Network Processor，以太网络处理器）灵活的报文处理和流量控制能力，S12700 敏捷交换机可以满足企业的定制化业务诉求，助力客户构建弹性可扩展的网络。在面向多媒体及移动化、社交化的时代，传统以技术设备为中心的网络必将改变。

多年来，华为以必胜的信念全身心地投入数据通信技术的研究，业界首款 2T 路由器平台 NetEngine 40E-X8A / X16A、业界首款 T 级防火墙 USG9500、业界首款商用 Wi-Fi 6 产品 AP7060DN⋯⋯随着这些产品的陆续发布，华为 IP

产品在勇于创新和追求卓越的道路上昂首前行，持续引领产业发展。

这些成绩的背后，是华为对以客户为中心的核心价值观的深刻践行，是华为在研发创新上的持续投入和厚积薄发，是数据通信产品线几代工程师孜孜不倦的追求，更是整个 IP 产业迅猛发展的时代缩影。我们清醒地意识到，5G、云计算、人工智能和工业互联网等新基建方兴未艾，这些都对 IP 网络提出了更高的要求，"尽力而为"的 IP 网络正面临着"确定性"SLA（Service Level Agreement，服务等级协定）的挑战。这是一次重大的变革，更是一次宝贵的机遇。

我们认为，IP 产业的发展需要上下游各个环节的通力合作，开放的生态是 IP 产业成长的基石。为了让更多人加入推动 IP 产业前进的历史进程中来，华为数据通信产品线推出了一系列图书，分享华为在 IP 产业长期积累的技术、知识、实践经验，以及对未来的思考。我们衷心希望这一系列图书对网络工程师、技术爱好者和企业用户掌握数据通信技术有所帮助。欢迎读者朋友们提出宝贵的意见和建议，与我们一起不断丰富、完善这些图书。

华为公司的愿景与使命是"把数字世界带入每个人、每个家庭、每个组织，构建万物互联的智能世界"。IP 网络正是"万物互联"的基础。我们将继续凝聚全人类的智慧和创新能力，以开放包容、协同创新的心态，与各大高校和科研机构紧密合作。希望能有更多的人加入 IP 产业创新发展活动，让我们种下一份希望、发出一缕光芒、释放一份能量，携手走进万物互联的智能世界。

徐文伟

华为董事、战略研究院院长

2021 年 12 月

序 一

IPv6 网络切片是 IPv6 技术领域的又一系统级创新。网络切片的概念源于 5G 的需求，其在提出之后被不断地发展和延伸，现不仅应用于移动业务，还应用于各种公众固定网络业务和企业业务。特别是随着各种企业上云和 2B 业务的迅猛发展，业务对网络的服务质量提出了更高要求。IPv6 网络切片提供了实现业务隔离和资源隔离的优化方案，从而可以在一张网络上更好地服务千行百业，保证不同行业、不同用户的业务需求。IPv6 网络切片具有广阔的应用前景，具备重要的产业价值。

自 2017 年 11 月中共中央办公厅、国务院办公厅印发《推进互联网协议第六版（IPv6）规模部署行动计划》以来，经过各方协同努力，在过去几年的时间里，我国不仅在 IPv6 规模部署方面取得了丰硕成果，而且在面向 5G 和云时代的 IPv6 技术创新方面也取得了很大成就。2019 年 11 月，中国推进 IPv6 规模部署专家委员会批准成立了"IPv6+"技术创新工作组，进一步加强基于 IPv6 下一代互联网技术的体系创新。截至目前，SRv6 在全球已经实现了一百多个局点的规模部署和应用，标准也趋于成熟。网络切片、随流检测、感知应用网络等 IPv6 技术创新的研究和标准化工作也在有序展开。IPv6 网络切片当前已经在数十个局点实现了规模商用，是继 SRv6 之后 IPv6 的又一项重要创新，进一步提升了 IPv6 的价值，推动和促进了 IPv6 的广泛部署和应用。

华为很早便启动了对 IPv6 网络切片的技术研究，积极与业界合作，在技术创新、产品开发和标准化等方面都取得了很多成果，同时积极支持运营商和企业开展 IPv6 网络切片的测试验证、部署和应用，积累了丰富的实践经验。在此基础上，华为"IPv6+"技术创新团队编写了《IPv6 网络切片：使能千行百业新体验》一书。这本书系统地阐述了 IPv6 网络切片的技术体系架构、关键技术、应用方法以及实践经验等，在每一章之后还附上设计背后的故事，交流设计心得，有助于读者深入了解 IPv6 网络切片技术的背景、标准化过程及问题导向的解决思路。本书对网络产品开发人员、网络运维管理人员及垂直行业应用部门都有重要的参考价值，相信本书的出版会对 IPv6 产业的发展产生积极的影响。

邬贺铨

推进 IPv6 规模部署专家委员会主任

2022 年 11 月

序 二

推进 IPv6 规模部署和持续创新，是我国在互联网和通信领域的重大发展战略，亦是全球公认的互联网发展方向。建设数字中国对数据网络提出了全新的需求，亟须通过"IPv6+"技术创新打造新一代高质量网络底座。"IPv6+"是面向 5G 和云时代的智能 IP 网络，通过 AI 与协议创新的有机结合，满足 5G 承载和云网融合的灵活组网、按需服务、差异化保障等业务需求。"IPv6+"1.0 阶段的核心技术是 SRv6 网络编程，网络切片则是"IPv6+"2.0 阶段的核心技术之一，也是网络为各行各业的新业务、新应用提供有保障的服务质量的重要基础。

在标准体系建设方面，CCSA 针对"IPv6+"和网络切片开展了广泛的标准化工作。在网络切片领域，CCSA 于 2019 年年底成立了 5G 网络端到端切片特设项目组，经过近 3 年的持续性工作，已经发布《5G 网络切片 端到端总体技术要求》《5G 网络切片 基于 IP 承载的端到端切片对接技术要求》等一系列行业标准，以及 5G 切片与承载网切片对接的相关行业标准。CCSA TC3 也陆续完成了《支持 IP 网络切片的增强型虚拟专用网（VPN＋）技术要求》《IP 网络切片控制器北向接口技术要求》等 IP 网络切片相关的系列行业标准的建立。与此同时，CCSA 还成立了 IPv6 标准工作组，下设国家标准组、行业标准组和国际标准推进组，提出了包括各垂直行业的"IPv6+"网络部署要求，以加快"IPv6+"的创新和部署。

《IPv6 网络切片：使能千行百业新体验》以 5G 和云时代的应用发展给 IP 网络带来的挑战为切入点，详细介绍了 IPv6 网络切片的产生背景、体系架构、关键技术和方案设计，给出了部署建议，并结合华为对 IP 网络的理解及研究，对 IPv6 网络切片产业的发展进行了展望。本书全面翔实，是 IP 网络切片领域第一本专业技术图书，可以看作《SRv6 网络编程：开启 IP 网络新时代》一书的延续，期望本书的出版能够进一步推动"IPv6+"的快速发展，加快数字中国的建设步伐。

赵慧玲
工信部通信科技委信息网络技术专家组组长
中国通信标准化协会（CCSA）网络与业务能力技术工作委员会主席
2022 年 11 月

前　言

IP 网络切片技术是随着 5G 的发展而兴起的。IP 网络切片技术服务于 5G 承载网，进而扩展到支持固定网络业务、企业业务，并可应用于 IP 城域网和 IP 骨干网。IP 网络切片技术成为运营商 2B 业务的重要支撑技术，逐步得到广泛的部署和应用。

IP 网络切片技术也是基于 IP 保障 SLA 技术的一个重要发展。IP 网络起先使用 DiffServ 等 QoS 技术在单点设备上提供服务质量保证，后来发展出了 MPLS TE 等流量工程技术，通过流量工程路径来提供服务质量保证。IP 网络切片技术则可以实现全网的资源隔离，从而提供服务质量保证。与建立物理专网相比，IP 网络切片技术能够节省大量成本。

华为数据通信产品线从 2015 年起就开始投入 IP 网络切片技术的创新和标准化工作，和业界同人一起推动基于 SR SID 的网络切片技术、基于 Slice ID 的网络切片技术、跨域网络切片技术、层次化网络切片技术等，逐步构建起 IP 网络切片技术体系。在这个过程中，我们深感系统地阐述 IP 网络切片技术体系的重要性和迫切性。我们在积聚多年 IP 网络切片研究、标准、产品研发和部署应用经验的基础上完成了本书的编写，希望能够帮助业界更好地理解 IP 网络切片技术，从而推动 IP 网络切片技术和产业的发展。

IPv6 在 IP 网络切片技术中扮演了重要角色。因为 IP 网络切片技术不仅需要普通的基于拓扑的转发，还要能够指示网络切片对应的资源，这就需要在数据平面上通过资源标识来指示，从而对数据平面封装扩展提出了新的需求。IPv6 在诞生时就定义了 IPv6 扩展报文头机制，通过 IPv6 扩展报文头携带资源标识信息，可以很好地满足 IP 网络切片对数据平面的需求。相对 MPLS 扩展机制，IPv6 扩展报文头机制更为成熟。本书聚焦基于 IPv6 实现网络切片的关键技术，这也是本书定名为"IPv6 网络切片：使能千行百业新体验"的原因。我们相信网络切片会是 IPv6 的一个关键应用，也会进一步促进 IPv6 的规模部署和应用。

本书内容

本书共 10 章，可以分为 3 个部分：首先，第 1 章重点介绍 IP 网络切片技术的产生背景和价值；其次，第 2 ～ 9 章详细介绍 IPv6 网络切片技术；最后，第 10 章总结 IP 网络切片产业的发展并展望未来的发展趋势。

第 1 章　IP 网络切片综述

本章基于 5G 和云时代下的多样化业务分析 IP 网络所面临的 SLA 挑战，揭示 IP 网络切片的产生背景及其价值。随后，本章介绍 IP 网络切片的技术研究情况。

第 2 章　IPv6 网络切片的体系架构

本章首先介绍 IP 网络切片的架构，以及 IPv6 网络切片的可扩展性对 IPv6 网络切片技术和方案的影响，然后进一步介绍 IPv6 网络切片关键技术。

第 3 章　IPv6 网络切片的实现方案

本章主要介绍 IPv6 网络切片的实现方案，包括基于 SRv6 SID 的网络切片方案和基于 Slice ID 的网络切片方案、IPv6 层次化网络切片方案和 IPv6 网络切片映射方案。

第 4 章　IPv6 网络切片的资源切分技术

本章主要介绍 IPv6 网络切片方案中常用的资源切分技术，包括 FlexE 技术、基于 HQoS 的信道化子接口和灵活子通道等技术，并对不同的资源切分技术进行比较分析。

第 5 章　IPv6 网络切片的数据平面技术

本章主要介绍 IPv6 网络切片的数据平面技术，分别说明如何基于 IPv6 扩展报文头及 SRv6 SID 携带网络切片信息。

第 6 章　IPv6 网络切片的控制平面技术

本章主要介绍 IPv6 网络切片的控制平面技术以及针对网络切片所进行的控制协议扩展，包括 IGP 多拓扑和 Flex-Algo 的网络切片扩展、BGP-LS 的网络切片扩展、BGP SPF 的网络切片扩展、SR Policy 的网络切片扩展，以及基于 FlowSpec 引流到网络切片的协议扩展。

第 7 章　IPv6 网络切片控制器

本章首先介绍典型的网络控制器架构，然后介绍 IPv6 网络切片控制器的架构、功能和外部接口。在此基础上，全面描述 IPv6 网络切片控制器的关键技术和工作原理。

第 8 章　IPv6 网络跨域切片技术

本章首先介绍 5G 端到端网络切片映射到 IPv6 网络切片的架构、流程和功能实现，然后分别介绍基于 IPv6 的跨域网络切片技术和基于 SRv6 的跨域网络切片技术，最后介绍基于意图路由的机制，该机制用于通过意图在不同网络域中将流量引导到 IPv6 网络切片上。

第 9 章　IPv6 网络切片的部署

本章介绍 IPv6 网络切片部署的相关信息，首先分析智慧医疗、智慧政务、智慧港口、智慧电网和智慧企业场景的网络切片解决方案设计，然后介绍网络切片方案的资源切分配置方法和基于 SRv6 SID、Slice ID 的两种网络切片方案的部署，最后介绍如何通过 IPv6 网络切片控制器部署单层网络切片、层次化网络切片和跨域网络切片方案。

第 10 章　IP 网络切片产业的发展与未来

本章总结 IP 网络切片产业的发展情况，并对 IP 网络切片未来的发展进行展望，包括 IP 网络切片服务进一步原子化、更细粒度和动态化的网络切片，以及网络切片保障业务确定性。

在本书的后记"IPv6 网络切片技术发展之路"中，李振斌作为亲历者，对 IP 网络切片技术的发展以及华为参与创新和标准推动的过程进行了总结。

另外，在每章结尾部分还提供了一些 IPv6 网络切片设计背后的故事（李振斌执笔），在这些故事的描述中，对 IPv6 网络切片技术的设计经验进行总结，希望能够帮助读者进一步了解设计的来龙去脉，加深对 IPv6 网络切片技术的理解。一家之言，仅供参考。

本书由李振斌和董杰担任主编，张亚伟和曾昕宗担任副主编，全书由李振斌统稿。本书是华为数据通信产品线多个团队合作成果的体现，赵永鹏、耿雪松、吴波、吴钦、吕东、骆兰军、王建等同事提供了大量技术资料，技术资料部陈立、刘潇杨、张钰婷、黄慧娴、林晨、蔡义等同事精心编辑和制作了图表，这些工作保证了本书的质量。全书由胡志波和郝建武完成技术审校。

致谢

IP 网络切片的创新和标准推动得到了来自华为内部和外部同人的广泛支持和帮助。借本书出版的机会，衷心感谢胡克文、王雷、左萌、赵志鹏、吴局业、刘少伟、邱月峰、冯苏、丁兆坤、王焱淼、钱骁、王建兵、孙建平、文慧智、孟文君、李小盼、金闽伟、朱科义、范大卫、古锐、刘悦、刘树成、徐菊华、陈新隽、鲍磊、郑娟、黄云宏、姚成霞、闫朝阳、刘淑英、曾毅、卢延辉、孙同心、陈松岩、马岑、方伟、胡珣、李志永、魏秀刚、李璐、谢振强、李云飞、李正良、吴哲文、吴兆胜、陈伟玮、朱俊翔、蒋宇、魏琦、王晓鹏、陈菲、尹作鹏、王勤、胡春悦、葛艳杰、杨名、赵刚、高晓琦、李佳玲、郑鹏、吴鹏、陈国义、吴波、耿雪松、Dhruv Dhody、闫新、沈虹、董文霞、周冠军、经志军、孙元义、王乐妍、王述慧、佟晓惠、席明研、王晓玲、毛拥华、马琳、黄璐、王开春、莫华国、田辉辉、王白辉、孟光耀、郭强、李泓锟、田太徐、夏阳、闫刚、赵凤华、杨平安、盛成、王海波、庄顺万、高强周、方晟、王振星、曾海飞、张永平、张文武、陈闯、张卡、陈大鹏、徐国其、钱国锋、陈重、张力、王文强、胡同福、梅小玲、孙昌盛、马明星、张闯、刘春、韩宇、赵艳青、李薇、张招弟、姜晨、周学、邓亚东、George Fahy、Samuel Luke Winfield-D'Arcy 等华为的领导和同事，衷心感谢田辉、赵锋、陈运清、赵慧玲、曹蓟光、马军锋、解冲锋、李聪、马晨昊、王爱俊、朱永庆、陈华南、杨广铭、罗锐、马彧嵩、段晓东、程伟强、李振强、姜文颖、秦凤伟、龚立艳、杜宗鹏、李欣林、唐雄燕、曹畅、屠礼彪、庞冉、张建东、苗福友、秦壮壮、金梦然、武刚等长期支持我们技术创新和标准推动工作的我国 IP 领域的各位技术专家。最后还要特别感谢邬贺铨院士和赵慧玲老师为本书作序，我们倍感鼓舞，未来当更加努力。

　　本书尽可能完整地呈现 IPv6 网络切片架构、技术和部署应用，因为 IPv6 网络切片技术作为新技术还处于变化过程中，加之我们能力有限，书中难免存在疏漏，敬请各位专家及广大读者批评指正。

李振斌

2022 年 7 月

本书使用的网络切片相关术语

IP（Internet Protocol，互联网协议）网络切片技术起源于5G网络切片。5G网络切片包括RAN（Radio Access Network，无线电接入网）切片、TN（Transport Network，传送网，在本书中表示为承载网）切片和CN（Core Network，核心网）切片。IP网络切片服务于5G承载网，也就是IP移动承载网，后面又扩展用于IP城域网、IP骨干网，因此有IP移动承载网切片、IP城域网切片、IP骨干网切片。

IETF（Internet Engineering Task Force，因特网工程任务组）在制定网络切片标准的过程中，为了区分3GPP（3rd Generation Partnership Project，第三代合作伙伴计划）为5G定义的网络切片，定义了术语"IETF网络切片"。IP是IETF的核心协议，因此IETF网络切片等同于IP网络切片。IP网络切片对外以IP网络切片服务的形式呈现，并通过网络切片控制器的北向IP网络切片服务接口提供。与IP网络切片实现相关的主要术语如下。

- Overlay切片和Underlay切片：IP网络切片的实现通常分成Overlay切片和Underlay切片。Overlay切片在IP网络边缘提供，实现业务的接入和隔离；Underlay切片在IP网络内部提供，实现全网的资源隔离和选路控制。Overlay切片需要映射到相应的Underlay切片上。

- 业务切片和资源切片：Overlay切片用于接入相应的业务并实现业务隔离，因此也称为业务切片；Underlay切片在网络侧提供了资源隔离，因此也称为资源切片。

- VPN（Virtual Private Network，虚拟专用网）、VPN+（Enhanced VPN，增强虚拟专用网）和VTN（Virtual Transport Network，虚拟承载网）：VPN+是IETF定义的IP网络切片的一种实现框架，将IP网络切片作为一种增强的VPN服务进行部署和实现，其中业务切片通过各种VPN技术实现，资源切片通过VTN技术对承载网进行增强来实现。

- NRP（Network Resource Partition，网络资源切分）：IETF将Underlay切片的实现也定义为NRP；资源切片、VTN和NRP属于同义语。

- MPLS（Multi-Protocol Label Switching，多协议标签交换）网络切片和IPv6（Internet Protocol Version 6，第6版互联网协议）网络切片：数据平面使用的MPLS和IPv6技术均可通过扩展支持IP网络切片，对应的网络切片称为MPLS网络切片和IPv6网络切片。

由于网络切片的术语繁多，为了简化术语的使用，帮助读者理解，本书除了在特定章节使用"5G 网络切片"这一术语，其他章节提到的切片均指 IP 网络切片。对于 IP 网络切片，本书除了在特定章节使用"业务切片"这一术语，其他章节提到的 IP 网络切片均指资源切片。对于资源切片，除非另行说明，本书中均指 IPv6 网络中的资源切片。本书各章中 IP 网络切片术语的使用具体说明如下。

第 1 章：本章是 IP 网络切片的综述，IP 网络切片不特指 IPv6 网络切片。

第 2 章：2.1 节中的 IP 网络切片不特指 IPv6 网络切片，并且涉及 5G 端到端网络切片架构，因此使用 RAN 切片、CN 切片、TN 切片和 IP 网络切片进行区分。

第 3 ～ 9 章：这几章具体介绍 IPv6 网络切片相关的方案、技术和部署，里面的 IP 网络切片一般特指 IPv6 网络切片。8.1 节介绍 5G 端到端网络切片技术方案，因此使用 5G 端到端网络切片和 IPv6 网络切片来区分；3.6 节介绍业务切片到资源切片的映射方案，9.3 节、9.4 节介绍业务切片到资源切片映射方案的部署，故使用业务切片和资源切片来区分。

第 10 章：本章介绍 IP 网络切片产业的发展和未来展望，其中的 IP 网络切片不特指 IPv6 网络切片。

目 录

第 1 章
IP 网络切片综述

IP 网络切片是为了满足5G和云时代不断涌现的差异化业务需求，而提出的针对IP网络的架构性创新技术，其代表一整套解决方案。在提出后的短短数年间，IP网络切片已经成功应用于多个行业中。本章将从5G和云时代下的多样化业务出发，分析IP网络所面临的SLA（服务等级协定）挑战，介绍IP网络切片产生的背景，并阐述IP网络切片的价值以及IP网络切片的技术研究情况。

| 1.1　IP 网络切片的产生背景 |

1.1.1　多样化新业务不断涌现

随着5G和云时代多样化新业务的涌现和新连接模式的产生，不同的行业、用户和业务对网络提出了各种各样的新要求，例如接入数量、时延、可靠性等。

1. 5G业务

5G技术带来了层出不穷的新场景和新业务，这些新业务的发展对网络提出了更多、更高的要求，例如更严格的SLA保障、超低时延等。同时，各种类型云的蓬勃发展进一步打破了物理网络设备的限制，拓宽了虚拟网络设备的边界，使得业务接入网络的位置灵活多变，业务与网络更加紧密地融合在一起，从而改变了网络的范围。

5G时代，不同的业务类型以及不同行业间的业务特征差异巨大。移动通信、智能家居、环境监测、智能农业和智能抄表等业务，需要网络支持海量设备连接和大量小报文频发；网络直播、视频回传和移动医疗等业务对传输速率提出了更高的要求；车联网、智慧电网和工业控制等业务则要求毫秒级的时延和接近100%的可靠性。因此，5G网络应具有海量接入、超低时延、极高可靠性等能力，以满足用户和垂直行业的多样化业务需求。

基于未来移动互联网和物联网的主要场景和业务需求特征，ITU（International Telecommunication Union，国际电信联盟）明确提出以下3种5G典型应用场景[1]，如图1-1所示。

- eMBB（enhanced Mobile Broadband，增强型移动宽带）聚焦对带宽有高要求的业务，如高清视频、增强现实等。
- URLLC（Ultra-Reliable and Low-Latency Communication，超可靠低时延通信）聚焦对时延和可靠性极其敏感的业务，如工业自动化等。
- mMTC（massive Machine-Type Communication，大连接物联网，也称海量机器类通信）则覆盖高连接密度的场景，如智慧城市等。

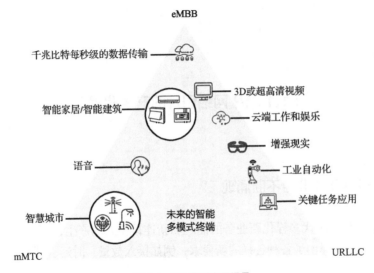

图 1-1　5G 典型应用场景

这些5G应用场景对网络提出了完全不同的功能和性能上的要求，这些要求难以通过一张网络来满足。

2. 云业务

随着云和互联网技术的快速发展，越来越多的行业开始数字化转型，如图1-2所示。

数字化转型的目标是实现轻资产运营模式，即企业将内部的各类应用和系统逐步迁移到云上，享受云服务带来的高效和敏捷。企业上云可以分为3个主要阶段：门户网站上云、办公和IT（Information Technology，信息技术）系统上云，以及企业生产系统上云。企业上云重构了企业到云、企业之间、云与云之间的专线网络，重塑了运营商的2B（To Business，面向企业）业务。云网一站式服务是企业网络建设最关键的诉求之一。特别地，企业的生产系统和核心业务上云对网络的SLA提出了前所未有的要求，也引发了对网络切片的需求。

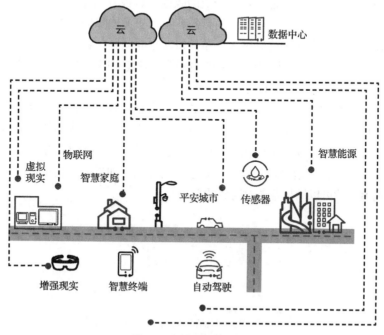

图 1-2　各行业数字化转型

面对企业ICT（Information and Communication Technology，信息通信技术）的庞大市场，业界越来越多的参与者开始采用不同的方案来满足客户的诉求。公有云厂商在提供云的基础上布局云骨干，提供云网一体的服务，这种方式改变了传统的互联网专线和组网专线的连接方式。SD-WAN（Software-Defined Wide Area Network，软件定义广域网）厂商提供灵活、具有成本竞争力的方案以满足客户互联诉求。这些产品和服务不仅重塑了专线连接的方式，而且具备灵活连接、快速开通、动态调整的能力，给运营商的传统专线市场带来了压力。发挥网络优势，提供广覆盖、灵活敏捷、SLA可保障的专线，以及云网融合的能力，是运营商在2B市场保持竞争力的重要因素。

1.1.2　IP 网络面临的 SLA 挑战

随着5G和云时代多样化新业务的涌现，网络需要具备超低时延、安全隔离、高可用性/可靠性、灵活连接以及业务精细化、智能化管理的能力。但是传统IP网络仅提供尽力而为的转发能力，无法满足新业务的SLA需求。

1. 超低时延挑战

在构建IP网络时，一般将网络分为接入层、汇聚层和骨干层。从接入层到汇聚层再到骨干层，规划的带宽会有一定的收敛。这种方式充分利用了IP网络统计复用的能力，以达到资源充分利用的目的，可以极大地降低建网成本。由于收敛比的存在，网络中存在多接口进入、单接口流出的问题，容易造成拥塞。虽然路由器通过端口大缓存可以解决拥塞丢包问题，但报文遇到拥塞时会进入队列缓存，这就会产生较大的排队时延。

图1-3列举了5G时代的多样化新业务。不同业务对带宽和时延有着截然不同的需求。例如，直播视频类业务流量呈现脉冲式突发特征，容易造成瞬时拥塞，因此需要大带宽，对时延的要求比较低。但是远程医疗、5G VR（Virtual Reality，虚拟现实）、精密制造等业务对时延有较高的要求。如果能够基于业务提供差异化时延通道，就可以满足业务对时延的要求。

图 1-3　5G 时代多样化新业务

2. 安全隔离挑战

政务、金融、医疗等垂直行业的生产制造和交互类业务对业务的安全性及稳定运行有着明确的要求，如图1-4所示。为了确保这些核心业务不受其他业务干扰，其通信系统一般采用专用的网络承载，与企业信息管理类业务以及公共网络业务隔离。但是受建设成本、运维、快速拓展业务等因素影响，企业也在满足安全隔离需求的前提下，寻求新的方式承载其核心业务。传统IP网络统计复用模式下，容易出现业务之间互相抢占资源的情形，因此只能提供尽力而为的服务，无法提供安全隔离能力。此外，传统MSTP（Multi-Service Transport Platform，多业务传送平台）专线面临退网，部分基于MSTP的政务、金融专线业务逐步迁移到IP网络上，这些业务也存在安全隔离、资源独享的诉求。

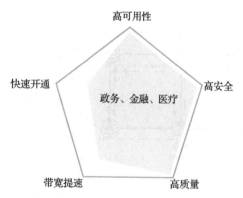

图 1-4　部分行业用户对网络的关键诉求

3. 高可用性挑战

高价值业务要求IP网络提供高可用性企业业务专线，如政务、金融、医疗等行业对可用性的要求往往高达99.99%。而5G业务，尤其是对URLLC业务而言，其可用性要求是99.999%。部分业务如远程控制、高压供电等，其可用性关系着社会与生命安全，要求高达99.9999%。因此，在一张IP网络中提供高可用性的专线来承载这类业务至关重要。

4. 灵活连接挑战

在5G和云时代，单一业务向综合业务发展，流量走向由单一向多方向综合发展，这将导致网络的连接关系变得更加灵活、复杂和动态化，如图1-5所示。5G核心网的云化、UPF（User Plane Function，用户平面功能）的下沉，以及MEC（Multi-Access Edge Computing，多接入边缘计算）的广泛应用，使得基站之间、基站到不同网络层次的DC（Data Center，数据中心）之间，以及不同网络层次的DC之间的连接越来越复杂，且这些连接关系是动态变化的，这就要求网络具备提供任意按需连接的能力。此外，由于不同的行业、业务或用户在网络和云中的业务范围及接入位置的差别，网络需要满足定制化网络拓扑与连接的需求。

5. 业务精细化、智能化管理的挑战

垂直行业有多种业务类型，对网络服务的需求也千差万别。提供具有差异化、动态化以及实时性特征的网络服务，成为网络业务SLA保障中的重要内容。传统IP网络偏静态的业务规划，基于分钟级的网络利用率统计监控，忽略了网络流量在微观上的突发特征，难以避免业务之间互相影响，无法保障业务的SLA，也无法满足业务的动态部署和灵活调整的需求。很显然，一张传统的IP网络是无法满足租户级精细化、智能化的业务管理的要求的。

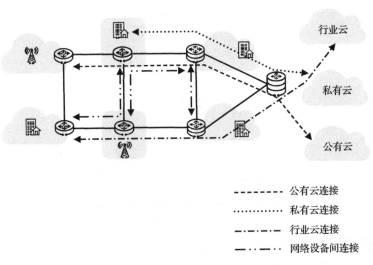

图 1-5　业务多样化导致 IP 网络连接复杂

1.1.3　IP 网络切片的产生

传统的IP网络采用统计复用、尽力而为的方式进行数据包的转发，可以通过较低的成本提供灵活的网络连接服务，但无法高效地为网络中的不同业务提供差异化和可保障的SLA，也难以实现不同业务或网络用户的隔离和独立运营。为了在同一张IP网络上满足不同业务的差异化需求，业界提出了IP网络切片的概念。

通过IP网络切片，运营商能够在一张通用的物理网络之上构建多张专用的、虚拟化的、互相隔离的逻辑网络，来满足不同用户对网络连接、资源及其他功能的差异化需求。IP网络切片示例如图1-6所示。

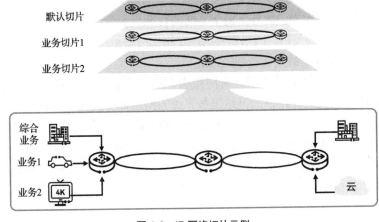

图 1-6　IP 网络切片示例

运营商通过IP网络切片满足不同业务类型或行业用户的差异化网络连接和服务质量需求，不仅降低了建网的成本，而且可提供高度灵活的按需调配的网络服务，从而提升运营商的网络价值和变现能力，并助力各行各业的数字化转型。

IP网络切片最初的应用场景是提供5G承载网切片。但是，由于IP网络不仅可以承载移动业务，还可以承载固定宽带业务以及各种企业专线业务，因此，IP网络切片的应用场景也不再局限于5G网络切片，而是应用在更加广泛的领域中。

1.1.4　IP 网络切片的应用场景

IP网络切片有不同的应用场景，典型的应用场景如表1-1所示。

表 1-1　IP 网络切片典型的应用场景

IP 网络切片类型	切片规格	商业模式	典型应用场景
垂直行业网络切片	全网切片或局部切片。全网切片规格通常在 100 以内，局部切片规格可能到 k（千）级	向特定行业或行业用户提供网络切片	智能配电网
运营商自营业务网络切片	全网切片，规格通常在 100 以内	网络切片对最终用户透明，运营商通过网络切片优化自身网络	对移动承载、固定宽带、企业业务等运营商业务大类的隔离
第三方业务网络切片	全网切片，规格通常在 100 以内	向第三方业务平台提供网络切片	云游戏、高清视频、在线会议等需要特别体验保障的业务
动态随需网络切片	全网切片，规格通常在 100 以内，按需切片规格可能到 k 级	按需向切片用户快速提供网络切片的开通和保障服务	户外突发 4K/8K 超高清 /Cloud VR 直播、远程 /移动紧急救护医疗、无人机操控作业等
资源独享专线切片	局部切片，规格可达 k 级以上	作为高品质专线业务销售给客户	面向政府、银行等用户的高价值政企专线

IP网络切片可基于不同维度进行分类。按照用途，可以分为商业切片和自营切片；按照所服务对象的层次不同，可以划分为行业切片和租户切片；按照所服务用户的类型不同，可以划分为2B切片和2C（To Consumer，面向消费者）切片；按照网络域，可以划分为移动承载网切片、城域网切片、骨干网切片；按照网络连接模型，可以划分为专线型切片、组网型切片和混合型切片。下面介绍一下

专线型切片、组网型切片和混合型切片，图1-7展示了这3种网络切片的组网方式。

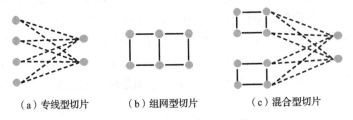

（a）专线型切片　　（b）组网型切片　　（c）混合切片

图 1-7　IP 网络切片的组网方式

- 专线型切片按照指定的业务接入点进行切片。专线型切片通常要求独享带宽资源，如政企切片。专线型切片通常只要求在有限的业务接入点之间进行互联，接入点之间的连接关系较为确定，因此单个专线型切片的连接数量有限，但整个网络专线型切片的连接数量较多。
- 组网型切片按照网络覆盖范围（全网或局部网络）进行切片，切片内的节点之间呈现全网状互联，如运营商自营业务切片、面向特定行业的切片、面向特定大客户的切片等。组网型切片通常要求切片之间不共享带宽资源，但同一切片内不同连接之间的带宽资源可以共享。组网型切片通常要求多点到多点的互联，连接数量多且连接关系复杂。
- 混合型切片是组网型切片和专线型切片的组合，具备组网型切片和专线型切片的特点。

| 1.2　IP 网络切片的价值 |

IP网络切片具有提供资源与安全隔离、差异化SLA保障、极高可靠性保障、灵活定制拓扑连接的能力。使用IP网络切片技术对构建智能云网、助力企业的数字化转型有极大的帮助。

1.2.1　资源与安全隔离

不同的行业、业务或用户可以通过不同的IP网络切片承载在同一张IP网络中，IP网络切片之间需要根据业务和客户的需求提供不同类型及程度的隔离能力。

　　从服务质量的角度来看，IP网络切片隔离的目的是控制和避免某个切片中的业务突发或异常流量对同一网络中其他切片的影响，需要做到不同网络切片内的业务之间互不影响。这一点对垂直行业尤其重要，如智慧电网、智慧医疗、智慧港口等，这类行业对时延、抖动等方面的要求十分严苛，无法容忍其他业务对其业务性能的影响。从安全性角度来看，某个IP网络切片中的业务或用户信息不希望被其他IP网络切片的用户访问或者获取，这就需要为不同切片之间提供有效的安全隔离措施，如政务、金融等专线业务。

　　如图1-8所示，按照隔离需求等级的不同，IP网络切片可以提供3个层次的隔离：业务隔离、资源隔离和运维隔离。

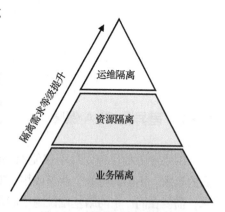

图 1-8　IP 网络切片的隔离层次

- 业务隔离：针对不同业务，在公共网络中建立不同的网络切片，从而实现业务连接和访问的隔离。业务隔离本身不保证服务质量，只使用业务隔离的不同网络切片的业务性能可能会相互影响。业务隔离可以满足部分对服务质量要求相对不苛刻的传统业务的隔离需求。

- 资源隔离：某一网络切片独享网络资源或与其他网络切片共享网络资源。资源隔离对5G的URLLC业务尤其重要，因为URLLC业务通常有十分严格的服务质量要求，不允许任何其他业务干扰。资源隔离按照隔离程度可以分为硬隔离和软隔离。结合软、硬隔离技术，可以灵活选择哪些网络切片需要独享资源，哪些网络切片之间可以共享部分资源，从而实现在同一张网络中满足不同业务的差异化SLA要求。

- 运维隔离：对一部分网络切片租户来说，除了需要业务隔离和资源隔离提供的能力，还需要对运营商分配的网络切片进行独立的管理和维护操作，即做到对网络切片的使用近似于使用一张专网。网络切片通过管理平面接口的开放提供运维隔离功能。

　　如图1-9所示，以智慧电网场景为例，智慧电网业务分为采集类业务和控制类业务，这两类业务对网络的SLA要求存在差异，需要进行资源隔离，同类型业务之间需要进行业务隔离。通过网络切片既可以实现智慧电网业务与公众网络业务之间的资源和安全隔离，还可以实现智慧电网采集类业务与控制类业务的资源隔离。

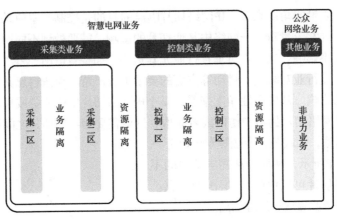

图 1-9 不同业务间的隔离示意

1.2.2 差异化 SLA 保障

网络业务的快速发展不仅使网络流量剧增，还促使用户对网络性能提出了更高的要求。不同的行业、业务或用户对网络的带宽、时延、抖动等SLA有不同的需求，需要在同一个网络基础设施中满足不同业务场景的差异化SLA需求。网络切片利用共享的网络基础设施为不同的行业、业务或用户提供差异化SLA保障。

IP网络切片使运营商从单一的流量售卖服务，逐步向面对2B和2C提供差异化服务转变。如图1-10所示，运营商以切片商品的方式为租户提供差异化服务。按需、定制、差异化的服务将成为未来运营商提供业务的主要模式，也是运营商新的价值增长点。

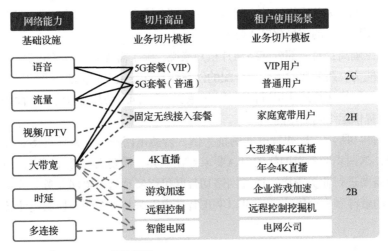

注：2H 为 To Home，面向家庭。

图 1-10 切片即服务示意

1.2.3　极高可靠性保障

高价值业务，例如URLLC业务，要求IP网络提供高可靠性、毫秒级故障恢复等能力，这些已经成为对当前网络的基础要求。基于SR（Segment Routing，段路由）的网络切片支持针对网络中任意故障点的本地保护技术，如TI-LFA（Topology-Independent Loop-Free Alternate，与拓扑无关的无环路备份）、中间节点保护等。利用这些技术可以极大地提高保护成功率，增强IPv6网络切片的可靠性。而且，各网络切片内的链路故障切换能够控制在切片内进行，不影响其他切片，如图1-11所示。

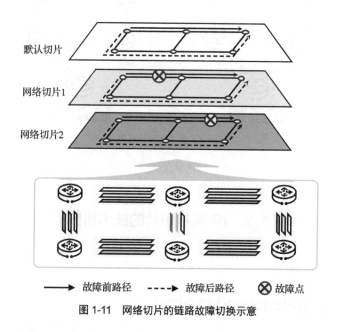

图 1-11　网络切片的链路故障切换示意

1.2.4　灵活定制拓扑连接

5G和云时代业务的不断发展，使得网络的连接关系更加灵活、复杂和动态化。网络切片可以通过定义逻辑拓扑实现按需定制网络切片的拓扑和连接，从而满足不同行业、业务和用户差异化的网络连接需求，如图1-12所示。

定制逻辑拓扑连接后，网络切片无须感知基础网络的全量网络拓扑，只需看到该网络切片的逻辑拓扑与连接，而且网络切片内的业务也被限定在该网络切片对应的拓扑内部署。对网络切片用户来说，这简化了需要感知和维护的网络信息。对运营商来说，这避免了将基础网络过多的内部信息暴露给网络切片用户，提高了网络的安全性。

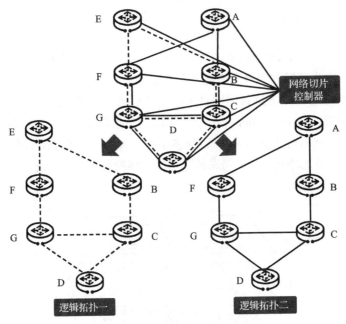

图 1-12　灵活定制拓扑连接

|1.3　IP 网络切片的技术研究|

1.3.1　网络切片技术的整体研究情况

网络切片这一概念首先是在无线网络中被提出的，是面向丰富多样的5G业务需求提出的重要架构创新。无线网络切片相关的技术研究主要由3GPP主导。IP网络切片相关的技术研究主要由IETF主导，包括架构、协议的标准制定等方面。其他一些标准组织也开展了针对网络切片的研究工作。本节将分别介绍3GPP、IETF及其他标准组织在网络切片方面的研究情况。

1. 3GPP针对网络切片的研究

在3GPP中，PCG（Project Coordination Group，项目协调组）是最高管理机构，负责全面协调工作，如3GPP组织架构管理、时间计划、工作分配等。技术方面的工作由TSG（Technology Standards Group，技术规范组）完成。

目前3GPP共3个TSG，分别为TSG RAN、TSG SA（Service and System Aspects，业务与系统方面）、TSG CT（Core Network and Terminal，核心网与终端）。每一个TSG下面又分成多个WG（Working Group，工作组），每个WG分别承担具体的任务，目前共有16个WG。TSG RAN有6个WG，TSG SA有6个WG，TSG CT有4个WG，如图1-13所示。

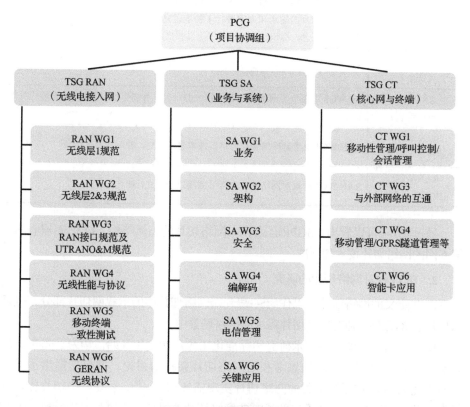

图 1-13　3GPP 的组织架构

作为移动通信网络标准化的主导者，3GPP从2015年开始启动5G相关的标准研究和制定工作。在3GPP众多的工作组中，参与网络切片研究的工作组主要集中在TSG RAN和TSG SA中，如表1-2所示。

与网络切片相关的主要是TSG SA中的SA WG1（业务）、SA WG2（架构）、SA WG3（安全）、SA WG5（电信管理），以及TSG RAN中的RAN WG1（无线层1规范）和RAN WG2（无线层2&3规范）这些工作组。表1-2列举了3GPP中与网络切片研究相关的几个工作组。

表 1-2 3GPP 中与网络切片研究相关的几个工作组

工作组	研究方向
SA WG1 （业务）	SA WG1 负责网络切片需求和场景分析。在 3GPP 的 R14 阶段，在 TR 22.864 中提出了网络切片的需求，并在 TS 22.261 中将网络切片作为 5G 的基础功能进行了进一步的需求分析
SA WG2 （架构）	SA WG2 负责定义网络切片的相关概念和切片控制流程。首先，在 TR 23.799 中对网络切片的需求和方案进行了初步研究，然后，在 TS 23.501 中正式对网络切片的概念、标识和架构进行了定义和描述
SA WG3 （安全）	SA WG3 负责研究网络切片安全方面的问题
SA WG5 （电信管理）	SA WG5 主要负责网络切片管理相关的研究，并制定 5G 网络切片管理相关的标准
RAN WG1 （无线层 1 规范）	RAN WG1 负责对网络切片的空口技术进行研究，并制定相关标准
RAN WG2 （无线层 2&3 规范）	RAN WG2 侧重对网络切片的网络侧接口技术进行研究

通过表1-2可以看出，3GPP定义了5G网络切片的整体架构，以及5G核心网与接入网的网络切片技术和标准。

2. IETF针对网络切片的研究

IETF定义的网络切片可以作为5G端到端网络切片中的承载网切片部分，也可以应用在5G之外其他有网络切片需求的网络场景中。

IETF针对网络切片的技术研究和标准化工作从2016年开始。华为首先在IETF发起了对IP网络切片问题的思考和对网络切片架构的讨论，并率先提出了基于IETF核心技术的重用和增强的网络切片实现框架VPN+ [2]，将IP网络切片作为一种增强的VPN服务。IETF还定义了IETF网络切片的概念、术语和通用架构。IETF网络切片主要基于IP及相关的技术实现，因此本书也将IETF网络切片称为IP网络切片。同时，IETF还定义了基于VPN、TE（Traffic Engineering，流量工程）和SR（Segment Routing，段路由）等技术的增强实现网络切片的技术架构及协议扩展，包括支持网络切片的数据平面封装协议扩展、控制协议扩展以及用于实现网络切片管理和部署的管理接口模型。

在华为和多家网络设备商、运营商的共同推动下，IETF首先进行了基于SR的网络切片数据平面和控制平面的关键技术及协议的研究。之后，为了解决海量网络切片的可扩展性问题，IETF又开始对可扩展网络切片技术进行研究，还提出了跨域网络切片、层次化网络切片等的相关需求、场景和技术研究方向。

3. 其他标准组织针对网络切片的研究

虽然目前网络切片的主要研究和标准化工作在3GPP和IETF中开展，但其他标准组织也有相关的工作在开展，主要包括如下一些标准组织和项目。

BBF（Broadband Forum，宽带论坛）主要进行承载网与5G网络切片管理器对接的承载网切片管理接口的需求描述和信息模型定义。

ETSI（European Telecommunications Standards Institute，欧洲电信标准组织）的ZSM（Zero-touch Network & Service Management，零接触网络和服务管理）工作组进行端到端网络切片生命周期的自动化管理相关的标准化工作。

OIF（Optical Internetworking Forum，光互联论坛）、IEEE（Institute of Electrical and Electronics Engineers，电气电子工程师学会）和ITU-T（International Telecommunication Union-Telecommunication Standardization Sector，国际电信联盟电信标准化部门）主要进行与网络切片相关的二层及以下的转发平面技术研究和标准制定，这些技术可以作为IP网络切片实现其架构的底层技术，提供网络切片之间的转发资源隔离能力。

CCSA（China Communications Standards Association，中国通信标准化协会）也积极开展和IP网络切片相关的技术研究与标准制定工作，涉及的内容包括5G端到端网络切片与IP网络切片的对接、IP网络切片架构以及基于VPN+的网络切片技术实现要求等。图1-14展示了各个标准组织在网络切片方面的研究和标准化工作。

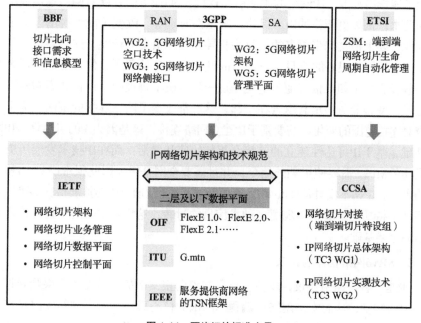

图 1-14　网络切片标准全景

1.3.2　IPv6 网络切片技术的研究方向

1. IPv6网络切片的由来

IPv6是网络层协议的第二代标准协议[3]，最初也被称为IPng（IP Next Generation，下一代IP）[4]。它是IETF设计的一套规范，是IPv4（Internet Protocol version 4，第4版互联网协议）的升级版本。由于IPv6是IETF的核心协议，因此IPv6网络切片是IP网络切片的一种主要实现方式。

IPv4是目前广泛部署的互联网协议。在互联网发展初期，IPv4以其简单、易于实现、互操作性好的优势而得到快速发展。但随着互联网技术的迅猛发展，IPv4设计的不足也日益明显，比如地址空间不足、处理报文头及报文选项的复杂度高、地址维护工作量大、路由聚合效率低，以及对安全、QoS（Quality of Service，服务质量）、移动性等缺乏有效的解决方案等。

IPv6的出现，针对性地解决了IPv4的一些问题。但是，在过去的一段时间里，IPv6的部署和应用非常缓慢。归根结底在于IPv6缺乏有效的应用牵引，而IPv4地址不足的问题也因为CIDR（Classless Inter-Domain Routing，无类别域间路由）和NAT（Network Address Translation，网络地址转换）等解决方案的应用得到缓解。5G和云等新业务的兴起，使IPv6迎来了新的创新和发展机遇。

5G和云对IP技术创新的影响可以用一句话来总结：5G改变了连接的属性，云改变了连接的范围。IP网络的本质就是连接。5G业务的发展对网络连接提出了更多的要求，例如更严格的SLA保障、确定性时延等，改变（或者说增强）了连接的属性，要求报文携带更多的信息来指导和辅助报文的转发，这些要求都可以通过IPv6扩展得到很好的满足。云业务的发展使业务处理所在位置更加灵活多变，而一些云服务（如电信云业务）更是进一步打破了物理网络设备和虚拟网络设备的边界，使得业务与承载融合在一起，这些都改变了网络连接的范围。为了更好地应对连接范围的变化，需要基于IP建立网络连接，这是因为IP的可达性是IP网络的基础，基于IP可达性建立的连接会更加快速和灵活。而在IP技术发展历史上大获成功的MPLS需要使用额外信令，并且需要全网升级，因此很难满足5G和云发展的需求。IPv6不仅具备Native IPv6的可达性，而且通过IPv6扩展报文头可以非常方便地支持功能扩展，实现更多种类信息的封装，这也是IPv6网络切片技术得以发展的重要基础。

2. SRv6网络切片的由来

SR是一种源路由协议，支持在路径起点向报文中插入转发指令来指导报文在网络中的转发，从而支持网络可编程[5]。SR的核心思想是将报文转发路径切割为不同的分段，并在路径起点向报文中插入分段信息以指导报文转发。这样的路径分段被称为"Segment"，并通过SID（Segment Identifier，段标识）来标识。SR在支持流量工程等方面相比传统的RSVP-TE（Resource Reservation Protocol-Traffic Engineering，资源预留协议-流量工程）协议更有优势，比如简化了控制平面和网络状态等。

目前SR支持MPLS数据平面和IPv6数据平面。基于MPLS数据平面的SR被称为SR-MPLS，其SID为MPLS标签；基于IPv6数据平面的SR被称为SRv6（Segment Routing IPv6，基于IPv6的段路由），其SID为IPv6地址[6]。

SRv6支持在头节点插入转发指令，指导数据包转发。如图1-15所示，SRv6结合了SR在头端进行网络编程和IPv6报文头可扩展性两方面的优势，为IPv6网络切片创新带来了新的机会。

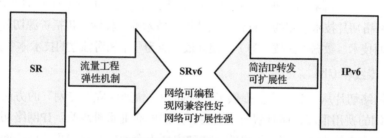

图 1-15　SR + IPv6 = SRv6

从一般意义上理解，SR提供了一种具有高可扩展性的路径服务，即通过组合节点SID和链路SID等信息，提供不同的SR路径来满足不同业务的特定需求。从这个角度来看，SR与IP网络切片的目标是一致的，并且SR可以直接作为实现专线型切片的技术。

换个角度来看，在SR网络中，节点SID是一个虚拟节点，邻接SID是一个虚拟链路，将节点SID和链路SID组合在一起，就是一个虚拟节点和虚拟链路的集合，从而形成了一个虚拟网络。所以，SR也是一个可方便提供虚拟网络的技术，可以用于实现组网型的IP网络切片。

| 设计背后的故事 |

1. 对IP网络切片技术体系的认识

我们对IP网络切片的认识是逐步加深的。开始的时候，我们对IP网络切片有两种基本的认识：第一，IP网络切片是SR的一个重要特性；第二，IP网络切片是

5G端到端网络切片的一个组成部分。

在IP网络切片创新过程中，我们逐步意识到这些认识不够全面，IP网络切片技术比我们想象的复杂得多，完全可以自成体系。首先，IP网络切片可以不用和SR完全绑定。特别是基于Slice ID的网络切片方案，通过在转发平面引入独立的切片资源标识之后，也可以和其他类型的隧道结合使用。同时，IP网络切片技术和硬件技术发展密切相关，基于硬件的资源切分技术是IP网络切片技术的重要基础，这也是之前的SR特性所不具备的。其次，IP网络切片技术来源于5G。IP网络应用场景的多样性以及IP网络所承载业务的多样性，使得IP网络切片技术不仅可以用于移动业务，还可以用于固定网络业务、企业业务，同时既能用于移动承载网，又能用于IP城域网和骨干网。IP网络切片技术增强了原先的IP专线业务，使其可以有更好的资源隔离保证。这些都使得IP网络切片技术可以独立于5G存在。

IP网络切片技术应用的多样性以及所涉及技术的多样性（包括资源切分技术、控制平面技术、数据平面技术等），使其最终成为一个相对独立的技术体系。

2. 专线和专网

IP网络切片从一定程度上提供了一种简便、快速建立"专网"的方法。建立物理专网的费用很高，而且费时、费力，一般的企业很难承受。IP网络切片则是在一张物理网络上通过资源隔离的方法建立属于企业或行业专用的虚拟网络，大大降低了建网的成本，而且省时、省力，这使得一般的企业也可以负担得起。因此，IP网络切片可以减少建立专网的需求，能为运营商带来一门"好生意"，具有很好的应用前景。

引入IP网络切片带来的一个问题是，传统的IP专线业务该如何定义。

普通的VPN专线可以称为IP网络切片吗？

基于MPLS TE（MPLS Traffic Engineering，MPLS流量工程）或SR-MPLS TE（Segment Routing-MPLS Traffic Engineering，段路由-MPLS流量工程）隧道的VPN专线可以称为IP网络切片吗？

RSVP-TE支持建立端到端预留资源的MPLS TE路径，那么基于资源预留的MPLS TE路径的VPN专线可以称为IP网络切片吗？

如果这些专线不能称为IP网络切片，那么假设基于IP网络切片技术的专网拓扑退化成只有两个端点，这样的IP网络切片应该叫专线还是切片呢？

虽然IP网络切片在特定场景下和专线在技术实现方面存在相似性，但是为了尊重IP技术历史发展的实际情况，避免IP网络切片的概念过度外延，本书将IP网络切片限定为：通过特定控制平面技术，如亲和属性、MT（Multi-Topology，多拓扑）、Flex-Algo（Flexible Algorithm，灵活算法），构建拓扑属性，以及通过特定数据平面技术（SRv6 SID或Slice ID）指示资源属性的技术方案。根据这个限定，基于RSVP-TE的MPLS TE路径的VPN专线不在本书描述的网络切片范围内，基于SR TE路径的VPN专线只有在满足上述两种限定条件的情况下才属于本书所描述的网络切片。

| 本章参考文献 |

[1] HUSENOVIC K, BEDI I, MADDENS S, et al. Setting the scene for 5G: opportunities & challenges[R]. Geneva: International Telecommunication Union, 2018.

[2] DONG J, BRYANT S, LI Z, et al. A Framework for Enhanced Virtual Private Networks (VPN+) services[EB/OL]. (2022-09-20)[2022-09-30]. draft-ietf-teas-enhanced-vpn-11.

[3] DEERING S, HINDEN R. Internet Protocol, version 6 (IPv6) specification[EB/OL].(2017-07)[2022-09-30].RFC 8200.

[4] BRADNER S, MANKIN A. The recommendation for the IP next generation protocol[EB/OL]. (1995-01)[2022-09-30]. RFC 1752.

[5] FILSFILS C, PREVIDI S, GINSBERG L, et al. Segment routing architecture [EB/OL].(2018-12-19)[2022-09-30].RFC 8402.

[6] FILSFILS C, CAMARILLO P, LI Z, et al. Segment routing over IPv6 (SRv6) network programming[EB/OL].(2021-02)[2022-09-30].RFC 8986.

第 2 章
IPv6 网络切片的体系架构

IPv6 网络切片是一个完整的技术体系，涉及不同网络层次和领域的关键技术。本章将系统介绍IPv6网络切片的架构和部署的基本流程、IPv6网络切片与5G网络切片的关系、IPv6网络切片的可扩展性，并对IPv6网络切片关键技术进行概述。

| 2.1 IP 网络切片的架构 |

说明：根据RFC 3849的建议，本书一般使用IPv6地址前缀2001:DB8::/32范围内的地址来举例，防止与实际网络产生冲突[1]。但是2001:DB8::/32长度较长，用其绘制的图形不够简洁，所以本书也使用A1::1和1::1这些较短的地址来举例，后续如无特殊说明，本书中出现的IPv6地址均为示意，无任何实际意义。

2.1.1 5G 网络切片管理架构

在5G各种新应用的驱动下，移动通信领域率先提出了网络切片的概念。在3GPP TS 283.501中，网络切片被定义为提供具有特定网络能力和特征的逻辑网络。网络切片包含一组网络功能和被分配的资源（例如计算、存储和网络资源），其目的是能够在一张通用的移动通信网络上满足5G业务的差异化服务需求。5G网络切片是提供特定网络能力的端到端逻辑专用网络，由RAN、TN和CN这3个技术域的NSS（Network Slice Subnet，网络切片子网）组成。3GPP定义的5G端到端网络切片管理架构如图2-1所示。该管理架构分为以下3层。

- CSMF（Communication Service Management Function，通信业务管理功能）层，对应我们通常所说的BSS（Business Support System，业务支撑系统），负责切片业务的运营与计费等。
- 位于CSMF之下的一层是NSMF（Network Slice Management Function，网络切片管理功能）层，对应我们通常所说的OSS（Operations Support System，

运营支撑系统），用于实现端到端网络切片的规划、部署和运维功能。

- 专用的NSSMF（Network Slice Subnet Management Function，网络切片子网管理功能）层，对应各子域（RAN、TN、CN）的网络管控系统，用于实现各子网切片的管理和运维。

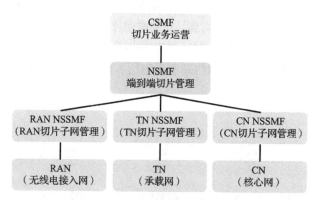

图 2-1　5G 端到端网络切片管理架构

由图2-1可见，在5G端到端网络切片管理架构中，TN是其中的重要组成部分，起到连接RAN与CN网元的作用。TN切片负责连接RAN切片和CN切片，提供相应的性能保证，并协同RAN切片、CN切片，为5G端到端网络切片业务提供其所要求的差异化服务与安全隔离等功能。不同的5G端到端网络切片对承载网的拓扑连接和性能要求可能存在很大差异，这就要求TN具有提供多个差异化承载网切片的能力。

3GPP主要定义了RAN和CN的网络切片架构、流程和技术规范，TN切片的标准和技术规范由IETF制定。IETF网络切片是一种网络逻辑拓扑，使用一组共享或专用网络资源连接多个切片业务端点，这些资源用于满足特定的SLO（Service Level Objective，服务等级目标）和SLE（Service Level Expectation，服务等级期望）[2]。通过IPv6网络切片，运营商能够在一张通用的物理网络之上构建多张专用的、互相隔离的逻辑网络，以满足不同客户对网络连接、资源及其他功能的差异化需求。

2.1.2　IP 网络切片架构

在IP网络中，用于提供多租户以及不同业务之间逻辑隔离的各类VPN技术已经得到广泛的部署与验证，并被用于承载3G和4G的移动业务，以及各种企业专线业务。随着5G和云的兴起，各类新业务和垂直行业业务不断涌现，并提出更加严苛的服务要求，这些要求在带宽、时延、可靠性、隔离与安全等方面都存在极大的差异。伴随着5G的网络切片概念及相关技术的产生，传统的VPN技术无法完全满足5G和云对网络切片的各方面需求，这对IP网络提出了架构变更以及技术优化和创新的要求。

一方面，IP网络切片在概念和架构上需要和5G网络切片保持一致，通过TN NSSMF实现与5G端到端网络切片之间的协同，通过网络切片对接标识实现5G切片业务到IP网络切片的映射。另一方面，IP网络切片的实现是在继承现有的VPN和TE技术的基础上，针对网络切片的需求，在架构以及各层技术上的增强。

IP网络切片架构主要包括网络基础设施层、网络切片实例层和网络切片管理层，如图2-2所示。

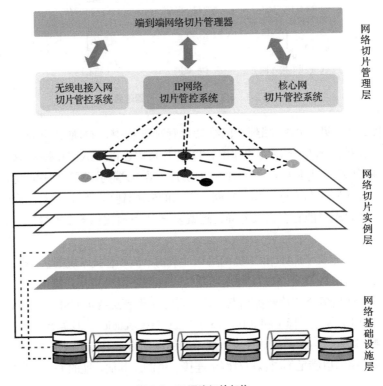

图 2-2　IP 网络切片架构

1. 网络基础设施层

网络基础设施层是由物理网络设备组成，用于创建IP网络切片实例的基础网络。为了满足不同网络切片场景的资源隔离和服务质量保障需求，网络基础设施层需要具备灵活的资源切分与预留能力，支持将物理网络中的资源（例如带宽、队列、缓存以及调度资源等）按照需要的粒度划分为相互隔离的多份，分别提供给不同的网络切片使用。一些可选的资源切分技术包括FlexE（Flexible Ethernet，灵活以太网）接口、信道化子接口和灵活子通道等。

2. 网络切片实例层

网络切片实例层的主要功能是在物理网络中生成不同的逻辑网络切片实例，提供按需定制的逻辑拓扑与连接，并将逻辑拓扑与连接和网络基础设施层分配的一组网络资源集成在一起，构成满足特定业务需求的网络切片。网络切片实例层由上层的业务切片子层和下层的资源切片子层组成。简单来说，IP网络切片实例通过将业务切片映射到满足该业务需求的资源切片上来实现。

业务切片子层又称为VPN层，用于实现网络切片业务端点之间的虚拟连接，以及不同网络切片业务之间的逻辑隔离。现有的和正在制定中的各种多租户虚拟网络技术，如L2VPN（Layer 2 Virtual Private Network，二层虚拟专用网）、L3VPN（Layer 3 Virtual Private Network，三层虚拟专用网）、EVPN（Ethernet VPN，以太网虚拟专用网）以及VXLAN（Virtual extensible Local Area Network，虚拟扩展局域网），都可以用来实现这一层所要求的功能。

资源切片子层又称为VTN层或NRP层，是针对IP网络切片对资源隔离与路径控制需求新引入的一个功能子层。它提供满足切片业务连接所需的定制网络拓扑，以及满足切片业务的服务质量要求所需的独享或部分共享的网络资源。资源切片子层包括控制平面和数据平面。

- 控制平面的功能是定义和收集不同资源切片的逻辑拓扑、资源属性和状态信息，从而为网络设备和控制器生成不同的资源切片视图提供需要的信息。控制平面提供基于资源切片的拓扑和资源约束的路由以及路径计算。在部分切片场景中，控制平面还负责基于切片业务的需求，将不同网络切片的业务按需映射到对应的资源切片。建议采用集中式控制器与分布式控制协议相结合的方式构建资源切片子层的控制平面，这样既能实现集中式控制的全局规划与优化，又能发挥分布式协议快速响应、高可靠性和灵活扩展等的优势。

- 数据平面的功能是在业务报文中携带网络切片的资源标识信息，指导不同网络切片的报文，按照网络切片定义的拓扑、资源等约束进行转发处理。数据平面需要提供一种通用的标识机制，从而能够与网络基础设施层的具体资源切分技术解耦。目前在数据平面中，可以通过每切片的SRv6 SID或Slice ID携带网络切片的资源标识信息。

业务切片子层所对应的各种Overlay的VPN技术已经发展成熟，且被广泛采用，本书后续将重点描述网络切片实例层中的资源切片子层的功能。

3. 网络切片管理层

网络切片管理层主要提供网络切片生命周期管理功能，包括网络切片的规划、部署、运维和优化4个阶段的功能。为了满足垂直行业日益增多的切片需求，网络切片的数量也将不断增加，这将导致网络管理复杂度的增加。网络切片管理层支持动态按需部署网络切片，以及网络切片的自动化、智能化管理。

为了实现5G端到端网络切片，IPv6网络切片的管理层还提供管理接口，与5G端到端网络切片管理器交互网络切片需求和状态等信息，并完成与RAN切片和CN切片之间的协商及对接。

综上所述，实现IPv6网络切片的架构由具有资源切分能力的网络基础设施层、包括业务切片子层与资源切片子层的网络切片实例层、IPv6网络切片的管理层以及管理接口组成。针对不同的网络切片需求，网络切片架构中的相应层次可以选择合适的技术，以组合成完整的IPv6网络切片方案。随着技术的发展和网络切片的应用场景不断增加，IPv6网络切片的技术体系架构还会不断地丰富。

描述IP网络切片架构的标准文稿"VPN+Framework"[3]正在IETF进行标准化，目前已经成为工作组文稿。该文稿除了描述IP网络切片的分层架构，还描述了各层可供选择的关键技术，包括现有技术、基于现有技术的扩展以及一系列的技术创新。文稿中VPN+的含义是在现有VPN业务的功能、部署方式和商业模式的基础上进行演进和能力增强。传统VPN业务主要提供不同租户之间的业务隔离，在服务质量保证和开放管理方面存在不足。通过引入资源切分技术，以及上层业务切片与下层资源切片之间的映射，IP网络切片实现了业务逻辑连接与底层网络拓扑及资源的按需集成，为不同类型的业务提供差异化的服务质量保证。通过VPN+架构以及各层技术的组合搭配，可以实现满足不同需求的网络切片。

2.1.3 IP 网络切片部署的基本流程

IP网络切片部署的基本流程如图2-3所示。

1. 接收网络切片业务请求

IP网络切片控制器通过北向业务管理接口，接收来自用户的网络切片业务创建请求，包括业务的端点、连接关系、带宽、时延、隔离性以及可靠性等。IP网络切片控制器可以根据接收到的切片业务请求创建业务切片，选择使用已有的网络资源切片，或者创建新的网络资源切片来承载网络切片业务。

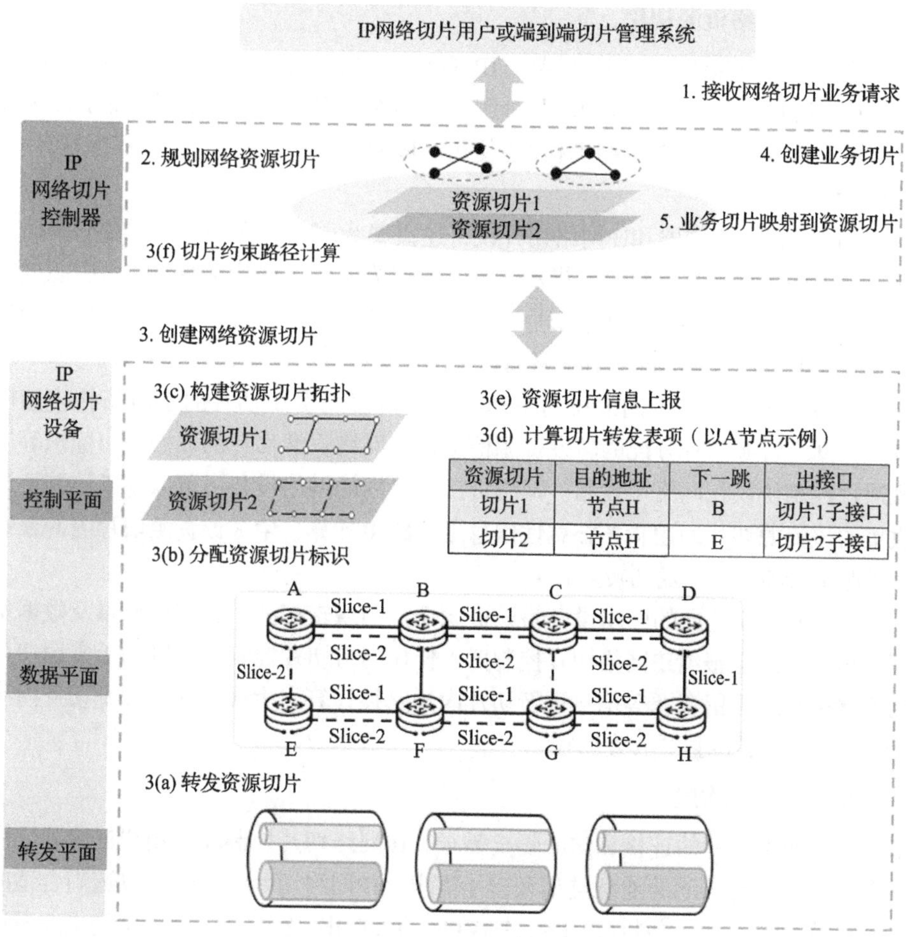

图 2-3　IP 网络切片部署的基本流程

2. 规划网络资源切片

网络资源切片可以由运营商根据对网络资源的规划策略预先部署，也可以由一个或一组用户的业务请求触发创建。每个网络资源切片都具有独享或部分共享的网络资源，同时每个网络资源切片都需要关联一个定制的逻辑拓扑。

基于物理网络的拓扑连接和可用资源信息，IP 网络切片控制器可以确定满足运营商或切片用户需求的网络资源切片的逻辑拓扑，以及在各个网络节点和链路上需要为该资源切片分配的网络转发资源，如带宽、队列和缓存等。IP 网络切片控制器在规划和创建一个新的网络资源切片时，还可能会考虑网络中已经存在的网络资源切片的状态信息，以实现网络资源切片的全局优化部署。

3. 创建网络资源切片

基于网络资源切片的规划结果，IP网络切片控制器通知网络资源切片范围内的IP网络切片设备为网络资源切片分配所需的网络资源。根据不同的业务需求以及网络设备的能力，IP网络切片设备使用不同的资源切分技术为网络资源切片分配转发资源。

IP网络切片控制器和IP网络切片设备还需要为网络资源切片分配数据平面标识，用于在接收到数据包时，指示该报文使用为该资源切片预留的网络资源进行处理和转发。根据不同的网络切片场景以及网络设备的能力，网络资源切片的数据平面标识可以使用不同的数据平面封装技术实现。

网络资源切片范围内的IP网络切片设备可以将资源切片的本地拓扑连接信息、为网络资源切片分配的转发资源信息以及网络资源切片的数据平面标识等信息通过控制协议在网络中发布。网络资源切片内的网络设备还可以基于控制协议收集的该资源切片的逻辑拓扑属性信息进行路由计算，生成该资源切片内的最短路径路由表项，并下发到转发表中。

网络资源切片内的网络设备将该资源切片的逻辑拓扑、预留资源以及数据平面标识等信息上报给IP网络切片控制器，使IP网络切片控制器可以基于资源切片的逻辑拓扑和预留资源等信息进行切片内的路径计算，生成在网络资源切片内满足一定约束条件的显式转发路径。

4. 创建业务切片

根据网络切片的连接和访问隔离需求，IP网络切片控制器为用户创建独立的业务切片。针对不同的业务类型和连接需求，IP网络切片控制器可以选用合适的Overlay多租户技术（包括L2VPN、L3VPN、EVPN以及VXLAN等）来提供业务切片。这一操作步骤与传统的VPN业务部署基本相同，本书不再展开描述。

5. 业务切片映射到资源切片

网络切片的边缘设备需要根据运营商指定的切片业务映射策略，将业务切片映射到资源切片。映射到资源切片的业务报文将由为该资源切片预留的转发资源进行处理和转发，从而实现为不同的网络切片业务提供差异化和有保证的服务。

| 2.2　IPv6 网络切片的可扩展性 |

在一张IP网络中需要切分出多少个网络切片呢？现阶段，不同的人会给出不同的答案。一个普遍的观点是，5G早期主要发展eMBB类业务，网络中需要的网络切片数量比较少，在10个左右，用于提供粗粒度的基于业务类型的网络切片隔离。而随着5G技术的成熟，URLLC类业务的发展以及各种垂直行业业务的兴起将带来更多的网络切片需求，数量可能达到成百上千个，需要网络提供更精细和定制化的网络切片。网络切片方案既需要满足早期对切片数量和规模的要求，也需要具备向支持更多数量和更大规模的网络切片演进的能力。

网络切片的可扩展性主要包括控制平面和数据平面的可扩展性，具体描述如下。

1. 网络切片的控制平面可扩展性

IPv6网络切片的控制平面包括上层业务切片的控制平面以及下层资源切片的控制平面。其中，业务切片的控制平面主要基于MP–BGP（Multi-Protocol Extensions for Border Gateway Protocol，边界网关协议多协议扩展）等控制协议完成业务连接关系和业务路由信息的分发，其可扩展性已得到广泛验证。本节主要对IPv6网络切片中资源切片的控制平面可扩展性进行介绍。

网络切片控制平面的主要功能是下发和收集网络切片的拓扑以及各类属性信息，然后根据切片属性和约束为每个网络切片计算路由，并将计算结果下发到转发表中。当网络切片的数量较多时，控制平面的信息分发和路由计算都会消耗很多的系统资源，需要考虑使用一些优化技术来降低控制平面的开销。网络切片控制平面的可扩展性主要采用如下方式进行优化。

方式一：多个网络切片共享同一个控制平面会话。当相邻的网络设备属于多个网络切片时，可以使用同一个控制平面会话分发多个网络切片的信息。这种方式可以避免由网络切片数量增加带来的控制平面会话数量成倍增加的情形，从而避免额外的控制平面会话维护开销和信息交互开销。当网络设备使用共享的控制平面会话发布多个网络切片信息时，需要在控制消息中通过不同的网络切片标识来区分不同网络切片的属性信息。

方式二：对网络切片的不同属性进行解耦。网络切片具有多种类型的属性，其中一些属性是相对独立的，因而控制平面可以对这些属性实现相对独立的分发和处理。IETF的网络切片可扩展性分析文稿"draft–ietf–teas–nrp–scalability"中提出了网络切片可以相互解耦的两种基本属性，分别是拓扑属性和资源属性。

在图2-4中，针对不同网络切片的连接需求，一张物理网络中定义了两种不同的逻辑拓扑，可以根据每个网络切片的服务质量和隔离需求，确定需要为每个网络切片分配的资源。每个网络切片是其拓扑属性和资源属性的组合。对于同一个逻辑拓扑，叠加网络中的不同资源可以形成不同的网络切片。在控制平面的信息发布和计算处理过程中，可以对网络切片的拓扑属性和资源属性实现一定程度的解耦。对于拓扑相同的多个网络切片，在控制平面中发布网络切片与拓扑的对应关系，便可以只发布一份逻辑拓扑属性。该属性可以被具有相同拓扑的多个网络切片引用，且基于该逻辑拓扑的路径计算结果也可以被这些网络切片共享。

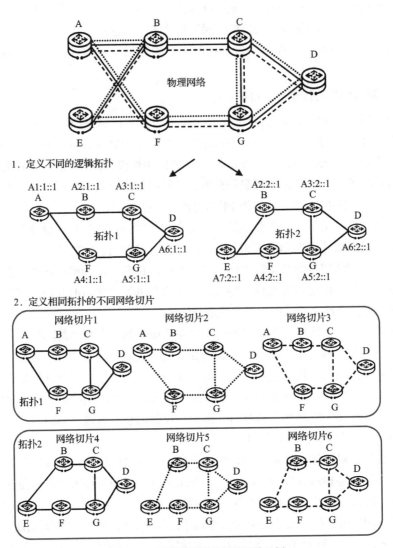

图2-4 共享逻辑拓扑的网络切片示例

例如，在图2-4中，网络切片1、2、3的拓扑相同，而网络切片4、5、6的拓扑相同。这时只需要指定网络切片1、2、3对应拓扑1，网络切片4、5、6对应拓扑2，再分别发布拓扑1和拓扑2的属性，就可以使每个网络节点获得6个网络切片的所有拓扑属性信息。这与为每个网络切片单独发布拓扑属性相比，大大减少了需要交互的消息数量。同时，拓扑相同的多个网络切片还可以共享基于逻辑拓扑的路由计算，从而避免为每个网络切片独立进行拓扑算路而带来的开销。如果设备上有维护网络切片与逻辑拓扑之间的映射关系，这时网络设备只需基于逻辑拓扑维护路由信息，用于多个拓扑相同的网络切片的查表、转发，以及确定转发的出接口和下一跳信息。例如，A—B—C—D的Metric值小于A—F—G—D的Metric值，因此对拓扑相同的网络切片1、2、3来说，从源节点A到目的节点D的下一跳均为节点B，出接口均为节点A与节点B相连的接口。不同的网络切片在相同出接口上分配的转发资源不同，通过数据平面携带的网络切片标识，属于不同网络切片的数据包在该出接口上使用该网络切片对应的预留资源处理和转发报文。

类似地，网络节点为网络切片分配的一组转发资源也可能被多个网络切片共享。被多个网络切片共享的资源属性可以在控制平面只发布一次，同时控制平面需要指示引用该资源的网络切片信息，而不需要为多个网络切片重复发布同一份资源属性。例如，网络切片1与网络切片4在节点B到节点C之间的链路上共享同一个信道化子接口，则该信道化子接口的资源信息只需要在控制平面发布一份，并在发布时指示该份资源同时被网络切片1和网络切片4引用。网络切片控制器和网络路径的头节点收集控制平面发布的网络切片资源信息，生成网络切片的完整信息，从而进行基于网络切片资源属性的约束算路。在转发不同网络切片中的数据包时，网络节点需要根据报文中携带的网络切片标识找到网络切片对应的本地资源，即转发报文的出接口上的子接口或子通道。

为了支持网络切片拓扑属性与资源属性的解耦和灵活组合，网络节点需要通过控制协议发布网络切片的定义信息，以确保网络切片中的各网络节点对网络切片所关联的拓扑属性和资源属性有一致的理解。此外，网络切片所关联的拓扑和资源等属性可以分别使用对应的协议机制发布。

2. 网络切片的数据平面可扩展性

从网络基础设施层的资源分配能力来看，每种网络资源能够被切分的数量相对有限。为了实现更大规模的网络切片，首先需要提升底层网络资源的切分能力，通过引入新技术，可以实现更大规模和更细粒度的资源划分。同时，也需要考虑网络切片的经济性，在资源隔离的基础上引入一定程度的资源共享，也就是说，需要基于软、硬隔离相结合的方式，提供网络切片的资源分配，以满足不同业务、不同等级的服务质量和隔离需求。

另外，数据平面需要为不同的网络切片生成不同的转发表项，网络切片数量的增加也带来数据平面表项数量的增加。以基于SRv6 SID的网络切片数据平面为例，为每个切片分配不同的SRv6 Locator和SRv6 SID，需要更多的Locator和SID资源，这也给网络规划带来一定的挑战。

一种优化网络切片数据平面的方式是，将数据平面使用单个数据平面标识的转发结构，转换为基于多个数据平面标识的转发结构，从而减少需要全网维护的转发表项数量，将部分转发信息只放在单个网络节点进行本地维护。例如，为网络切片提供独立于数据平面的路由和拓扑标识的数据平面切片标识。在转发数据包时先通过匹配报文中的路由和拓扑标识找到对应的下一跳，再通过数据包中的网络切片标识找出该网络切片到下一跳使用的转发资源。在数据平面引入多个数据平面切片标识，对数据平面封装和转发处理的灵活性以及可扩展性提出了更高要求，而IPv6头部灵活的可扩展性可以很好地满足这一要求。

总之，通过提升网络设备资源切分隔离能力，使用软、硬隔离相结合的网络切片规划，结合对网络切片控制平面功能的解耦和优化处理，以及在网络切片数据平面引入多级转发标识和转发表项，可以在一张网络中支持更大规模和数量的网络切片，满足5G和云时代不断增长的网络切片业务需求。

| 2.3　IPv6 网络切片关键技术 |

根据2.1.2节中描述的IP网络切片架构，通过一系列关键技术的组合，可以提供IPv6网络切片的多种实现方案。

IPv6网络切片的技术全景如图2-5所示。

IPv6网络切片的技术可以分为控制器侧技术和设备侧技术。

控制器侧技术主要包括以下几个方面。

- 网络切片北向业务管理接口模型。
- 网络切片生命周期管理功能，包括网络切片的规划、部署、运维、优化等。
- 网络切片南向接口与相关协议，包括BGP-LS（Border Gateway Protocol-Link State，BGP链路状态）协议、BGP SR Policy、PCEP（Path Computation Element Communication Protocol，路径计算单元通信协议）、NETCONF（Network Configuration，网络配置）协议、YANG、Telemetry等。

设备侧技术主要包括以下几个方面。

- 网络切片的转发平面资源切分技术，包括FlexE接口、信道化子接口、灵活子通道等。
- 网络切片的数据平面标识与封装技术，包括基于SRv6和IPv6等数据平面协议的数据平面标识。

- 网络切片的分布式控制协议，包括IGP（Interior Gateway Protocol，内部网关协议）和BGP（Border Gateway Protocol，边界网关协议）等。

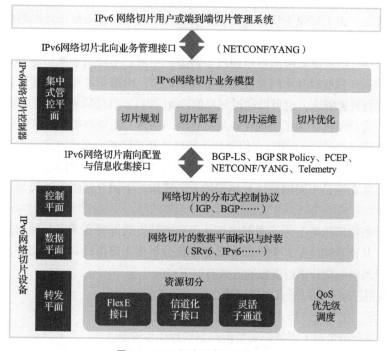

图 2-5　IPv6 网络切片的技术全景

2.3.1　网络资源切分技术

对网络切片的用户来说，最基本也是最关键的一个需求是，使用网络切片可以享有接近于专用网络的服务体验。这要求网络切片能够保证切片用户感知不到在同一网络中还有其他的切片用户，每个网络切片用户的业务体验不会受到网络中其他网络切片或非网络切片业务的变化或异常事件的影响。

网络切片可以根据网络切片用户的需求提供不同层次和不同程度的隔离能力。各种VPN技术可以实现不同网络切片用户的访问隔离，但如果要隔离不同网络切片用户的业务，避免它们相互影响，还需要隔离网络切片资源。按照网络切片资源的隔离程度，可以将资源隔离分为两大类别：软隔离和硬隔离。

软隔离是指不同网络切片之间共享同一组网络资源。这种方式继承了IP网络的统计复用特征，可以在网络切片之间根据不同的QoS服务等级提供差异化的服务，还可以基于差异化的逻辑拓扑和算路约束，为不同的网络切片生成不同的业务转发路径，但软隔离无法保证网络切片的服务质量。

与软隔离相对应的是硬隔离，硬隔离是指为不同的网络切片在网络中分配独享的网络资源，从而保证不同网络切片的业务在网络中使用独立的网络资源进行处理和转发。由于避免了切片间相互影响，硬隔离可以有效地保证网络切片的服务质量。

网络切片的资源硬隔离可以通过多种方式实现。不同的资源切分方式可以提供不同的隔离程度以及不同粒度的资源隔离能力。网络切片可以直接以物理接口为单位进行资源隔离，也可以通过独立的FlexE接口、有预留资源的子接口或子通道等进行资源隔离。为了实现IPv6层次化网络切片，还需要提供分级的资源切分技术，这可以通过FlexE接口或信道化子接口嵌套灵活子通道等方式来实现。实际部署时，可基于不同的业务诉求，选择合适的资源切分技术对网络资源进行精细化分配，从而满足不同网络切片场景的业务需求。下面介绍资源隔离切分和预留的方式。

在一条物理链路上为不同网络切片预留的转发资源需要通过某种形式呈现在网络中，从而被网络的控制平面和数据平面分别用于路由计算和报文转发。具体来说，呈现网络切片预留资源的方式有以下3种。

- 使用三层子接口形式呈现网络切片预留资源。
- 使用二层子接口形式呈现网络切片预留资源。
- 使用预留带宽子通道形式呈现网络切片预留资源。

（1）使用三层子接口形式呈现网络切片预留资源

使用三层子接口形式呈现网络切片预留资源时，每个网络切片的三层子接口均具有独立的IP地址，并使能三层协议。这种方式便于对每个网络切片的预留资源和状态进行独立管理和监控，以及可以基于三层子接口的属性计算路由。使用这种方式的代价则是网络中需要管理的三层子接口和协议会话数量会随着网络切片数量增加而增加，协议消息的泛洪数量也会相应增加。在网络切片数量比较多的情况下，管理平面和控制平面在可扩展性上面临较大的挑战。图2-6展示了基于三层子接口的网络切片预留资源呈现方式。

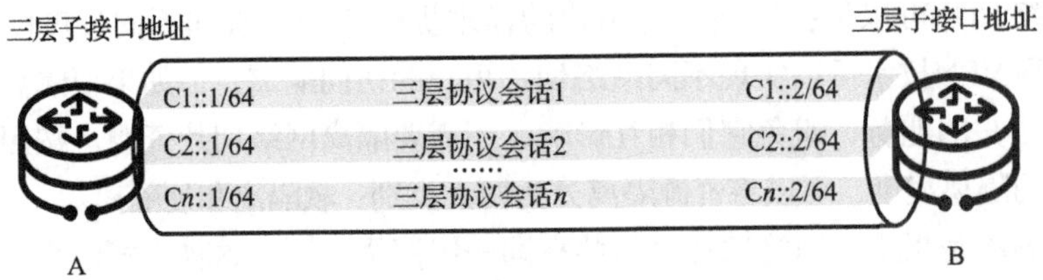

图 2-6 基于三层子接口的网络切片预留资源呈现方式

（2）使用二层子接口形式呈现网络切片预留资源

使用二层子接口形式呈现网络切片预留资源时，每个网络切片的二层子接口本身没有三层属性，需要借助三层主接口的IP地址和协议会话，完成与其他网络节点的信息同步和交互。这种方式的好处是可以避免为每个网络切片分配额外的IP地址和建立额外的三层协议会话。每个切片的二层子接口只需要运行必要的二层协议，就可以有效减少网络切片增多带来的管理平面和控制平面的开销，从而提升网络的可扩展性。由于二层子接口的信息对三层IP路由计算不可见，因此每个网络切片中的网络节点只能基于三层主接口的属性进行选路。图2-7展示了基于二层子接口的网络切片预留资源呈现方式。

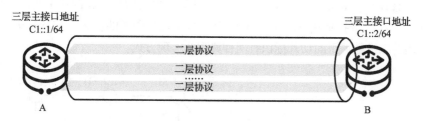

图 2-7　基于二层子接口的网络切片预留资源呈现方式

（3）使用预留带宽子通道形式呈现网络切片预留资源

使用预留带宽子通道形式呈现网络切片预留资源时，每个网络切片对应三层主接口下的一个有带宽保证的逻辑通道。这时，每个网络切片的资源和状态信息可以通过三层主接口的协议会话发布，无须为不同的网络切片建立独立的三层或二层协议会话。因此，这种方式可以进一步减少网络切片带来的管理平面和控制平面的开销。图2-8展示了基于预留带宽子通道的网络切片预留资源呈现方式。

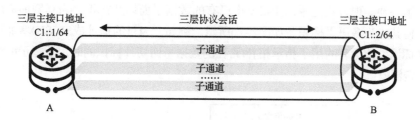

图 2-8　基于预留带宽子通道的网络切片预留资源呈现方式

通过对网络切片资源的规划，结合不同的硬隔离技术，灵活选择哪些网络切片需要独享资源、哪些网络切片之间可以共享部分资源，可以实现在同一张网络中满足不同业务的差异化服务以及服务质量保证的需求。

2.3.2 数据平面技术

在传统的IP网络中，IP报文的基本转发是基于报文中的目的地址进行最长匹配，以确定报文在本网络设备的出接口和下一跳。在IP/MPLS网络中，MPLS数据包的基本转发基于报文最外层MPLS标签进行查表，以确定本网络设备的出接口和下一跳。由此可以看出，传统IP/MPLS网络数据包转发是基于单一数据平面切片标识的一维转发机制。

IPv6网络切片将一张基础IP网络划分为多个逻辑网络，在传统IP网络基于目的地址转发的基础上增加了确定网络切片资源的操作，使IP网络从单一平面变为多平面立体网络。这要求IP网络建立基于二维数据平面切片标识的转发机制，数据包中要同时携带指示拓扑/路径的标识以及指示切片资源的标识，如图2-9所示。IP网络的二维数据平面切片标识有两种典型的实现方式。

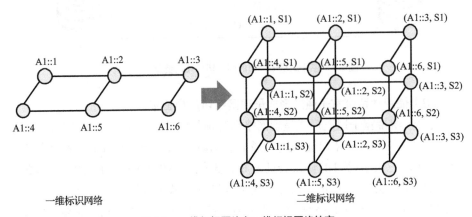

图 2-9   一维标识网络向二维标识网络转变

第一种实现方式是重用IP报文中已有的数据平面切片标识，为其增加资源语义，使其成为多语义标识，如图2-10所示。例如，为目的地址或SR SID增加资源语义标识，使原有的用于指示拓扑/路径的数据平面切片标识同时用于指示网络切片的资源。

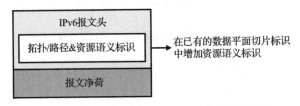

图 2-10   二维数据平面切片标识方法之多语义标识

第二种实现方式是在IP报文中引入新的网络切片标识，与已有的目的地址等共同作为网络切片不同属性的标识，分别指示数据包转发所使用的拓扑/路径以及转发数据包所使用的网络切片资源。例如，在IPv6报文头中增加专门的切片资源标识，如图2-11所示。

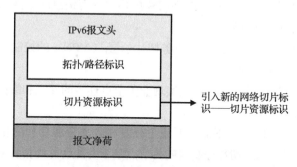

图 2-11　二维数据平面切片标识方法之引入新的网络切片标识

上述两种方式有各自的优点和不足。

基于多语义标识的实现方式可以重用现有的IP报文封装，无须修改报文格式，易于在现有的IP网络中快速实现网络切片的部署，帮助运营商快速验证网络切片方案的可行性、实现网络切片的商用。然而，由于切片资源语义的叠加，原有数据平面切片标识的数量会随着网络切片的数量增加而快速增加，这将带来转发表项数量的增加。对基于SRv6 SID的网络切片方案来说，为每个切片分配不同的SRv6 Locator和SRv6 SID，需要更多的Locator和SID资源，这种方式更适用于对网络可扩展性要求不高、网络切片数量相对较少的场景。

基于新增切片资源标识的实现方式，可以有效避免因网络切片的数量增加导致的原有数据平面切片标识和转发表项数量的增加，提升网络切片数据平面的可扩展性，更好地支持海量网络切片的场景和满足其诉求。新增切片资源标识需要对数据包格式进行扩展，以及对设备转发表进行相应的修改。这种实现方式更适用于对网络切片的可扩展性和海量网络切片有需求的网络场景。

2.3.3　控制平面技术

IPv6网络切片的控制平面包括集中式网络切片控制器与网络设备之间运行的集中控制协议，以及在网络设备之间运行的分布式控制协议。这种由集中式和分布式组成的混合控制平面可以兼具二者的优势，既有集中式控制协议的全局规划和优化能力，也可以利用分布式控制协议的快速响应、高可靠性等优势。

如图2-12所示，集中式网络切片控制器可以通过BGP、PCEP等控制协议完成网络切片拓扑属性信息和资源信息的收集，支撑网络切片内转发路径的全局计算与优化，并将网络切片的路径下发到网络设备等。分布式控制平面可采用IS–IS（Intermediate System to Intermediate System，中间系统到中间系统）或OSPF（Open Shortest Path First，开放最短路径优先）等分布式协议，完成网络切片信息在网络设备之间的分发，实现网络切片拓扑与状态信息的全网同步，以及对网络切片故障做出快速响应和恢复。

IPv6网络切片的控制平面包括业务切片子层（VPN）的控制平面，以及资源切片子层（VTN）的控制平面。

- 业务切片子层的控制平面主要实现业务节点连接的建立和维护，以及业务路由信息的分发。
- 资源切片子层的控制平面主要用于分发和收集资源切片的拓扑属性、资源属性等信息。网络切片控制器或头节点基于资源切片的拓扑属性和资源属性信息以及其他约束条件进行TE路径的计算和建立，资源切片内的各网络设备基于资源切片的拓扑约束进行分布式路由计算，以生成资源切片中的BE（Best Effort，尽力而为）转发表项。资源切片的控制平面需要对IGP、BGP等分布式协议，以及BGP–LS、BGP SR Policy、PCEP等控制器与网络设备之间的交互协议进行扩展。

除此之外，网络切片的控制平面还可实现业务切片到资源切片的映射。

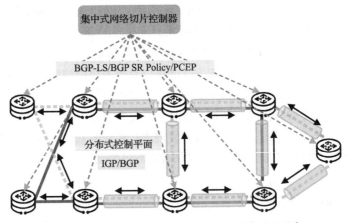

图 2-12　集中式网络切片控制器和分布式控制平面示意

2.3.4　管理平面技术

网络切片的管理平面包括集中式管理平面和分布式管理平面，集中式管理平面和分布式管理平面分工协同工作，共同完成对网络切片的管理。

- 集中式管理平面部署和运行在网络切片控制器上，它将整张网络作为管理对象，完成网络规划阶段的业务切片和资源切片规划、网络部署阶段的切片部署、网络维护阶段的切片运行状态监控和调整，以及网络优化阶段的切片资源优化。集中式管理平面具有网络级全局视角的优势，可以完成网络业务的自动化部署，将网络切片按需部署到一组网络设备上，保证网络流量在网络切片内各设备间转发的正确性以及实施网络性能监控和分析，还可以提供网络切片故障情况下的故障根因定位和分析，并快速解决故障。
- 分布式管理平面部署和运行在网络设备上，它将单个网络设备作为管理对象，完成设备的配置、告警、用户与安全管理、运行与性能状态的监控。由于运行在设备上，分布式管理平面具备更高的可靠性，可以确保设备在任何需要的情况下都能登录和维护，完成对设备的多次配置，确保设备运行的正确性。

网络切片的管理平面为了完成上述功能，需要具备如下关键技术和功能。

- 网络级事务管理：切片部署的过程中，多个网络设备作为配置数据的接收方，在部分设备配置失败的情况下，需要让配置成功的设备完成配置回退，确保事务部署的完整性。网络级事务框架通过定义和管理统一的事务状态机，驱动事务参与者完成操作和数据持久化，让各个参与者达成配置状态的最终一致性。
- 业务一致性保障：集中式管理平面和分布式管理平面分别部署在控制器和网络设备上，两个管理平面的数据可能存在数据不一致的情况。统一的业务一致性框架，要能识别数据的不一致，以及在数据不一致的情况下，保证增量配置变更不会影响已有的网络业务。
- 高效的切片资源划分算法：在切片规划和部署过程中，固定的物理网络需要承载更多的切片业务，并且让切片业务满足切片业务使用者的诉求。高效的切片资源划分算法可以更好地实现网络资源切片最优化，让网络资源更好地满足使用者的需求。
- 大规模网络性能优化：集中式管理平面面向数千、数万甚至数十万级别的网络设备，需要通过合理的并发控制、分布式存储、分时调度公共处理路径等方式，满足大规模网络性能要求。
- 南北向接口技术：网络切片控制器通过北向抽象的接口接收网络切片的业务请求，通过集中计算将业务请求转换为网络切片的一组参数信息，并通过控制器的南向接口对网络设备进行配置以实现网络切片的部署。网络切片控制器需要定义合理的南北向网络切片接口的YANG模型，保证网络切片业务的实施，同时提供模型驱动等机制以实现网络切片管理。

- Telemetry技术：网络切片的监控和维护涉及数据平面、控制平面、管理平面等多个平面，并且需要收集海量的网络状态数据。传统的SNMP（Simple Network Management Protocol，简单网络管理协议）难以满足性能和数据全覆盖的要求，因此需要引入Telemetry技术。NTF（Network Telemetry Framework，网络遥测框架）[4]可以实现秒级的网络性能监控、实时路由信息收集，并且可以通过IFIT（In-situ Flow Information Telemetry，随流信息检测）等技术实现对数据平面业务的精确监控。

| 设计背后的故事 |

在IETF引发了多次关于IP网络切片术语的争论，一定程度上也影响了IP网络切片标准化的进程。

2016年，我们通过对需求和技术的分析，定义了VPN+作为实现IP网络切片的框架。IETF与业界专家达成共识之后，我们于2017年在IETF推出了VPN+架构草案。2019年年初，IETF的TEAS（Traffic Engineering Architecture and Signaling，交通工程架构与信号）工作组接纳了该草案。当时采用VPN+命名有两个考虑。一是IP网络切片可以看成VPN功能的一种增强。传统VPN在网络边缘提供了业务隔离，网络切片进一步在网络内部提供了资源隔离。二是当时"网络切片"被认为是一个与5G强相关的术语，而我们所描述的技术和架构是通用的，可能还会用于非（5G）网络切片的场景。2017年在IETF对"网络切片"术语概念的讨论过程中，普遍的意见是采用相对中性的IETF技术术语，不与网络切片进行绑定。采用VPN+这个术语也是为了更好地契合IETF的意见和建议。

在网络切片创新和标准推动过程中，我们遇到一个问题，那就是VPN+到底"+"的是什么？之前都是笼统地说其是VPN映射到网络域内有资源保证的虚拟Underlay网络（例如资源切片），但是并没有明确的术语进行描述。在定义网络切片协议扩展的时候，因为多个协议扩展的字段都与这个术语相关，没有这个术语，这些字段就很难命名。直到2020年年初，我和董杰经过讨论，确定使用VTN作为资源切片在IETF的通用术语。

后来才知道关于IP网络切片术语的"争论"刚刚开始。由于IP网络切片逐渐流行起来，我们内部产生了各种与切片相关的名词，例如，FlexE切片、专享/尊享/优享切片、亲和属性切片、Flex-Algo切片、软切片、硬切片、行业切片、租户切片等。

　　这些林林总总的名词造成了一些概念上的混淆，给技术讨论也带来了困难。在讨论网络切片技术的过程中，大家在切片的基本术语上都没有达成一致，对网络切片术语的理解也不尽相同，这使得技术方案的讨论很容易陷入混乱。于是，我们进行了多轮内部讨论，旨在厘清概念、定义术语。

　　在我们内部梳理纷乱的网络切片术语期间，IETF在网络切片方向上也是一片混乱。本来很多人一开始对网络切片并不太关心，但后来都纷纷跑来做网络切片的工作。俗话说，关心则乱。一通争论之后，最基本的术语也变得不确定了。3GPP定义了网络切片，那么IETF做的网络切片叫什么？最开始的建议是延续3GPP的叫法，称之为"承载网切片"，但Transport这个词在IETF中的含义太广泛，引起很多争议。多次争论之后，采用了一个折中的方案，称其为IETF网络切片。以前，人们笼统地说网络切片可以满足SLA，那么SLA具体是指什么呢？经过又一轮的讨论，终于确定了SLO和SLE两个术语。IETF的网络切片设计组都很为起名字的事情发愁，经历过内部"术语大讨论"的我很是感同身受。

　　VTN这个术语还有一个比较大的变化。我们在VPN+架构草案中引入了VTN的概念，后来的一些草案对网络域内的资源切片又使用了其他一些术语。为了能在这一重要术语上达成一致，IETF的TEAS工作组针对资源切片的术语又开始了讨论。经过讨论，各方在NRP这个术语上重新达成了共识。因为VTN相关的多个草案已经被IETF的工作组接纳，成为既定事实，所以就形成了VTN和NRP并行的局面。IETF社区原来希望使用不与切片绑定的术语，但是在实际应用部署中，网络切片的概念已经深入人心，不与切片绑定的术语反而很难被理解和接受。NRP中Partition表示隔离，这就与资源切片非常相近了。为了避免混淆VTN和NRP，本书在介绍技术原理的时候，统一使用"资源切片"作为基本术语，并与"业务切片"相对应，介绍协议扩展的时候，则会根据当前IETF草案的术语使用VTN或NRP。

　　我们首先确定了网络切片的基本术语：控制器北向提供的是网络切片业务接口；网络侧的实现部分分为业务切片和资源切片，业务切片基于VPN技术实现，资源切片基于VTN技术实现。关于其他网络切片的术语，分别处理如下。第一，软切片的初始概念中只有基于VPN的业务隔离，网络侧没有资源隔离。硬切片同时有边缘侧基于VPN的业务隔离和网络侧的资源隔离。为了更好地体现其特征，将其重新定义为软隔离和硬隔离。第二，专享/尊享/优享切片是运营商将IP网络切片作为商用服务提供给其客户时所使用的称呼，不作为技术术语。第三，FlexE切片和亲和属性切片是内部使用较广泛的两个名词，分别强调了IP网络切片采用的资源隔离技术和控制平面技术，并不适合作为整体解决方案的定义。在本书的写作过程中，我们确定了资源切片的两个基本方案：基于SRv6 SID的切片和基于Slice ID的切片，在这两个基本方案中有资源切分技术、控制平面技术的不同组合。

俗话说，名不正，则言不顺。一项技术的发展，经常伴随着一个新的术语体系的诞生。然而在定义术语的过程中，需要兼顾许多方面，并非易事。在IP网络切片技术发展过程中，我们对此有了更深的体会。本书的一个重要目标是希望把这个术语体系确定下来，即使不能完全确定，或者以后还有变化，至少能够先形成一个基线，避免出现混乱状态。

1. 为什么是IPv6网络切片

IP网络切片可以基于IPv6数据平面，也可以基于MPLS数据平面。如果基于IPv4提供网络切片功能，IP网络切片需要依赖MPLS。从这个意义上讲，MPLS扩展了IPv4的功能。

IPv4数据平面实际也有扩展功能，即通过选项来实现。但是早年的软硬件转发能力都比较差，引入Option的扩展功能会导致转发性能进一步降低，甚至不可用。因此主流厂商的设备基本上都没有提供IPv4 Option的实现。随着IPv6的发展，特别是2016年IAB（Internet Architecture Board，因特网架构委员会）发表声明，建议新的功能扩展和标准化基于IPv6实现，这样就更加缺少实现IPv4 Option的驱动力。

MPLS在一定程度上扩展了IP功能，但MPLS是在IP报文头前面增加了一个垫层，这就意味着如果要实现这些功能的扩展，需要全网升级，使用MPLS信令分发标签替代IP路由转发。在跨域的情况下，MPLS的实现会更加复杂，这些都是MPLS面临的挑战。

随着新型网络业务的发展，MPLS面临进一步的挑战，这些业务需要在MPLS数据平面携带元数据，这些元数据无法用传统的MPLS标签或标签栈来携带。例如，基于Slice ID的网络切片方案需要在数据平面携带Slice ID信息，这就意味着MPLS数据平面也需要引入扩展机制来携带这些元数据。IETF MPLS工作组在2021年年初成立了设计组来定义MPLS数据平面的扩展机制，当前正在设计过程中。IPv6在设计之初就定义了IPv6扩展报文头机制，这种机制可以方便地扩展以支持新功能，而MPLS设计之初并没有考虑这种扩展机制。当前MPLS设计组考虑的基于ISD（In-Stack Data， 栈内数据）和PSD（Post-Stack Data，栈后数据）的扩展方式[5]都意味着MPLS基础机制的重大改变，兼容性和增量部署方面都面临很大的挑战。这些机制能否得到广泛认可，能否得到规模部署应用，还存在很多不确定性。

IPv6数据平面的优势使其能够在5G和云时代后来居上，具体得益于以下几个方面。首先，SRv6等基于IPv6的承载技术使其可以灵活地利用IP的可达性建立连接，不需要像MPLS一样全网升级。其次，IPv6扩展报文头机制使其能够方便地支持新功能的封装，并且可以实现增量演进，也就是说，能够解析新功能封装的

IPv6节点可以解析扩展报文报文头中的内容来支持这些功能，而不能解析新功能封装的IPv6节点可以将报文作为普通IPv6报文转发给其他节点。这些都使得IPv6在支持网络切片等功能时具备优势，也相对较为成熟，这也是本书聚焦IPv6网络切片的原因。

MPLS网络切片和IPv6网络切片实际上有很大的相似性。基于SRv6 SID的网络切片方案与基于SR-MPLS的网络切片方案原理上基本一致，与基于Slice ID的网络切片方案略有不同。使用IPv6数据平面时，SRv6 SID可以用来获取下一跳和出接口以转发报文，并且通过携带的Slice ID信息来指示用于实现隔离的资源。采用MPLS数据平面时，SR-MPLS标签则用来获取下一跳和出接口以转发报文，同时需要新的MPLS扩展机制支持携带Slice ID信息来指示为切片预留的网络资源。本书没有专门介绍用于IP网络切片的MPLS的数据平面和控制平面协议扩展，感兴趣的读者可以参考相关的IETF草案。

技术的发展与其所处的时代和应用密切相关。在软硬件能力有限的年代，MPLS采用硬件友好的设计，依靠其转发性能优势和VPN/TE/FRR（Fast Reroute，快速重路由）等功能扩展，实现了电信网络的IP化。在当前软硬件能力获得极大提升的时代，IPv6依靠IP建立连接的简易性和更加灵活的封装扩展，可以更方便地满足5G和云业务的需求，也必将大行其道。

2. 网络标识体系的变革

标识、转发、控制是网络体系架构的3个要素。这3个要素对网络体系架构变化的影响并不相同。

在过去很长一段时间内，因为MPLS、IPv4和IPv6网络体系相对比较稳定，标识和转发变化有限，所以关于网络的创新集中在控制上。典型的例子有基于MPLS TE的路径优化以及后来的SDN。

在SDN时代发展起来的SR技术是转发机制的一次重大变化，SR使用源路由技术代替了传统的MPLS转发，这也引起了路由控制的变化，即使用无状态的转发控制代替了有状态的转发控制。

IP网络切片带来的则是网络标识的变化，即不仅有面向位置的转发标识，还引入了面向资源的转发标识。从IP网络切片的案例可以看出，网络标识变化的同时对转发和控制产生了影响。

IP网络切片引入了网络级的资源标识，这与传统IP QoS在单点基于DSCP（Differentiated Services Code Point，区分服务码点）进行服务质量保证并不一样。IPv6网络切片也是继SRv6网络编程之后3.5层网络创新的持续发展，它通过IPv6扩展报文头引入新的封装信息和标识信息，扩展了网络功能。

需要注意的是，当前IP网络切片引入资源标识仍然是在Limited Domain中生效，将来是否能够如DiffServ（Differentiated Service，区分服务）的DSCP一样在整个互联网生效，还有待进一步发展和观察。

从这个意义上讲，IP网络切片与5G接入网/核心网切片所带来的技术变革存在一定的区别。5G接入网/核心网切片通过分配资源提供切片服务，但是在网络标识层面并没有发生变化。

| 本章参考文献 |

[1] HUSTON G，LORD A，SMITH P. IPv6 address prefix reserved for documentation[EB/OL].(2004–07) [2022–09–30]. RFC3849.

[2] FARREL A, GRAY E, DRAKE J et al. A Framework for IETF network slices[EB/OL]. (2022–12–21)[2022–12–30]. draft–ietf–teas–ietf–network–slices–17.

[3] DONG J，BRYANT S，LI Z，et al. A Framework for enhanced Virtual Private Networks (VPN+) services[EB/OL]. (2022–9–20)[2022–09–30]. draft–ietf–teas–enhanced–vpn–11.

[4] SONG H，QIN F，CIAVAGLIA L，et al. Network telemetry framework[EB/OL]. (2022–05–27) [2022–09–30]. RFC 9232.

[5] BOCCI M，BRYANT S，DRAKE J. Requirements for MPLS network action indicators and MPLS ancillary data[EB/OL]. (2022–10–13)(2022–10–30]. draft–ietf–mpls–mna–requirements–04.

第 3 章
IPv6 网络切片的实现方案

一套完整的IPv6网络切片方案包括转发平面资源切分技术、数据平面切片标识技术、控制平面集中式和分布式的控制协议、网络切片的生命周期管理和与上层用户管理系统的交互接口。针对不同的网络切片场景，以及对切片数量和规模的需求，网络的各个平面需要选择合适的技术进行组合，以提供满足切片业务和网络可扩展性需求的网络切片方案。本章将介绍IPv6网络切片的实现方案，内容包括基于SRv6 SID的网络切片方案和基于Slice ID的网络切片方案、IPv6层次化网络切片方案和IPv6网络切片映射方案等。

| 3.1　IPv6 网络切片方案概述 |

按照数据平面的资源标识方式进行分类，目前主要的IPv6网络切片方案有以下两种。

基于SRv6 SID的网络切片方案：在数据平面使用SRv6 SID为不同网络切片预留转发资源，例如接口、子接口或灵活子通道；控制平面基于亲和属性、多拓扑、灵活算法定义每个网络切片的拓扑。该方案基于现有的控制平面和数据平面协议机制，结合设备的转发平面资源切分技术，可以为存量网络快速引入网络切片，并根据业务需求快速实现网络切片的部署和应用。

基于Slice ID的网络切片方案：在数据平面引入全局的Slice ID为不同网络切片预留转发资源，例如接口、子接口或灵活子通道；控制平面使用多拓扑、灵活算法定义每个网络切片的拓扑。基于Slice ID的网络切片方案支持多个网络切片共享逻辑拓扑属性和资源属性，通过数据平面和控制平面协议扩展，提升网络切片的可扩展性，可以应用于大规模网络切片的应用场景。

|3.2 基于 SRv6 SID 的网络切片方案|

基于SRv6 SID的网络切片方案利用已有的控制平面和数据平面协议机制，根据业务需要，在当前网络上快速建立和调整网络切片，实现网络切片快速部署。

1. 基于SRv6 SID的网络切片数据平面

SRv6具有灵活的可编程能力、良好的可扩展性以及实现端到端统一承载的潜力。这些优势同样可以应用到网络切片上，用于网络切片的实例化，提供基于SRv6 SID的网络切片方案。

在数据平面，对SRv6 SID的语义扩展，使SRv6 SID既用于指示网络节点和各种网络功能，又用于指示该网络节点所属的网络切片以及该切片的资源属性。这样的SRv6 SID被称为资源感知SID。为了区分不同网络切片的报文，不同的网络切片将被分配不同的SRv6 SID。在数据包中封装特定网络切片的SRv6 SID，沿途的网络设备根据报文中的SRv6 SID确定该数据包所属的网络切片，并按照该网络切片的属性执行相应的转发处理。对于有资源隔离需求的网络切片，使用资源感知SID可以指定沿途网络设备和链路上为该网络切片分配的网络资源，从而保证不同网络切片的报文只使用该网络切片专属的资源进行转发处理，为切片内的业务提供可靠和确定性的服务质量保证。

如图3-1所示，SRv6 SID由Locator和Function组成，还包括可选的Arguments。在数据包的转发过程中，SRv6的中转节点只会根据SID的Locator进行查表转发，不识别和解析SID中的Function[1]。因此，为了实现网络切片端到端的一致性，SRv6 SID的Locator中需要包含网络切片标识信息，即Locator可以标识一个网络节点以及它所属的网络切片。SRv6 SID中的Function和Arguments用于指示该网络切片中定义的功能和参数信息。

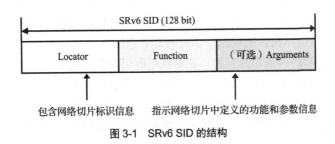

图 3-1　SRv6 SID 的结构

图3-2所示为一个基于SRv6 SID的网络切片。运营商的网络切片控制器根据网络切片业务的需求得到对应的网络切片的拓扑属性和资源属性，指示网络切片拓

扑范围内的各网络节点为该网络切片分配所需要的网络资源。网络设备可以使用不同的方式分配资源，包括FlexE接口、信道化子接口以及灵活子通道等。

除了为网络切片分配指定的网络资源，各网络节点还需要为所属的每个网络切片分配专属的SRv6 Locator，用于在指定的网络切片内标识该节点。这里对SRv6 Locator的含义进行了扩展，使得Locator不仅用于标识网络节点，还指示了该节点所属的网络切片。转发节点通过Locator确定报文所对应的网络切片，进而确定本节点为该网络切片分配的转发资源。如图3-2所示，节点B同时属于网络切片1和网络切片2，需要分配两个SRv6 Locator——A2:1::/64和A2:2::/64，分别对应网络切片1和网络切片2。

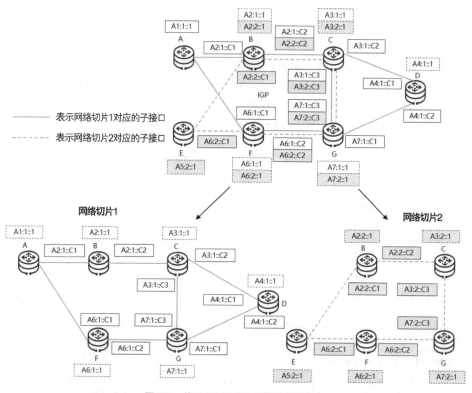

图 3-2　基于 SRv6 SID 的网络切片示例

对网络节点所参与的每个网络切片来说，为了指示该网络切片内的各种SRv6功能，还需要使用该网络切片对应的Locator作为前缀，为该网络切片内的各种SRv6功能分配对应的SRv6 SID，SRv6 SID用于指示该网络节点使用为对应的切片分配的资源执行该SRv6功能对应的操作。例如，对图3-2中连接节点B与节点C的物理接口来说，接口属于两个网络切片，因此节点B为网络切片1和网络切片2分别创建了不同的子接口或子通道来划分切片资源，同时也使用该网络切片的SRv6 Locator作为前缀，为每个网络切片的子接口或子通道分配不同的End.X SID：A2:1::C2和A2:2::C2，分别用于指示节点B使用网络切片1对应的子接口1和网络切片2对应的子接口2转发报文到节点C。

通过为不同网络切片分配对应的转发资源，以及分配对应不同网络切片的SRv6 Locator和各种类型的SRv6 SID，可以实现将一张物理网络划分为多个相互隔离的基于SRv6 SID的网络切片。

网络切片中的每个网络节点需要计算生成该节点到该网络切片内其他节点的转发表项。对同一目的节点来说，不同的网络切片需要有独立的转发表项，其中每个转发表项使用该节点为对应的网络切片分配的Locator作为前缀。转发表中的IPv6前缀用来匹配数据包目的地址字段中携带的SRv6 SID的Locator，以确定报文的下一跳和出接口信息。对于出接口为不同网络切片划分独立资源的情况，转发表会进一步确定该出接口下对应该网络切片的子接口或子通道。

以图3-2所示为例，节点A和节点D属于网络切片1，节点E属于网络切片2，节点B、C、F、G同时属于网络切片1和网络切片2。为了简化描述，假设图中所有链路的Metric值相同。这时，节点B的IPv6转发表如表3-1所示。

表3-1 节点 B 的 IPv6 转发表

IPv6 前缀	下一跳	出接口 / 子接口
A1:1::（网络切片 1 中的节点 A）	节点 A	B—A 接口
A3:1::（网络切片 1 中的节点 C）	节点 C	B—C 子接口 1
A3:2::（网络切片 2 中的节点 C）	节点 C	B—C 子接口 2
A4:1::（网络切片 1 中的节点 D）	节点 C	B—C 子接口 1
A5:2::（网络切片 2 中的节点 E）	节点 E	B—E 接口
A6:1::（网络切片 1 中的节点 F）	节点 A	B—A 接口
A6:2::（网络切片 2 中的节点 F）	节点 E	B—E 接口
A7:1::（网络切片 1 中的节点 G）	节点 C	B—C 子接口 1
A7:2::（网络切片 2 中的节点 G）	节点 C	B—C 子接口 2

每个网络节点为不同网络切片分配的SRv6 SID存放在该节点的本地SID表中。每个SID指示了在指定的网络切片内，该节点使用为该网络切片分配的资源执行SID所标识的功能所对应的操作。例如，在图3-2中，节点B所分配的End.X SID A2:2::C2指示节点B在网络切片2中使用链路B—C子接口2将数据包转发给节点C。节点B的End SID主要被转发路径上的中间网络节点用来与IPv6转发表进行最长前缀匹配。根据End SID的Locator对应的IPv6前缀，网络节点可以确定该节点到节点

B的出接口。同时基于End SID的Locator所指示的网络切片，网络节点可以确定在该出接口为该网络切片预留的转发资源。节点B的本地SID表如表3-2所示。

表3-2　节点 B 的本地 SID 表

SRv6 本地 SID	操作类型	转发指令
A2:1::C1	End.X	使用链路 B—A 在网络切片 1 中的子接口将报文转发给节点 A
A2:2::C1	End.X	使用链路 B—E 在网络切片 2 中的子接口将报文转发给节点 E
A2:1::C2	End.X	使用链路 B—C 在网络切片 1 中的子接口 1 将报文转发给节点 C
A2:2::C2	End.X	使用链路 B—C 在网络切片 2 中的子接口 2 将报文转发给节点 C
A2:1::1	End	读取 SID List 中的下一个 SID，按指令进行转发
A2:2::1	End	读取 SID List 中的下一个 SID，按指令进行转发

在每个SRv6网络切片内，数据包的SRv6转发路径可以是由控制器集中计算得出的显式路径，也可以是由网络节点分布式计算得出的最短路径。控制器计算得出的显式路径需要基于网络切片的拓扑属性和资源属性以及业务对路径的其他约束条件计算得出，网络节点在网络切片内的最短路径也需要基于网络切片的拓扑和Metric等属性进行计算。图3-3给出了网络切片中的SRv6 TE显式路径转发和SRv6 BE路径转发示例。对于在网络切片中使用SRv6 TE显式路径A—F—G—D进行转发的数据包，报文头中需要封装SRH（Segment Routing Header，段路由扩展报文头），并携带该切片内标识逐跳链路的SRv6 End.X SID，来显式指定报文转发经过的路径，以及每一跳所使用的子接口。对于使用SRv6 BE路径转发的数据包，其报文头中不需要封装SRH，只需要将IPv6头部的目的地址填为目的节点D在该网络切片中的End SID即可。这时，沿途的各网络节点根据IPv6头部的目的地址查找IPv6转发表，通过匹配该End SID的Locator确定出接口和下一跳信息，并根据Locator关联的网络切片确定在出接口上使用的网络资源。

2. 基于SRv6 SID的网络切片控制平面

基于SRv6 SID的网络切片方案涉及的控制平面技术主要包括亲和属性、多拓扑和灵活算法等。

亲和属性定义了链路管理组属性的匹配规则（例如Include-Any、Include-All、Exclude），可以用于选出符合条件的一组链路进行约束路径的计算。而链路管理组是一种比特向量形式的链路管理信息属性，其中的每个比特代表一个管理组，通常也被称作链路的一种"颜色"（Color）。网络管理员可以通过对一条链路的链路管理组属性中的特定比特置位的方式来设置这条链路的Color。基于亲和属性定义网络切片需要为每个网络切片指定一种不同的Color，并为属于该网络切片的链路配置该Color比特置位的链路管理组属性，进而可以通过亲和属性的

Include-All匹配规则将具有该颜色的链路选出来，组成对应的网络切片拓扑，用于在网络切片内的集中式约束路径计算。

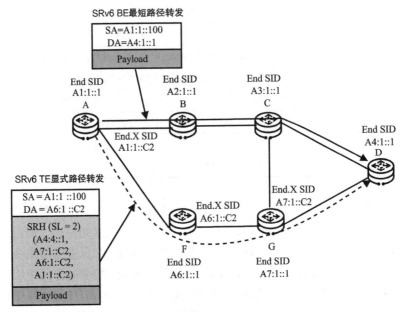

SRv6 BE最短路径转发

| SA=A1:1::100 |
| DA=A4:1::1 |
| Payload |

End SID
A1:1::1
A

End SID
A2:1::1
B

End SID
A3:1::1
C

End SID
A4:1::1
D

End.X SID
A1:1::C2

SRv6 TE显式路径转发

| SA = A1:1 ::100 |
| DA = A6:1 ::C2 |
| SRH (SL = 2) |
| (A4:4::1, |
| A7:1::C2, |
| A6:1::C2, |
| A1:1::C2) |
| Payload |

End.X SID
A6:1::C2

End.X SID
A7:1::C2

F

End SID
A6:1::1

G

End SID
A7:1::1

图 3-3　SRv6 TE 显式路径转发和 SRv6 BE 路径转发示例

多拓扑即IGP多拓扑路由技术，在IETF发布的一系列IGP标准RFC 4915[2]、RFC 5120[3]中有相关定义。多拓扑用于在一张IP网络中定义多个不同的逻辑拓扑，以及在不同的逻辑拓扑中独立生成不同的路由表项。为每个网络切片关联一个IGP拓扑，就可以基于多拓扑发布不同网络切片的拓扑、资源等属性，实现在不同网络切片内的集中式路径计算和分布式路由计算。

灵活算法允许用户自行定义一个特定的分布式路由计算方法，涉及与算路相关的度量值、约束条件和路由计算算法等信息[4]。当一个网络里所有设备使用相同的灵活算法计算路由时，这些设备的计算结果是一致的，不会导致路由环路，从而实现分布式的基于特定约束条件的路由计算。为每个网络切片关联一个灵活算法，可以基于灵活算法定义的约束和算路规则实现在不同网络切片内的分布式约束路径计算。

在基于SRv6 SID的网络切片方案中，每个网络节点为不同网络切片创建独立的接口或子接口。如前文所述，网络节点需要为每个网络切片分配独立的SRv6 Locator，并以Locator为前缀，为该网络切片下的每个接口或子接口分配独立的SRv6 End.X SID，这样网络中的每个节点在转发报文时就可以根据报文中携带的SRv6 SID确定对应的接口或子接口。

如图3-4所示，基于亲和属性的网络切片控制平面需要为每个网络切片指定不同的Color，并在为网络切片预留资源的接口或子接口上配置该Color比特置位的链路管理组属性，这样就可以基于亲和属性在控制平面将具有相同Color的链路划分到同一个网络切片中。各网络节点将网络的拓扑连接信息、链路的链路管理组属性信息、SRv6 SID信息以及其他的TE属性信息通过IGP等协议在网络中泛洪，并通过BGP-LS等协议上报给网络切片控制器。网络切片控制器在收到整个网络的拓扑和链路属性信息后，可以基于亲和属性形成独立的网络切片视图，并在每个网络切片内根据该网络切片的带宽等TE属性，计算用于特定约束条件的显式路径。

网络切片控制器基于切片的亲和属性和其他TE属性进行约束路径计算得到的显式路径，可以编排为由对应的接口或子接口的SRv6 SID组成的SID List，用于在SRv6网络中显式指示报文的转发路径，以及在路径上为处理切片业务报文所预留的转发资源。基于亲和属性的控制平面方案只支持在网络切片内计算严格显式路径，无法提供在网络切片内基于最短路径的数据转发。同时，为了避免网络中的非切片流量使用切片专用的接口或子接口转发，影响切片内的业务流量，在网络部署中需要为切片的接口或子接口配置更大的Metric值，使这些接口或子接口在最短路径计算中不会被选中。

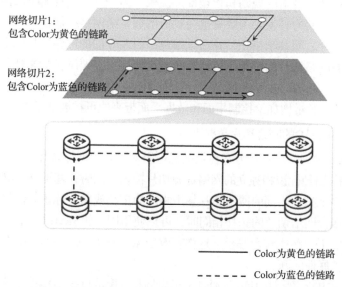

图 3-4　基于亲和属性的网络切片控制平面　（以 Color 为黄色和蓝色的链路为例）

基于多拓扑或灵活算法的网络切片控制平面，需要为每个网络切片指定对应的拓扑或者灵活算法，并将为网络切片预留资源的接口或子接口与网络切片对应的拓扑或灵活算法进行关联。这样可以基于多拓扑或灵活算法确定网络切片所包含的节点、链路以及该网络切片的属性信息。各网络节点基于多拓扑或灵活算法将网络切片的拓扑连接信息、SRv6 SID信息以及对应该网络切片的TE属性信息通过IGP等协议在网络中泛洪，并通过BGP-LS等协议上报给网络切片控制器。网络切片控制器基于多拓扑或灵活算法，为每个网络切片形成独立的网络切片视图，并在每个网络切片内，根据该网络切片的带宽等TE属性计算用于特定约束条件的显式路径。采用基于多拓扑或灵活算法的控制平面时，网络设备也可以感知网络切片的拓扑和算路约束，从而基于网络切片的拓扑和算路规则，分布式地计算网络切片内的最短路径。

| 3.3 基于 Slice ID 的网络切片方案 |

在基于SRv6 SID的网络切片方案中，设备为网络切片预留资源时，需要每台设备为每个网络切片规划不同的逻辑拓扑，并分配不同的SRv6 Locator和SRv6 SID，当网络切片的数量较多时，需要分配的SRv6 Locator和SRv6 SID数量也会增多，一方面这会给网络的规划和管理带来挑战，另一方面，控制平面需要发布的信息量和数据平面的转发表项数量也会成倍增加，给网络扩展性带来挑战。通过在多个网络切片之间共享拓扑，并在数据包中引入专门的网络切片标识来指示用于转发报文的网络切片的资源，可以有效减少网络中需要维护的拓扑数量，并能够避免SRv6 Locator和SRv6 SID数量随切片数量增加而成倍增加的问题，从而有效缓解因网络切片数量增加给控制平面和数据平面带来的可扩展性压力。

1. 基于Slice ID的网络切片数据平面

基于Slice ID的网络切片方案在数据包中引入了新的网络切片标识，使网络切片具有和拓扑/路径标识相独立的网络资源切片标识。同时，基于Slice ID的网络切片方案允许多个拓扑相同的网络切片复用相同的拓扑或路径标识。例如，在SRv6网络中，当多个网络切片的拓扑相同时，可以使用同一组SRv6 Locator和SID指示到目的节点的下一跳或转发路径。这样有效避免了基于SRv6 SID的网络切片方案中存在的可扩展性问题。

基于Slice ID的网络切片方案通过全局规划和分配的Slice ID来标识各网络设备在接口上为对应的网络切片分配的转发资源，例如子接口或子通道，从而区分不同网络切片在相同的三层链路和接口上所对应的不同子接口或子通道。网络设备使用IPv6报文头中由目的地址和Slice ID组成的二维转发标识指导属于特定网络切片的报文转发，其中目的地址用于确定转发报文的拓扑和路径，获得报文转发的三层出接口，而Slice ID用于在三层出接口上选择到下一跳的子接口或子通道。

如图3-5所示，在SRv6网络中创建了3个网络切片，其中网络切片2和网络切片3具有相同的拓扑，但都和网络切片1的拓扑不同。因此，网络切片1对应一组SRv6 Locator和SID，而网络切片2和网络切片3共用另一组SRv6 Locator和SID。在属于多个网络切片的物理接口下，使用不同的Slice ID来区分为每个网络切片分配的子接口或子通道。

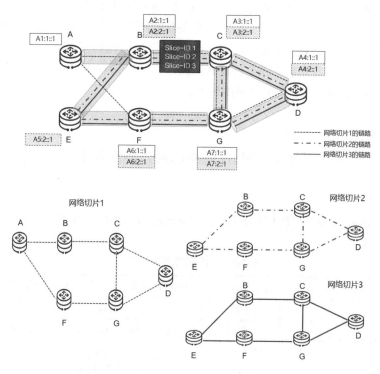

图 3-5　基于 Slice ID 的网络切片数据平面示意

基于Slice ID的网络切片方案需要在网络设备上生成两类转发表。

· 路由表或SID表：用于根据报文目的地址中携带的SRv6 SID确定三层出接口。

· 三层接口的切片资源映射表：用于根据报文中的Slice ID确定该切片在三层接口下的子接口或子通道。

业务数据包到达网络设备后，网络设备先根据目的地址中的SRv6 SID查找路由表或本地SID表，得到下一跳及三层出接口，然后根据Slice ID查询切片接口的切片资源映射表，确定三层出接口下的子接口或子通道，最后使用对应的子接口或子通道转发业务报文。

2. 基于Slice ID的网络切片控制平面

为了缓解因网络切片数量增加给控制平面带来的压力，不同的网络切片可以复用相同的控制协议会话，拓扑相同的网络切片还可以复用基于拓扑的路由计算结果。当存在拓扑不相同的网络切片时，网络节点可以使用MT或FAD（Flex-Algo Definition，Flex-Algo定义）、发布与网络切片所对应的逻辑拓扑和算路约束信息，并通过IGP等控制协议发布网络切片与拓扑和算法的对应关系。部分网络节点还需要通过BGP-LS等协议将收集的拓扑和算法信息上报给网络切片控制器。这样，各网络设备可以基于MT或Flex-Algo，分布式地计算本节点到各个网络节点的路由，从而确定与该MT或Flex-Algo相关联的网络切片内的最短路径。网络切片控制器基于收集的拓扑和算法信息，以及各网络切片的资源等TE属性，计算在该网络切片下满足特定约束条件的显式路径，并通过SRv6 Policy下发显式路径给头节点，用于网络切片内特定业务的转发。

| 3.4 IPv6 网络切片方案比较 |

基于SRv6 SID的网络切片方案和基于Slice ID的网络切片方案的对比情况如表3-3所示。

表 3-3 网络切片方案对比

对比项	基于 SRv6 SID 的网络切片方案	基于 Slice ID 的网络切片方案
切片规格	10 个左右	k 级
转发平面资源切分技术	FlexE 接口 / 信道化子接口 / 灵活子通道	FlexE 接口 / 信道化子接口 / 灵活子通道
SLA 保障效果	严格保障	严格保障
是否需要每个切片分配 SRv6 Locator 和 SRv6 SID	是	否
配置复杂度	复杂	简单
切片拓扑呈现	默认拓扑 / 定制拓扑	默认拓扑 / 定制拓扑
控制平面开销	大	小
切片部署方式	预部署	预部署或按需部署
是否使用控制器	建议使用	建议使用
适用场景	需要的网络切片数量较少，基于存量网络快速部署	需要提供大量的租户级网络切片

当前，基于SRv6 SID的网络切片方案可以在已经部署SRv6的网络中快速部署，但存在支持的网络切片数量较少、配置复杂、控制平面开销大等问题。基于Slice ID

的网络切片方案解决了这些问题，但需要对IPv6数据平面进行扩展。从满足未来业务需求和网络长期可持续发展方面来考虑，推荐部署基于Slice ID的网络切片方案。

|3.5　IPv6 层次化网络切片方案|

一些网络场景中存在部署层次化网络切片的要求。层次化网络切片指在一级网络切片（主切片）内，通过灵活子通道等资源切分技术创建二级网络切片（子切片），从而满足用户更精细化的网络需求。层次化网络切片的应用场景包括行业网络切片、面向客户的租户网络切片以及部分转售网络中的网络切片[5]。本节将描述IPv6层次化网络切片的典型应用场景，并给出可能的技术方案。

3.5.1　IPv6 层次化网络切片的应用场景

1.　在行业网络切片中提供租户级切片

网络切片的一种典型部署场景是基于不同行业部署网络切片，也就是基于同一张物理网络为多个垂直行业提供满足各行业需求的服务。例如，医疗、教育、制造业、政务等不同行业需要专用的IP网络切片。在特定行业的网络切片中，行业内的部分或全部客户可能还需要单独的网络切片，由此产生了层次化网络切片的需求。

如图3-6所示，在教育行业网络切片中，一些高校可能需要建立单独的网络切片来连接同一所高校的不同分校区；在医疗行业网络切片中，一些医院可能需要建立单独的网络切片，为同一家医院的不同分院之间提供连接和服务。

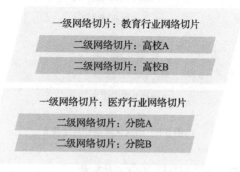

图 3-6　层次化网络切片场景 1

2.　在租户网络切片内提供应用级网络切片

网络切片的另一种部署场景是为一些重要客户提供专用的IP网络切片作为一

级网络切片。这时，客户可能需要将网络切片进一步拆分成不同的子切片，从而可以来为不同的应用提供服务。

如图3-7所示，某医院的网络切片可以进一步根据不同类型的医疗服务进行划分，如远程监测病人切片和远程超声诊断切片等；政务行业某人保局的一级网络切片可以进一步划分为医保业务切片、社保业务切片等二级网络切片。

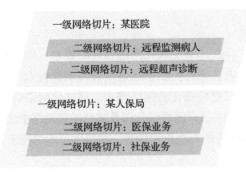

图 3-7　层次化网络切片场景 2

3. 在转售网络切片中提供网络切片

IP网络切片也可以作为一种转售服务提供给其他网络运营商。在这种情况下，二级运营商是一级运营商的网络切片客户，二级运营商的用户可能也对服务质量等级有一定的要求，此时就需要二级运营商提供子切片来满足用户的需求。如图3-8所示，一级运营商向不同的二级运营商提供一级网络切片，每个二级运营商又可以进一步提供面向不同行业的二级网络切片。

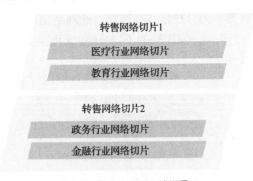

图 3-8　层次化网络切片场景 3

3.5.2　IPv6 层次化网络切片的实现技术

本节将介绍层次化网络切片的转发资源隔离建模、数据平面切片标识、控制平面功能和管理平面功能这几方面的内容。

1. 转发资源隔离建模

在实现IP网络切片时，底层的网络转发资源被划分为不同的子集，每个子集用于构建一个网络资源切片，以支持一个或一组IP网络切片业务。为了支持层次化网络切片，网络的转发资源需要支持层次化的切分和隔离。以两级的层次化网络切片为例，一个物理接口的带宽资源需要进行两个层次的划分，这时可以有不同的接口转发资源隔离建模方式。

第一种建模方式是把一级网络切片中的转发资源表示为一组有专用网络资源的三层接口或子接口（例如三层信道化子接口），把二级网络切片中的转发资源表示为三层接口或子接口下的虚拟数据通道，如图3-9所示。

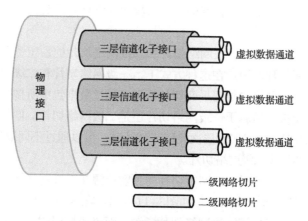

图 3-9　接口为切片预留资源的第一种建模方式

第二种建模方式是将一级网络切片的转发资源表示为三层接口下的二层虚拟子接口（例如二层信道化子接口），二级网络切片的资源表示为二层虚拟子接口下的虚拟数据通道，如图3-10所示。

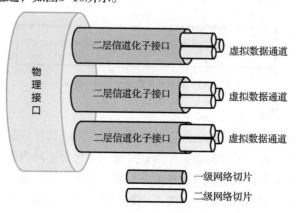

图 3-10　接口为切片预留资源的第二种建模方式

对接口为切片预留接口资源的建模方式的选择会影响控制平面协议分发的信息量。根据网络切片的部署要求，可以使用不同的切片资源建模方式。

2. 数据平面切片标识

IP网络切片的业务流量可以基于数据包中的一个或多个字段引导到对应的网络切片中，使用网络中为该网络切片预留的转发资源处理和转发数据包。在网络边缘节点上，可以根据运营商的本地策略对业务流进行分类并映射到对应的网络切片中。而在网络中间节点上，通过在数据包中携带专用的切片资源标识，可以确定与数据包对应的资源切片在网络中的预留资源集合。

对于层次化网络切片，数据平面的切片资源标识需要识别一级网络切片的预留资源以及二级网络切片的预留资源。层次化网络切片的数据平面切片标识有两种表示方式。

第一种表示方式是对一级网络切片和二级网络切片的预留资源使用一个统一格式的数据平面切片标识。在这种方式下，一级网络切片和二级网络切片对应的预留资源使用不同取值的数据平面切片标识。通过数据包中所携带的资源标识的取值，可以确定报文是属于一级网络切片还是二级网络切片。例如，在使用基于Slice ID 的网络切片方案实现层次化网络切片时，可以通过不同取值的Slice ID来标识一级网络切片或二级网络切片。

第二种表示方式是对一级网络切片的预留资源和二级网络切片的预留资源使用层次化的数据平面切片标识，如图3-11所示。在这种情况下，数据平面切片标识的第一部分用于标识一级网络切片资源，而资源标识的第二部分用于标识二级网络切片资源。根据所使用的数据平面技术，层次化资源标识可以使用数据包中的连续字段携带，也可以放在数据包中的不同字段中或者不同的报文头中。例如，在一种层次化网络切片的实现中，可以使用SRv6 SID标识一级网络切片，并使用Slice ID标识二级网络切片。

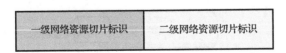

图3-11　层次化的数据平面切片标识

3. 控制平面功能

控制平面用于在网络节点之间以及网络节点与网络切片控制器之间发布网络切片的资源属性以及所关联的数据平面切片标识。针对不同的资源切分模型，层次化网络切片的资源相关信息可以作为三层或二层网络信息通过控制协议发布，从而对网络控制平面的可扩展性产生不同程度的影响。在层次化网络切片的场景中，随着一级网络切片和二级网络切片数量的增加，对转发资源隔离建模以及数据平面切片标识技术的选择可能会给控制平面带来不同的影响。如果层次化网络切片的数据平面采用统一的全局资源标识，则控制平面的功能与单层网络切片基本相似，根据需要，还可以发布一级网络切片与二级网络切片的对应关系信息。

4. 管理平面功能

层次化网络切片的管控系统需要为一级网络切片和二级网络切片分别提供完整的网络切片生命周期管理功能，既需要将一级网络切片和二级网络切片分别作为独立的资源切片实例进行管理，又需要维护一级网络切片和二级网络切片之间的继承和依赖关系。

| 3.6　IPv6 网络切片映射方案 |

在网络切片的边缘节点上，需要将业务切片的数据包根据设定的规则映射到对应的资源切片，并在报文头中封装资源切片的标识信息。根据所采用的映射规则的不同，有多种将业务切片映射到资源切片的方式。本书主要介绍在SRv6网络中采用的典型业务切片映射方式。

在基于SRv6的网络中，根据业务切片报文在资源切片中的承载方式，可分为两种映射方式：业务切片报文映射到资源切片中的SRv6 Policy（SRv6 TE显式路径）和业务切片报文映射到资源切片中的SRv6 BE路径。

图3-12展示了业务切片报文引流到资源切片中的SRv6 Policy的示例。

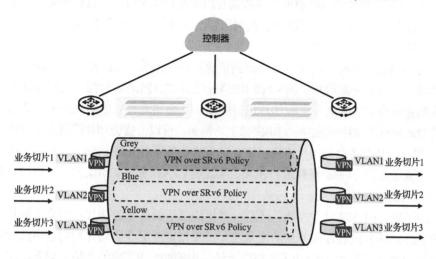

注：VLAN 为 Virtual Local Area Network，虚拟局域网。

图 3-12　业务切片报文引流到资源切片中的 SRv6 Policy

在业务切片报文到资源切片的映射过程中，Color扩展团体属性发挥了重要作用。RFC 9012中定义了Color扩展团体属性的功能，即用于进行业务路由与承载路径的匹配[6]。在SRv6 Policy中，每个SRv6 Policy由<Headend, Color, Endpoint>（<头节点，颜色，尾节点>）唯一确定，其中，Color表示SRv6 Policy的意图，是SRv6 Policy的一个重要属性。SRv6 Policy中的Color可以与业务路由的Color属性进行匹配，实现业务路由到SRv6 Policy的映射。具体来说，可以在通过BGP发布VPN业务路由的时候携带Color扩展团体属性信息。还有一种更简便的方法，就是在头节点上业务切片所对应的VPN实例中直接配置Color属性，表示该VPN实例中的业务路由都具备此Color属性。SRv6 Policy的头节点根据VPN业务路由中携带的Color扩展团体属性或者VPN实例中配置的Color属性，以及业务路由下一跳信息与SRv6 Policy的<Color, Endpoint>进行匹配，将业务路由映射到满足业务意图的SRv6 Policy上，从而实现将业务切片报文引流到SRv6 Policy指定的SRv6 TE显式路径上。

对于业务切片报文映射到资源切片中的SRv6 Policy方式，网络切片控制器通过BGP SRv6 Policy等控制协议，将基于资源切片计算得到的SRv6 TE显式路径下发给路径的头节点。头节点将业务切片中通过BGP发布的业务路由中携带的Color扩展团体属性以及下一跳，与资源切片中的SRv6 Policy的<Color, Endpoint>进行匹配，从而实现将业务切片的数据包引流到对应的资源切片中的SRv6 Policy上。头节点根据业务路由所匹配的SRv6 Policy，为数据包封装对应的切片资源标识和SRv6 SID List信息，指导数据包按照SRv6 SID所指示的显式路径转发，并在沿途各节点使用切片资源标识所指示的网络资源转发报文。通过资源切片下的SRv6 Policy约束业务切片的数据包使用资源切片内的路径和预留资源进行转发，可以实现不同业务切片之间的资源隔离，同时可以为业务切片内的不同业务流提供差异化的路径。

图3-13展示了业务切片报文引流到资源切片中的SRv6 BE路径的示例。对于业务切片映射到资源切片中的SRv6 BE路径的方式，网络切片控制器可以通过映射策略指定将VPN实例与资源切片进行关联，从而实现将VPN实例内的业务报文引流到对应资源切片中的SRv6 BE路径上。例如，可以为资源切片配置表示意图的Color属性，从而将业务切片中通过BGP发布的业务路由所携带的Color扩展团体属性，与资源切片的Color属性进行匹配，实现将VPN业务报文引流到对应资源切片中的SRv6最短路径上。

除了以上两种映射方式外，还有一种更加灵活的将业务切片映射到资源切片的方式。这种方式通过头节点的流量匹配策略指定匹配业务切片数据包中的特定字段，如IP报文头中的DSCP字段或以太帧头中的802.1P字段的取值，以及报文头中的源IP地址、目的IP地址等字段信息，或者网络边缘节点接收数据包的端口信息等，从而将业务切片的数据包引流到对应的资源切片上。这种方式允许根据流量匹配策略指定将报文映射到资源切片中的某个SRv6 Policy上，也可以指定在资源切片内使用SRv6 BE路径转发报文。

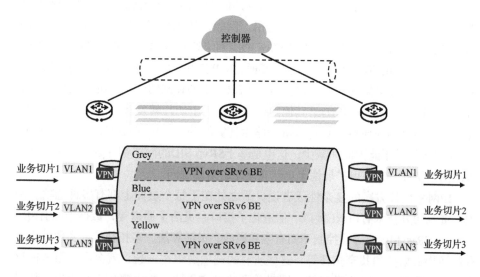

图 3-13　业务切片报文引流到资源切片中的 SRv6 BE 路径

｜设计背后的故事｜

1. 基于SRv6 SID的共享拓扑网络切片方案

本书定义了两种基本的IP网络切片方案：基于SRv6 SID的网络切片方案和基于Slice ID的网络切片方案。基于SRv6 SID的网络切片方案采用每切片每拓扑的方法发布拓扑属性信息和路由计算，受IGP可扩展性的限制，能够支持的网络切片数量有限。基于Slice ID的网络切片方案采用网络切片共享拓扑属性信息和路由计算的方法，有效降低了IGP的负荷，极大提升了IP网络切片的可扩展性。

事实上，还有一种过渡性提高IP网络切片可扩展性的方案，该方案以基于SRv6 SID的网络切片方案为基础，不同的网络切片发布不同的SRv6 SID信息，但不同的网络切片可以像基于Slice ID的网络切片方案一样共享拓扑属性信息和路由计算。以SRv6为例，采用这种方案，共享拓扑的多个网络切片使用该拓扑对应的Locator作为公共前缀，从中分配对应每个网络切片的子Locator，这样使得共享拓扑的网络切片能够共享基于拓扑的路由计算，通过计算结果生成对应公共前缀的路由转发表项，并结合出接口上切片与资源的映射关系，得到以每个网络切片子Locator为前缀的转发表项。在转发报文时，按照IPv6传统的最长路由匹配方法查表转发即可。

在接口上为切片预留资源绑定SRv6 SID信息或Slice ID信息，在本质上并没有什么不同，主要是数据平面切片标识方式的区别。但是采用Slice ID信息具有两个优势。首先，不用跟SR绑定，更加通用。例如，其他类型的IP隧道可以使用Slice ID来实现资源隔离。其次，在基于Slice ID的网络切片方案中，Slice ID作为全局标识只需要在各网络节点上配置，不需要通过IGP发布。基于SRv6 SID的网络切片方案即使采用了共享拓扑的方法，但是由于SRv6 SID和网络切片的绑定关系，还是需要通过IGP分发SRv6 SID给其他网络节点，用于切片转发表项的生成。也就是说，虽然共享拓扑属性信息可以减少路由计算的开销，但是IGP需要分发的SRv6 SID信息数量并不能因此而减少，这也是基于SRv6 SID的网络切片方案与基于Slice ID的网络切片方案在可扩展性上仍然有差距的重要原因。

IP网络切片方案的复杂性或者说灵活之处在于每个层面上都有多种选项。例如，资源切分技术有FlexE接口、信道化子接口、灵活子通道等，数据平面有SR-MPLS、SRv6和IPv6等，控制平面有亲和属性、灵活算法、多拓扑等，实现方法上有每切片每拓扑和共享拓扑等，这些所有的选项交织在一起，就会产生很多种解决方案的选项。为了去繁就简，同时兼顾技术完备性，本书聚焦于采用IPv6数据平面的网络切片方案中的基于SRv6 SID的每切片每拓扑切片方案和基于Slice ID的共享拓扑网络切片方案。对于基于MPLS数据平面的网络切片方案以及基于SRv6 SID的共享拓扑网络切片方案，本书不再描述，需要了解的读者可以参阅相关资料。

2. 颜色/亲和属性/链路管理组

Color这个术语在网络切片中已多次出现，这也是个很容易引起混淆的概念。首先要能够正确地区分链路的Color和SR Policy的Color。链路的Color通过颜色来形象地表示链路属于某个特定的管理组。SR Policy的Color则表示一种"意图"，即业务的某种特定诉求，例如大带宽或低时延等。

与链路Color相关的还有"链路管理组"和"亲和属性"这两个术语。链路管理组是IGP定义的一种链路属性，用于指示链路属于一个或多个不同的Color所标识的管理组；亲和属性是隧道的一种属性，作为隧道计算路径的约束，即根据颜色来选择合适的链路组成隧道。用于选取链路的亲和属性规则一般有Include-Any、Include-All、Exclude等。Color这个词在不同语境中使用时可能表示不同的含义，有的时候指链路管理组，表示链路的一种属性，也就是链路有哪些"颜色"；有的时候则是指亲和属性，表示隧道的一种属性，对应计算路径时的一种约束。因此，对于Color这个词，还需要根据上下文辨析其真实含义。

　　在Flex-Algo标准草案中，灵活算法对选取合适的链路的算路约束使用的术语是"链路管理组"，包含Include-Any、Include-All、Exclude等约束方式，根据上面的概念辨析，看起来应该是"亲和属性"。本书在介绍使用Flex-Algo作为网络切片控制平面协议时，按照Flex-Algo标准草案使用了术语"链路管理组"，但是希望读者能够辨析作为链路属性的"链路管理组"和作为Flex-Algo选取链路约束的"链路管理组"。对本书中不涉及灵活算法的，根据链路的颜色约束选取链路的控制平面协议这部分内容，我们仍然使用"亲和属性"这个术语。

| 本章参考文献 |

[1] FILSFILS C, CAMARILLO P, LEDDY J, et al. Segment Routing over IPv6 (SRv6) network programming[EB/OL]. (2021−02)[2022−09−30]. RFC 8986.

[2] PSENAK P, MIRTORABI S, ROY A, et al. Multi−Topology (MT) routing in OSPF[EB/OL]. (2007−06)[2022−09−30]. RFC 4915.

[3] PRZYGIENDA T, SHEN N, SHETH N.M−ISIS: Multi Topology (MT) routing in intermediate system to intermediate systems (IS−ISs)[EB/OL]. (2008−02)[2022−09−30]. RFC 5120.

[4] PSENAK P, HEGDE S, FILSFILS C, et al. IGP flexible algorithm[EB/OL]. （2022−10−17）[2022−10−30]. draft−ietf−flex−algo−26.

[5] DONG J, LI Z. Considerations about hierarchical IETF network slices[EB/OL]. (2022−09−07)[2022−09−30]. draft−dong−teas−hierarchical−ietf−network−slice−01.

[6] PATEL K, VAN DE VELDE G, SANGLI S, et al. The BGP tunnel encapsulation attribute[EB/OL]. (2021−03)[2022−09−30]. RFC 9012.

第 4 章
IPv6 网络切片的资源切分技术

为了能在同一张IPv6网络上满足多样性和差异化的业务连接和服务质量需求，保证不同切片业务之间互不影响，IPv6网络切片要求网络设备具备资源切分能力，支持为不同的网络切片分配相互隔离的转发资源。本章将具体介绍实现IPv6网络切片转发资源切分的主要技术，包括FlexE技术以及基于HQoS（Hierarchical Quality of Service，层次化服务质量）的资源切分技术。

| 4.1　基于 FlexE 的资源切分技术 |

随着5G时代的到来，网络对移动承载带宽提出了更高的需求，同时用户也希望通过统一的网络来承载各种不同的业务，包括家庭宽带业务、专线接入业务、移动承载业务等，这些需求对电信网络接口也提出了更高的要求。

当前，标准以太接口作为电信网络接口存在以下问题。

- 不支持更加灵活的带宽粒度。IEEE 802.3定义一个新接口标准的过程可长达数年的时间，因此无法响应快速变化的业务和应用诉求；同时，接口标准的制定需要触发条件，不可能每出现一个带宽需求，就立刻制定一个对应的接口标准。面对业务与应用场景的多样化，用户希望以太接口可提供更加灵活的带宽粒度，而不必受制于IEEE 802.3所确定的10GE、25GE、40GE、50 GE、100GE、200GE、400GE的阶梯型接口速率体系，因而需要寻求其他接口类型的解决方案。

- 与光传输设备对接时，需要双方速率匹配。IP设备和光传输设备互联组网时，需要光传送网络的链路速率与UNI（User-Network Interface，用户—网络接口）的以太网速率能够进行适配，但是IP设备的以太接口速率与光传输设备的接口速率发展不同步，这可能会导致两者无法成功互联组网。

- 不面向多业务承载的增强QoS能力：标准以太接口基于QoS优先级调度，会出现长包阻塞短包，短包时延变大，业务互相影响。

FlexE[1]技术的出现可以解决上述问题。FlexE是承载网实现业务隔离承载和网络切片的一种接口技术。如图4-1所示，基于IEEE 802.3定义的标准以太接口，FlexE接口在MAC（Medium Access Control，介质访问控制）与PHY（Physical Layer，物理层）之间增加了一个FlexE Shim层，从而打破了MAC与PHY一对一的强绑定映射关系，实现两者的解耦。

FlexE接口具备以下优势。

- 支持更加灵活的带宽粒度。FlexE Client的速率不局限于现有IEEE 802.3定义的接口速率，可以根据业务与应用场景灵活配置。
- 与光传输设备能力解耦。应用FlexE的子速率功能后，IP设备的以太接口速率可以与光传送网络速率实现解耦，即不需要光传送网络的链路速率与UNI的以太网客户业务速率进行适配，因而可以最大限度地利用现有光传送网络，实现新型以太接口速率业务的传输。
- 支持面向多业务承载的SLA保障能力。FlexE接口在PHY上提供通道化的硬件资源隔离，可以实现各业务独占带宽，相互隔离，互不影响。在多业务承载场景下，实现对不同业务的SLA保障。

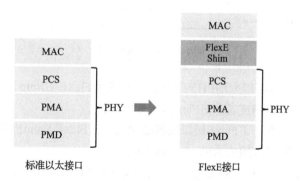

注：PCS 为 Physical Coding Sublayer，物理编码子层；PMA 为 Physical Medium Attachment，物理媒介附属；PMD 为 Physical Medium Dependent，物理媒介依赖。

图 4-1　标准以太接口与 FlexE 接口的结构

4.1.1　FlexE 通用架构

如图4-2所示，FlexE标准定义了Client/Group架构，多个PHY绑定成FlexE Group（Bonded Ethernet PHY），多个不同的子接口（FlexE Client）可以映射到FlexE Group的一个或多个PHY上进行报文传输。由于重用了现有IEEE 802.3定义的以太网技术，FlexE通用架构可以在现有以太网MAC/PHY基础上进一步增强。

FlexE通用架构包括FlexE Client、FlexE Shim和FlexE Group，具体介绍如下。

- FlexE Client：基于FlexE技术，灵活地提供各种速率的以太网 MAC 数据流

（如10 Gbit/s、40 Gbit/s、$n \times 25$ Gbit/s 数据流，甚至非标准速率数据流），并且可以通过 64B/66B 的编码方式将数据流传递至 FlexE Shim 层。FlexE Client 可以通过接口的方式实现，与 IP/以太网络中的传统接口的功能一致。

- FlexE Shim：插入标准以太网架构的MAC与PCS中的一个额外逻辑层，是 FlexE 通用架构的核心。FlexE Shim通过基于时隙分配器的时隙分发机制来运作。

- FlexE Group：由一组IEEE 802.3标准定义的以太网物理接口绑定而成的集合。FlexE Group把多个PHY的带宽池化为以5 Gbit/s为粒度的资源。

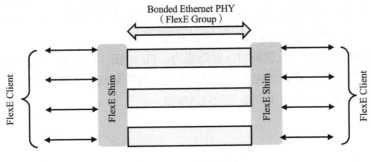

图 4-2　FlexE 通用架构

在图4-2中，多路以太网PHY组合在一起成为FlexE Group，承载通过FlexE Shim分发、映射的一路或者多路FlexE Client数据流。

下面，我们来看一下FlexE接口的核心功能——FlexE Shim机制的实现。以下内容均以由100GE PHY组成的FlexE Group为例。

如图4-3所示，FlexE Shim把FlexE Group中的每个100GE PHY划分为20个时隙的数据承载通道，其中每个时隙所对应的带宽为5 Gbit/s，FlexE Client可以按照5 Gbit/s粒度的整数倍进行带宽的灵活分配。同时把FlexE Client原始数据流中的以太帧以Block原子数据块（图中64B/66B码块）为单位进行切分。这些原子数据块通过FlexE Shim实现在FlexE Group中的时隙映射和传输，并实现互相严格隔离。

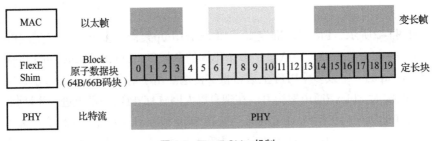

图 4-3　FlexE Shim 机制

4.1.2 FlexE 功能

FlexE技术支持以下三大功能：捆绑、通道化和子速率。通过FlexE Client与FlexE Group之间的映射关系，FlexE Client能够向上层应用提供各种灵活的带宽而不局限于PHY带宽。

以FlexE三大功能为基础实现的接口带宽按需分配和硬隔离等方案可应用于IP网络中超大带宽接口、网络切片和光传输设备对接等场景。

1. 捆绑

如图4-4所示，捆绑是指通过FlexE Shim将多路PHY捆绑，以实现更大的端口速率。例如，两路100GE PHY捆绑可以实现200GE的MAC速率。

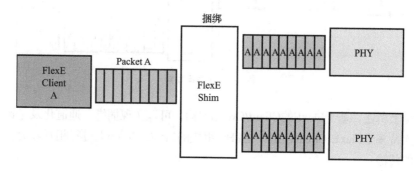

图 4-4 捆绑功能

2. 通道化

如图4-5所示，通道化是指多路低速率MAC数据流共享一路或多路PHY，也就是将不同FlexE Client的数据放在同一个PHY（或多个PHY）的不同时隙进行传输。例如，将一个100GE PHY划分为20个5 Gbit/s的时隙，根据业务的需求进行组合，用于承载35GE、25GE、20GE与20GE的4路MAC数据流，或者将由3路100GE PHY组成的FlexE Group划分为60个5 Gbit/s的时隙，承载150GE、125GE与25GE的3路MAC数据流。

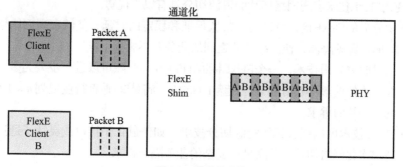

图 4-5 通道化功能

3. 子速率

如图4-6所示，子速率是指单一低速率MAC数据流共享一路或多路PHY，也就是将PHY的一部分时隙分配给FlexE Client，并通过特殊定义的Error Control Block实现降速目的。例如，在100GE PHY上只承载50GE MAC数据流。子速率功能在某种意义上是通道化功能的一个子集。

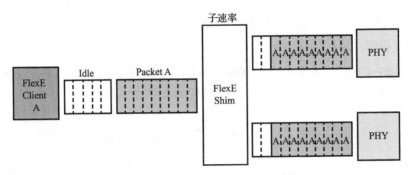

图4-6 子速率功能

综上所述，基于FlexE的Client/Group架构，可以实现捆绑、通道化及子速率功能，支持多个FlexE Client在由一组PHY组成的FlexE Group上进行相互隔离和互不影响的传输。

4.1.3 FlexE 用于 IPv6 网络切片

FlexE技术通过FlexE Shim把物理接口资源按时隙池化，在大带宽物理接口上，通过时隙资源池灵活划分出若干子通道端口（FlexE接口），实现对接口资源的灵活使用和精细化管理。FlexE接口之间的带宽资源被严格隔离，其效用等同于物理接口。FlexE接口可提供超低时延，接口之间的时延干扰极小，因而可用于承载对时延SLA要求极高的URLLC业务，例如电网差动保护业务。

使用FlexE技术实现网络切片的资源切分具有以下优势。

- 切分后的FlexE接口可以提供带宽保证和稳定的时延，能够实现网络切片之间的资源硬隔离，使网络切片之间的业务互不影响。
- 通过时分复用技术，一个FlexE标准的5 Gbit/s时隙可以进一步分为多个子时隙。支持的最小资源切分粒度为1 Gbit/s，满足5G垂直行业规划 $n \times 1$ Gbit/s 网络切片的诉求。
- FlexE技术可以配合其他资源切分技术，如信道化子接口或灵活子通道；支持层次化网络切片，以满足更复杂的业务隔离需求。

- 分钟级网络切片部署，保障业务的快速开通。网络切片资源可以通过网络切片控制器预部署，也支持按照业务需求部署。
- 网络切片的带宽可以动态调整，只需要增减对应的FlexE接口带宽即可，避免不必要的单板更换，从而实现业务的平滑扩容、缩容。

| 4.2　QoS 技术原理 |

4.2.1　QoS 概述

QoS是对当前所有为不同业务提供端到端的服务质量保证技术的统称。QoS不会增加网络带宽，能有效利用现有网络资源，允许不同流量根据优先级竞争网络资源，使语音、视频等重要数据应用在网络中可以优先得到服务。

QoS采用以下参数来度量，为关键业务提供服务质量保证，使其获得预期的服务水平。

- 带宽：带宽是指在一段固定的时间内，从网络一端传输到另一端的最大数据比特数，也可以理解为网络两个节点之间特定数据流传输的平均速率。
- 时延：时延是指一个报文或分组从网络的一端传输到另一端所需要的时间。以语音传输为例，时延是指从说话者开始说话到对方听到说话者所说内容需要的时间。若时延太大，会导致通话声音不清晰、不连贯。
- 抖动：抖动是指同一业务流中不同分组所呈现的时延不同。某些业务类型，特别是语音和视频等实时业务是不允许抖动的。分组到达时间的差异将造成语音或视频不连贯。抖动也会影响一些网络协议的处理，有些协议按固定的时间间隔发送交互性报文，抖动过大会导致协议震荡。
- 丢包率：丢包率是指在网络传输过程中丢失报文占传输报文的百分比。少量的丢包对业务的影响并不大。例如，在语音传输中，丢失一个比特或一个分组的信息，通话双方往往感知不到，但在一段时间内大量的丢包会影响用户的业务体验。所以，QoS更关注的是在一定时间范围内的丢包统计数据——丢包率。

下面介绍一下QoS服务模型。网络应用几乎都是端到端的通信。两个主机进行通信，中间可能要跨越多个物理网络，经过多台设备。要实现端到端的QoS保证，就必须从全局角度进行考虑。QoS服务模型就是研究采用什么模式能够实现全局的服务质量保证。

QoS服务模型包括BE、IntServ（Integrated Service，综合服务）[2]和DiffServ[3]。

1. BE模型

BE模型是最简单的QoS服务模型，应用程序可以在任何时候发出任意数量的报文，而不需要通知网络。在BE模型中，网络尽最大的努力来发送报文，但对时延、抖动等性能指标不提供任何保证。

BE模型适用于对时延、抖动等性能指标要求不高的业务场景，它是当前互联网的默认服务模型，适用于绝大多数网络应用，如FTP（File Transfer Protocol，文件传送协议）、E-Mail等。

2. IntServ模型

IntServ模型是一种通过信令申请特定QoS服务，从而使服务质量得到一定保证的技术。如图4-7所示，在IntServ模型中，应用程序在发送报文前，首先通过信令向网络描述它的流量参数，申请特定的QoS服务。网络节点在流量参数描述的范围内，预留资源以承诺满足该请求，并返回确认信息。如果网络无法满足该请求，则返回失败信息。应用程序在收到网络节点发来的确认信息后，才开始发送报文，并且应用程序发送的报文应该控制在流量参数描述的范围内。网络节点需要为每个数据流维护一个状态，并基于这个状态执行相应的QoS动作，来满足对应用程序的承诺。

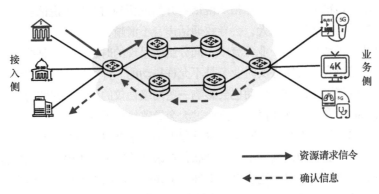

接入侧 / 业务侧

→ 资源请求信令
◀--- 确认信息

图 4-7　IntServ 模型

IntServ模型使用RSVP（Resource Reservation Protocol，资源预留协议）作为信令协议。RSVP是一种运行在IP层之上的控制协议，用于在网络节点间传递资源预留信息并进行资源预留。

在通过RSVP建立端到端通信的过程中，沿途的网络节点必须为每个数据流保存状态信息——称为"软状态"。软状态是一种临时状态，由RSVP定期更新。通过软状态，各网络节点可以判断是否有足够的资源可以预留。只有所有的网络节点都给同一个数据流的RSVP提供了足够的资源，"路径"才可建立起来。

IntServ模型使用的RSVP信令需要跨越整个网络进行资源请求及预留，因此要求所有网络节点都支持RSVP，且每个节点需要周期性地与相邻节点交换状态信息，协议报文开销大。更关键的是，所有网络节点需要为每个数据流保存状态信息，而当前的骨干网上有成千上万个数据流，因此IntServ模型以及RSVP所固有的可扩展性问题，导致其在网络中上无法得到广泛应用。

3. DiffServ模型

DiffServ模型是一种通过对网络中的流量进行分类实现差异化处理的技术。它的基本原理是，将网络中的流量分成多个类，每个类享受不同的处理方式，从而满足不同业务对丢包率、时延等性能指标的要求。

如图4-8所示，一个DiffServ域由多个网络节点组成，处在网络入口的节点可以通过多种条件（如报文的源地址和目的地址、协议类型等）灵活地对报文进行分类，从而对不同的报文设置不同的标记；而DiffServ域中的其他节点只需要简单地识别报文中的标记，并执行相应的流量控制与管理动作。

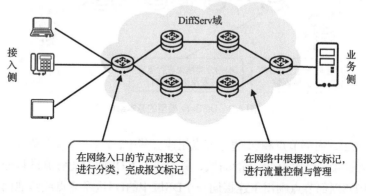

图 4-8　DiffServ 模型

与IntServ模型相比，DiffServ模型不需要信令。在DiffServ模型中，应用程序发出报文前，不需要向网络提出资源申请，而是通过设置报文头中的QoS参数信息，来告知网络节点它的QoS需求。网络节点不需要为每个数据流维护状态信息，而是根据每个数据流携带的QoS参数信息来提供服务，有差别地进行流量控制和转发，从而提供端到端的QoS保证。

DiffServ模型充分考虑了IP网络的灵活性和可扩展性强的特点，将复杂的服务质量保证通过报文携带的信息TC（Traffic Class，流量类别）字段转换为单跳行为，从而大大减少了信令的使用。因此，DiffServ模型不仅满足运营商网络对扩展性的需求，而且易于部署。

4.2.2 DiffServ QoS

1. DiffServ模型基本原理

（1）DS域

DS（Differentiated Services，区分服务）域是实现DiffServ模型的基本单位，由一组采用相同的服务提供策略和实现了一致的PHB（Per Hop Behavior，逐跳行为）的相连的DS节点组成。一个DS域通常由相同管理部门的一个或多个网络组成，如一个DS域可以是一个ISP（Internet Service Provider，因特网服务提供方）网络，也可以是一个企业的内部网。如图4-9所示，在一个DiffServ模型中，可能存在一个或多个DS域。

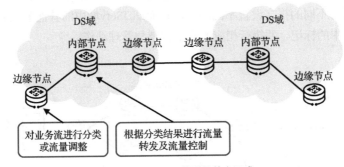

图 4-9　DiffServ 模型的基本组成

DS域由DS内部节点和DS边缘节点组成。其中，DS边缘节点负责连接另一个DS域或者连接一个没有DS功能的域，并对进入本DS域的业务流进行分类或流量调整；而DS内部节点则用于连接同一个DS域中的DS边缘节点或其他内部节点，DS内部节点仅需进行简单的流分类，并根据分类结果进行流量转发以及对相应的流实施流量控制。

（2）标记QoS优先级的报文字段

DiffServ模型根据报文头中的QoS参数信息提供有差别的服务质量。

如图4-10所示，IPv4报文使用IPv4报文头中的ToS（Type of Service，服务类型）字段的前6 bit（DSCP）来标识报文，最多可将报文分成64类。IPv6 报文头中的TC字段有8 bit，和IPv4报文头中的ToS字段功能相同，其中前6 bit（DSCP）用于标识报文的业务类别。

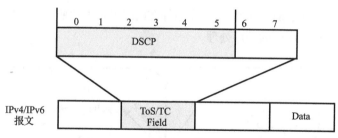

图 4-10　IPv4/IPv6 报文的 ToS/TC 字段

（3）PHB

DiffServ模型中，还有一个重要概念，即在转发分组时体现服务等级的PHB [3]。PHB描述了DS节点对具有相同DSCP值的分组采用的外部可见的转发行为。PHB可以用DSCP值来定义，也可以用一些可见的服务特征（如时延、抖动或丢包率）来定义。PHB只定义了一些外部可见的转发行为，没有指定特定的实现方式。

IETF定义了4种标准的PHB[4]：CS（Class Selector，类选择符）、EF（Expedited Forwarding，加速转发）、AF（Assured Forwarding，确保转发）和BE。其中，BE是默认的PHB。各PHB对应的DSCP取值及其含义请参考相关标准文档，在此不赘述。

2. DiffServ模型基本组件

DiffServ模型由流分类和标记、流量监管和流量整形、拥塞避免、拥塞管理4个组件组成，各组件的基本功能如下。

- 流分类和标记：要实现区分服务，首先需要将数据包分为不同的类别或者设置为不同的优先级。其中，将数据包分为不同的类别称为流分类，流分类并不修改原来的数据包；将数据包设置为不同的优先级称为标记，标记会修改原来的数据包。

- 流量监管和流量整形：一种将业务流量限制在额定带宽的技术。当业务流量超过额定带宽时，超过的流量将被丢弃或缓存。其中，将超过的流量丢弃的技术称为流量监管，将超过的流量缓存的技术称为流量整形。

- 拥塞避免：监督网络资源的使用情况。当发现网络拥塞有加剧的趋势时，报文会被丢弃，以调整流量来解除网络拥塞。

- 拥塞管理：在网络发生拥塞时，将报文放入队列中缓存，并采取某种调度算法安排报文的转发次序。

以上4个组件中，流分类和标记是实现区分服务的前提和基础；流量监管和流量整形、拥塞避免和拥塞管理则是从不同方面对网络流量及其分配的资源实施控制，是提供区分服务的具体体现。4个组件在网络设备上按照一定的顺序处理，一般情况下按图4-11所示的顺序处理。

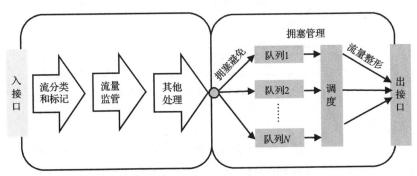

图 4-11　DiffServ 模型流量处理流程

对同一个网络节点来说，对数据包的处理整体上可分为入和出两个方向。在入接口，网络节点首先对报文进行流分类或标记，并通过流量监管对业务流量进行一定限制；在出接口，网络节点先通过拥塞避免技术实时监控网络资源的使用情况，在发生拥塞时，通过拥塞管理技术合理调度网络资源，并在报文出节点前，利用流量整形技术对超额流量进行缓存，从而降低突发流量对下游节点的影响。

DiffServ QoS在IP网络尽力而为转发的基础上增加对不同优先级业务之间的差异化调度，可以提供粗粒度的差异化服务，满足IP网络中传统业务的服务要求。但DiffServ QoS无法对同一优先级中的不同用户或业务进行区分识别和差异化处理，不支持为不同用户或业务进行资源预留，无法避免不同业务相互影响，因此DiffServ QoS通常不作为网络切片的资源切分技术。

3. QoS基本调度模型

如图4-12所示，QoS基本调度模型分为调度器和被调度对象两部分。

调度器对多个队列进行调度。调度器执行某种调度算法，决定各队列报文发送的先后顺序。调度算法包括SP（Strict Priority，严格优先级）调度、DRR（Deficit Round Robin，差分轮询）调度、WRR（Weighted Round Robin，加权轮询）调度、WDRR（Weighted Deficit Round Robin，加权差分轮询）调度、WFQ（Weighted Fair Queuing，加权公平队列）调度等。

调度器的动作只有一个，即选择队列。当队列被调度器选中时，将优先发送此队列的报文。

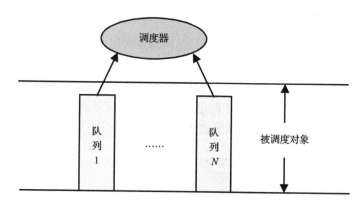

图 4-12　QoS 基本调度模型

被调度对象也叫队列。报文根据一定的映射关系进入不同的队列。队列被赋予以下3种属性。

- 根据调度算法，队列被赋予优先级或权重。
- 队列PIR（Peak Information Rate，峰值信息速率）。
- 报文丢弃策略，包括尾丢弃和WRED（Weighted Random Early Detection，加权随机早期检测）。

队列有以下两个动作。

- 入队：当系统收到报文时，根据报文丢弃策略决定是否丢弃报文。如果报文未被丢弃，则报文入队尾。
- 出队：队列被调度器选中时，队列最前面的报文出队。出队时，先执行队列整形，之后报文被发送。

4.2.3　HQoS

HQoS即层次化QoS，是一种通过多级队列调度机制，解决Diffserv模型下多用户多业务带宽保证的技术。

Diffserv QoS采用一级调度，基于端口进行流量调度的方式使单个端口只能区分业务优先级，无法区分用户。只要属于同一优先级的流量使用同一个端口队列，就会存在不同用户的流量竞争同一个队列资源的情况，因此无法区分端口上单个用户的单个业务流。HQoS采用多级调度的方式，针对每个用户的业务流进行队列调度，能够区分不同用户和不同业务的流量，提供独立的带宽管理。

1. HQoS层次化调度模型

为了实现分层调度，HQoS采用树状结构的层次化调度模型，如图4-13所示。树状结构的层次化调度模型有以下3种节点。

- 叶子节点：处于底层，表示一个队列。
- 分支节点/中间节点：处于中间层，既是调度器又是被调度对象。
- 根节点：处于最高层，表示最高级别的调度器。

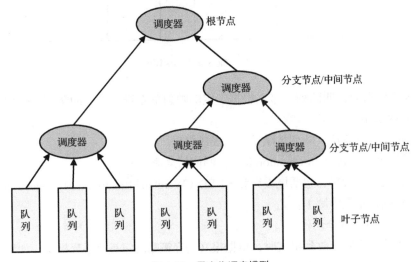

图 4-13 层次化调度模型

调度器可以对多个队列进行调度，也可以对多个调度器进行调度。其中，调度器可以看作父节点，被调度的队列或调度器可以看作子节点。父节点是多个子节点的流量汇聚点。

每个节点可以指定分类规则和控制参数，对流量进行分类和控制。不同层次的节点，其分类规则可以面向不同的分类需求（如用户、业务类型等），并且在不同的节点上，可以对流量做不同的控制动作，从而实现对流量多层次、多用户、多业务的管理。

2. HQoS的层次划分

如图4-14所示，HQoS层次化调度可以只有一层中间节点，实现3层调度结构；也可以有多层中间节点，实现多层调度结构。甚至可以将两个或两个以上层次化调度模型叠加，通过映射规则，将一个调度模型输出的报文映射到另一个调度模型的叶子节点上，从而实现更加灵活的调度。

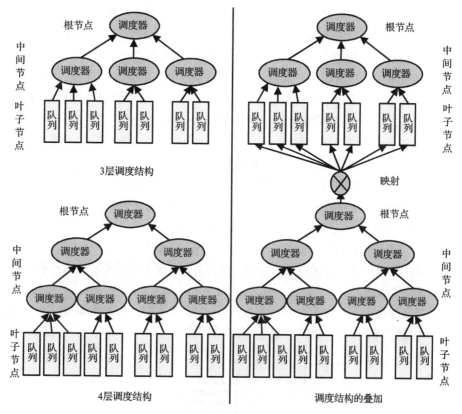

图 4-14　灵活的层次化调度划分

|4.3　基于 HQoS 的资源切分技术|

　　传统的 HQoS 调度是单个网络节点的行为，在网络的接入节点完成 HQoS 调度后，网络中的其他节点不再执行 HQoS 调度。而对网络切片来说，需要在网络中端到端的每个节点为网络切片进行资源预留和队列调度部署，以实现端到端一致的网络切片资源保证和流量调度，保证整个网络对网络切片业务提供可保证的服务质量。

4.3.1　信道化子接口

　　信道化子接口是指使能了信道化功能的以太物理接口的子接口。随着设备物理接口带宽的持续增长和演进，单个物理接口通常会承载多种类型或多用户的业务流量，这时需要在大速率端口上通过HQoS技术将以太物理接口划分为多个子接口，并为每个子接口分配独立的带宽资源，以实现不同类型业务的隔离，由此形成的逻辑接口称为信道化子接口。以太接口支持以太信道化子接口，不同信道化子接口承载不同类型的业务，这些业务相互隔离、互不影响。

信道化子接口采用子接口模型，结合HQoS机制，为网络切片提供灵活带宽。每个网络切片独占带宽和调度树，为切片业务提供资源预留。

不同业务流量可以属于不同Dot1q（VLAN）封装方式的信道化子接口上，每个信道化子接口可以实现独立的HQoS调度，从而实现不同类型业务之间的隔离。如图4–15所示，在物理接口1和物理接口2中划分了多个信道化子接口，物理接口3为普通物理接口。信道化子接口在物理接口下有独立的逻辑接口形态，适合进行逻辑组网，通常用于提供组网型的带宽保障切片业务。

使用信道化子接口技术做切片资源预留具有以下特点。

- 资源隔离：基于子接口模型为切片预留资源，避免流量突发时切片业务之间的资源抢占。
- 带宽粒度小：可以配合物理接口或FlexE接口使用，在大速率接口上分割出小带宽的子接口，提供带宽更灵活的资源切片。

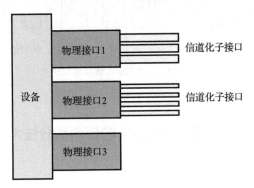

图 4-15　信道化子接口示意

信道化子接口相当于设备为每个网络切片划分的独立"车道"。不同网络切片的车道之间是实线，业务流量在传输过程中不能并线变换车道，从而确保不同切片的业务在设备内可以严格隔离，有效避免流量突发时切片业务之间的资源抢占。

4.3.2　灵活子通道

在一部分网络切片应用中，需要一种能灵活实现资源切分的技术，但不希望引入额外的接口配置和管理开销，这时可以选择灵活子通道技术。

灵活子通道是指基于HQoS机制分配独立的队列和带宽资源的数据通道。灵活子通道之间的带宽严格隔离。通过在物理接口、FlexE接口或信道化子接口下为网络切片配置独立的带宽预留子通道，实现带宽的灵活分配。灵活子通道提供了一种灵活和细粒度的接口资源预留方式，使得每个网络切片独占带宽和调度树，为切片业务提供资源预留。

灵活子通道通常和FlexE接口或信道化子接口配合使用，可以在FlexE接口下配置灵活子通道，也可以在信道化子接口下配置灵活子通道。如图4-16所示，以信道化子接口和灵活子通道的配合使用为例，在信道化子接口中，可以通过划分灵活子通道进一步提供细粒度的资源隔离和保证。

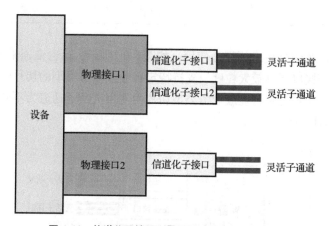

图 4-16　信道化子接口和灵活子通道配合使用示意

与信道化子接口相比，灵活子通道没有子接口模型，更加容易配置。因此，灵活子通道更适用于按需快速创建网络切片的场景。灵活子通道既可以在物理接口下创建，用于一级网络切片的资源预留，也可以在FlexE接口或信道化子接口下面创建用于二级网络切片的资源预留，以提供更细粒度的切片资源保证服务。

| 4.4　资源切分技术比较 |

前面几节介绍了转发平面资源切分技术的功能及特点。那么这3种技术在隔离度、时延保障等方面有什么区别呢？下面来对比一下这3种转发平面资源切分技术各自的特点以及适用的场景，如表4-1所示。

表 4-1　转发平面资源切分技术对比情况

对比项	FlexE 接口	信道化子接口	灵活子通道
隔离度	独占 TM（Traffic Manager，流量管理器）资源，端口隔离	实现 TM 资源预留，端口共享	实现 TM 资源预留，端口共享
时延保障	其他 FlexE 接口拥塞时，单跳时延最大增加了 10 μs	其他信道化子接口拥塞时，单跳时延最大增加了 100 μs	其他灵活子通道拥塞，单跳时延最大增加了 100 μs
资源切分的最小粒度	1 Gbit/s	2 Mbit/s	1 Mbit/s
适用场景	行业切片	行业切片、企业专网切片（预部署）	企业点到点切片、企业专网切片（随用随切）

　　不同的资源切分技术可配合使用，如图4-17所示。运营商通常使用FlexE接口或信道化子接口提供较大粒度、支持特定行业或业务类型的切片资源预留。同时，可以进一步在特定行业或业务类型切片内使用灵活子通道为不同的企业用户划分细粒度的切片资源。

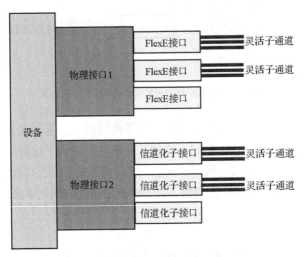

图 4-17　不同资源切分技术配合使用示意

　　层次化调度的网络切片可以实现资源灵活、精细化管理。例如，在接入环50 Gbit/s带宽、汇聚环100 Gbit/s带宽的移动承载网中，为保障某个垂直行业对隔离和超低时延的诉求，可以为该行业创建一个网络切片。首先，在接入环采用FlexE接口预留1 Gbit/s带宽，在汇聚环采用FlexE接口预留2 Gbit/s带宽，实现与其他业务之间的硬隔离；其次，该切片内的不同业务从多个接入环进入汇聚环后，可以共享该切片在汇聚环上预留的 2 Gbit/s 带宽；最后，该垂直行业的不同业务类型或用户在该切片的 FlexE 接口内可以采用灵活子通道技术进行精细化资源预留和调度，在满足切片隔离和 SLA 保障需求的前提下，实现资源统计复用最大化。对于网络切片需要的接口带宽粒度小于 1 Gbit/s 的场景，使用信道化子接口或灵活子通道切分网络切片的带宽资源，信道化子接口内还可以继续使用灵活子通道技术实现更加精细化的资源预留和调度。

| 设计背后的故事 |

1. SLA 保障技术的发展阶段

服务质量一直是 IP 网络的一个重要问题。服务质量通过运营商与客户签署的 SLA 来体现。为了更好地实现 SLA 保障，IP 技术经过了多年的发展，总结起来就是点、线、面 3 个阶段。

IP 网络最早采用 IntServ 的 QoS 服务模型[2]，在实践中发现存在可扩展性问题因而无法大规模应用，于是发展出了 DiffServ 技术[3]。DiffServ 通过在单点设备上配置 QoS 优先级队列为汇聚流提供差异化服务质量，这种 QoS 技术实现比较简单，并且具有良好的可扩展性，成为广泛应用的 QoS 技术。

随着 MPLS 技术的发展，MPLS TE 技术被用于满足业务的 QoS 需求。具体来讲，在网络中建立满足多种约束条件、保证服务质量的 MPLS TE 路径，然后在入口节点将业务流引入对应的符合服务质量要求的 MPLS TE 路径。MPLS TE 在网络中通过"线"（端到端路径）的方式保证业务的服务质量。

随着网络切片技术的发展，IP 网络可以通过全网范围的资源预留和隔离来满足不同业务的服务质量要求，也就是说，IP 网络可以通过"面"（网络切片）的方式保证业务的服务质量。

虽然这些 SLA 保障技术是在不同的发展阶段出现的，但它们之间并非替代关系。这些 SLA 保障技术的复杂度不同，所需的网络资源也不同，所以实际部署时，需要根据不同的应用场景选用不同的技术。而且，为了更好地满足业务的服务质量需求，这些技术还可以结合使用。例如，在网络切片中还可以通过 SR TE 路径进一步满足部分业务的特定服务需求。

2. 软连接与硬连接

网络技术的发展带来了软连接与硬连接技术的竞争。最早的电信网络采用的交换技术属于硬连接，比如电话系统、TDM（Time Division Multiplexing，时分多路复用）系统等，而为互联网而生的IP技术在发展之初采用尽力而为的转发方式，属于软连接。随着IP在不同领域的广泛应用，特别是在电信网络IP化之后，为了满足不同业务的需求，各种在IP技术基础上提供不同程度的硬连接的技术也被引入进来，技术发展呈现螺旋式上升的趋势，但也有人认为这是在开"历史倒车"。例如网络切片中使用的FlexE技术，一些人认为这就是曾经的TDM技术的重新应用。

技术的发展与不同时期的应用需求、软硬件的能力密切相关，因此同一个技术的发展也会有兴衰起伏，或者具有相同技术原理的不同技术会在不同的时期出现。前者如人工智能的发展，随着算力的突破，深度学习迎来了迅猛发展。对于后者，硬连接技术的发展则是一个典型的案例。

曾经的电信网络技术，如ATM（Asynchronous Transfer Mode，异步转移模式）等，针对不同的业务提供不同的服务质量保证，但是IP的成功之处在于解决了互联网初期的"杀手级"应用——海量连接的问题，自底向上地发展了起来。ATM的技术起点很高，由于当时的软硬件能力无法满足技术要求、部署成本昂贵，因此未能发展起来，但很多技术思想被保留了下来，并随着软硬件技术的发展，在IP世界里面逐步变为现实。这与IP综合承载的业务需求是密切相关的。随着IP技术的广泛应用，不同类型的业务都由IP统一承载，这些业务有不同的服务质量要求，对网络技术也有不同的需求，硬连接技术获得新的应用也是网络发展的一种必然结果。

3. "IP补课"

2019年，我参加了中国接入国际互联网25周年暨互联网诞生50周年纪念座谈会，有幸聆听了关于中国互联网发展的发言，发言人是中国互联网重要的开创者之一——钱华林老师。他认为IP技术最大的成功就是解决了海量连接的问题，没有哪一种技术能够像IP一样承载海量的连接。而在理论上，随着更多连接的加入，网络是很容易崩溃的。而IP没有崩溃的原因有两方面：一是转发芯片的能力持续提升，使得海量连接的流量依然能够得到有效的转发；二是计算芯片的能力持续提升，使得海量连接的计算和控制能力得以保证。

钱老师的讲话给了我很大的触动。以前我们一直在开发IP操作系统VRP（Versatile Routing Platform，通用路由平台）和路由器，对IP的很多本质缺乏思考，钱老师关于IP技术的总结让我犹如醍醐灌顶。事实上，在过去的多年里，我们都是依靠带宽的"红利"简化连接的建立。如今带宽的进一步增加，使得我们能够给IP增强属性，建立更加智能的连接，这是带宽带给我们的新福利。我们之所以能够做SRv6、网络切片、DetNet（Deterministic Networking，确定性网络）和

IFIT等一系列创新，其基础都是硬件和转发能力的超量供给。如果失去了这些基础，这些创新就无从谈起。

在之前的30年里，硬件转发能力有限，只能采用MPLS这样的技术，利用定长、定域以及无语义的标签转发等硬件友好的设计来扩展IP的功能，并保证转发性能。现在，我们能够采用可变长的IPv6扩展报文头来实现IP功能扩展，这都得益于超量供给的带宽和强大的硬件可编程能力。我也把这种创新称为"IP补课"。和众多的电信网络技术相比，曾经的IP特性太过简单。一方面大家承认IP能够有效地承载海量连接，另一方面又在抱怨IP不好用，连基本的服务质量保证和OAM（Operation,Administration and Maintenance，运行、管理与维护）都存在问题。例如，IP网络中普遍采用负载分担提升带宽利用率，而负载分担很容易造成带外OAM报文和实际业务报文所走的路径不一致，使得通断检测和性能检测的结果与实际业务报文的体验不一致，IFIT技术可以很好地解决这个问题。在电信网络技术中，随路OAM是一种非常传统的技术，但是时至今日，IFIT技术在IP技术领域才逐渐发展起来。有了更强的转发性能，IFIT才具备了实现的可能，否则在海量连接的基本转发性能尚不能保证的情况下，很难引入这类技术。

带宽的超量供给也是网络切片的基础。网络切片就类似于现实生活中道路上的"划分车道"。如果我们的道路比较窄，根本就没有划分车道的需求。随着道路加宽，就会逐渐划分出两车道、三车道等。道路不太宽时，可以不划分车道，依靠司机的判断也没太大问题。但是，当道路继续加宽，司机开车时就会逐渐失去判断，甚至变成"横着走"，这会造成车辆相互影响、可能带来安全隐患。我就有在美国101号公路由旧金山国际机场去硅谷的路上因为道路太宽以致失去方向感的经历。IP网络切片也是类似的道理，在海量带宽的前提下通过切片技术，可以使转发重新变得有序，避免相互干扰。

IP的创新刚开始时，由于带宽有限，只能支持尽力而为的转发，容纳海量连接；随着带宽的增加，扩展了VPN、TE、FRR等重要特性，但是实现起来还是很复杂和粗放；现在发展的"IPv6+"等创新技术，使得IP具有更加丰富的属性，变得更加精细、智能。当然这个过程也可能会引发各种不适。无论如何，IP综合业务承载和精细化网络服务的大趋势不会改变，IP技术本身也能够方便地给业务提供灵活选择的自由。

| 本章参考文献 |

[1] Optical Internetworking Forum. Flex Ethernet implementation agreement[EB/OL].
（2016–03）[2022–09–30].

[2] BRADEN R, CLARK D, SHENKER S. Integrated services in the Internet
architecture: an overview[EB/OL]. (1994–06)[2022–09–30]. RFC 1633.

[3] BLAKE S, BLACK D, CARLSON M，et al. An architecture for differentiated
services[EB/OL]. (1998–12)[2022–09–30]. RFC 2475.

[4] BABIARZ J, CHAN K, BAKER F. Configuration guidelines for DiffServ service
classes[EB/OL]. (2006–08)[2022–09–30].RFC 4594.

第 5 章
IPv6 网络切片的数据平面技术

IPv6 网络切片的数据平面要求在业务数据包中携带网络切片的标识信息，指导不同网络切片的业务报文按照该网络切片定义的拓扑、资源等约束条件进行转发处理。目前在数据平面上可以通过IPv6扩展报文头或SRv6 SID携带网络切片的标识信息。本章将首先对IPv6和SRv6技术进行概括，然后分别说明如何基于IPv6扩展报文头及SRv6 SID携带网络切片信息。

| 5.1　IPv6 数据平面 |

5.1.1　IPv6 地址

1. IPv6地址的表示方法

IPv6地址总长度为128 bit，通常分为8组，每组为4个16进制数，每组间用冒号分隔，这是IPv6地址的首选格式。例如FC00:0000:130F:0000:0000:09C0:876A:130B。

为了书写方便，IPv6还提供了压缩格式。以上述IPv6地址为例，具体压缩规则如下[1]。

- 每组中的前导"0"都可以省略，所以上述地址可写为FC00:0:130F:0:0:9C0:876A:130B。
- 地址中包含的连续两个或两个以上均为0的组，可以用双冒号"::"来代替，所以上述地址又可以进一步简写为FC00:0:130F::9C0:876A:130B。
- 一个IPv6地址中只能使用一次双冒号"::"，否则当计算机将压缩后的地址恢复成128 bit时，无法确定每个"::"表示的0的个数。

2. IPv6地址的结构

一个IPv6地址可以分为如下两部分。

· 网络前缀：n bit，相当于IPv4地址中的网络ID。

· 接口标识：（128–n）bit，相当于IPv4地址中的主机ID。

对IPv6单播地址来说，如果地址的前3 bit不是000，则接口标识必须为64 bit；如果地址的前3 bit是000，则没有此限制。

接口标识可通过3种方法生成：手动配置、系统通过软件自动生成、遵循IEEE EUI–64规范自动生成。其中，遵循EUI–64规范自动生成较为常用。

IEEE EUI–64规范定义了将接口的MAC地址转换为IPv6接口标识的过程。如图5-1所示，MAC地址的前24 bit（用c表示的部分）为设备制造商标识符，后24 bit（用m表示的部分）为扩展标识符。从高位开始，如果第7位是0，表示MAC地址是本地唯一的。

转换的第一步是将16进制数FFFE转换成二进制数后插到MAC地址的设备制造商标识符和扩展标识符之间。第二步是从MAC地址的高位开始，将第7位的0改为1，表示此接口标识是全球唯一的，这是因为需要生成全球唯一的IPv6地址。

MAC地址　　ccccccccccccccccccccccccmmmmmmmmmmmmmmmmmmmmmmmm

1111111111111110
⇩

插入FFFE　　ccccccccccccccccccccccccc1111111111111110mmm……mmmm

⇩

第7位改为1　　ccccccccccccccccccccccccc1111111111111110mmm……mmmm

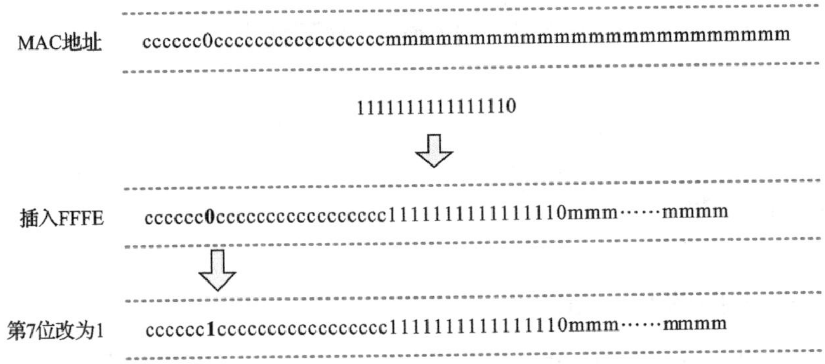

图 5-1　IEEE EUI-64 规范

例如，MAC地址000E–0C82–C4D4转换后为020E:0CFF:FE82:C4D4。

最终，我们得到48 + 16 = 64 bit的接口标识。在该接口标识前面加上64 bit的网络前缀，即可得到完整的全球唯一的IPv6地址。

这种基于MAC地址产生IPv6地址接口标识的方法可以减少配置的工作量，尤其是当采用SLAAC（Stateless Address Autoconfiguration，无状态地址自动配置）时，只需要获取IPv6前缀就可以与接口标识形成IPv6地址。但使用这种方式最大的缺点是，任何人都可以通过二层MAC地址推算出三层IPv6地址，安全性不佳。

3. IPv6地址分类

IPv6地址大致可分为单播地址、组播地址和任播地址3种类型。和IPv4相比，

IPv6取消了广播地址类型，以更丰富的组播地址代替，同时增加了任播地址类型。

下面重点介绍IPv6单播地址，其他两种类型地址与本书内容关系不大，不赘述。

IPv6单播地址标识了一个接口，由于每个接口属于一个节点，因此每个节点的任何接口上的单播地址都可以标识这个节点。发往单播地址的报文由此单播地址标识的接口接收。

IPv6定义了多种单播地址，目前常用的单播地址有未指定地址、环回地址、全球单播地址（Global Unicast Address，GUA）、链路本地地址（Link-Local Address，LLA）和唯一本地地址（Unique Local Address，ULA）。

表5-1所示是目前分配给IPv6各类单播地址的地址段情况[2]。

表 5-1　IPv6 各类单播地址的地址段情况

地址类型	IPv6 地址段
全球单播地址	2000::/3
链路本地地址	FE80::/10
唯一本地地址	FC00::/7

未指定地址：IPv6中的未指定地址即0:0:0:0:0:0:0:0/128或者::/128。该地址可以表示某个接口或者节点还没有IP地址，可以作为某些报文的源IP地址，例如在IPv6 ND（Neighbor Discovery，邻居发现）协议中的NS（Neighbor Solicitation，邻居请求）消息的重复地址检测中使用。源IP地址是::的报文不会被路由设备转发。

环回地址：IPv6中的环回地址即0:0:0:0:0:0:0:1/128或者::1/128。环回地址与IPv4中127.0.0.1的作用相同，主要用于设备向自己发送报文。该地址通常用作一个虚拟接口的地址（如Loopback接口）。实际发送的报文中不能使用环回地址作为源IP地址或者目的IP地址。

全球单播地址：全球单播地址是带有全球单播前缀的IPv6地址，其作用类似于IPv4中的公网地址。这种类型的地址允许路由前缀聚合，从而限制了全球路由表项的数量。

链路本地地址：链路本地地址是在IPv6中应用范围受限制的一种地址类型，只能在连接到同一本地链路的节点之间使用。它使用了特定的本地链路前缀FE80::/10（最高10位为1111111010），同时将接口标识添加在前缀后面作为地址的低64 bit。

当一个节点启动IPv6协议栈时，启动时节点的每个接口会自动配置一个链路本地地址（其固定的前缀+EUI-64规则形成的接口标识）。这种机制使得2个连接到同一链路的IPv6节点无须任何配置就可以通信。所以链路本地地址广泛应用于邻居发现、无状态地址配置[3]等。

以链路本地地址为源地址或目的地址的IPv6报文不会被路由设备转发到其

他链路。

唯一本地地址：唯一本地地址也是一种应用范围受限的地址，它的前身是站点本地地址。站点本地地址由于存在诸多问题，目前已被废弃[4]。唯一本地地址作为更好的地址方案，被用来替代站点本地地址。为了更好地理解唯一本地地址，下面先简单介绍一下站点本地地址。

站点本地地址类似于IPv4中的私网地址，是在IPv6地址段中划分出的一块地址段，前缀为FEC0::/10，可供单个域使用。站点本地地址只在单个站点的范围内可路由。站点本地地址的使用不需要向地址分配机构申请，由站点自行管理地址段的划分和地址的分配。

与IPv4私网地址相似，站点本地地址自身也存在一些问题，比如当域间网络需要连通，或者多域网络需要融合成单域网络时，容易发生地址重叠的问题。这需要重新规划和分配多个域的网段及网络地址，导致网络演进越发复杂、工作量增加，而且在这一过程中容易发生网络中断的情况。

唯一本地地址的作用也类似于IPv4中私网地址的作用，任何没有向地址分配机构申请全球单播地址段的组织机构都可以使用唯一本地地址。唯一本地地址同样只能在本地网络内进行路由。唯一本地地址格式如图5-2所示。

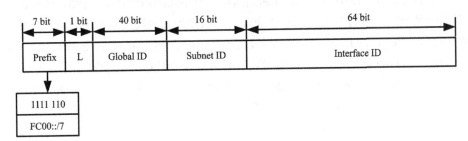

图 5-2　唯一本地地址格式

唯一本地地址字段的说明如表5-2所示。

表 5-2　唯一本地地址字段的说明

字段名	长度	含义
Prefix	7 bit	前缀，固定为 FC00::/7
L	1 bit	L 标志位。设置为 1，表示该地址为在本地网络范围内使用的地址；设置为 0，表示保留，用于以后扩展
Global ID	40 bti	全球唯一前缀，通过伪随机方式产生
Subnet ID	16 bit	子网 ID，划分子网使用
Interface ID	64 bit	接口标识

唯一本地地址也是从IPv6地址段中单独划分出的地址段，前缀为FC00::/7，同样只允许在域内路由。单个域使用的前缀为Prefix + L + Global ID，Global ID的伪随机性大概率保证了使用唯一本地地址的多个域之间不存在地址重叠问题。

此外，唯一本地地址实际上也是全球唯一的单播地址，与全球单播地址的区别只在于唯一本地地址的路由前缀不向互联网发布，并且即使发生路由泄漏，也不会影响互联网原有流量和其他域公网流量的转发。唯一本地地址一方面满足了在管理域内流量时使用私网地址自行编址的需求，另一方面解决了站点本地地址存在的主要问题。

总的来说，唯一本地地址具有如下特点。

- 具有全球唯一的前缀（虽然前缀以伪随机方式产生，但是冲突概率很低）。
- 可以进行网络之间的私有连接，而不必担心地址冲突等问题。
- 具有统一前缀（FC00::/7），方便边缘设备进行路由过滤。
- 如果出现路由泄漏，该地址不会和其他地址冲突，不会影响互联网流量。
- 上层应用程序将这些地址当作全球单播地址使用。
- 独立于ISP的全球单播地址网段。

5.1.2　IPv6 报文头

IPv6报文由IPv6基本报文头、IPv6扩展报文头以及上层协议数据单元3部分组成。

上层协议数据单元一般由上层协议报文头和报文的有效载荷构成。上层协议数据单元可以是ICMPv6（Internet Control Message Protocol version 6，第6版互联网控制报文协议）报文、TCP（Transmission Control Protocol，传输控制协议）报文或UDP（User Datagram Protocol，用户数据报协议）报文。

1. IPv6基本报文头

IPv6基本报文头有8个字段，固定为40 Byte，每一个IPv6报文都必须包含基本报文头。基本报文头提供报文转发的基本信息，会被转发路径上的所有设备解析。IPv6基本报文头的格式如图5-3所示。

IPv6基本报文头中主要字段的说明如表5-3所示。

IPv6报文头的设计思想是让基本报文头尽量简单，因为大多数情况下，设备只需要根据基本报文头，就可以转发IP流量。因此，和IPv4相比，IPv6去除了分片、校验和、选项等相关字段，只增加了流标签字段，简化了IPv6报文头的处理，提高了处理效率。另外，IPv6为了更好地支持各种选项处理，提出了扩展报文头的概念，新增选项时不必修改现有结构，理论上可以无限扩展，在保持报文头简化的前提下，还具备了优异的灵活性。

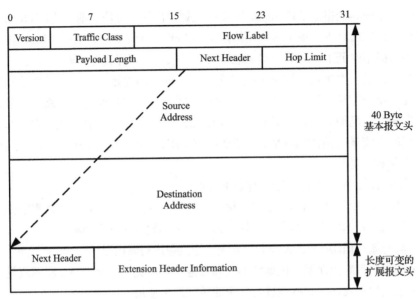

图 5-3　IPv6 基本报文头的格式

表 5-3　IPv6 基本报文头主要字段的说明

字段名	长度	含义
Version	4 bit	版本号。对于 IPv6，该值为 6
Traffic Class	8 bit	流量类别。相当于 IPv4 中的 ToS 字段，表示 IPv6 报文的类或优先级，主要应用于 QoS
Flow Label	20 bit	流标签。IPv6 中新增的字段，用于标记属于同一个数据流的报文。不同的流标签 + 源地址 + 目的地址可以唯一确定一个数据流，中间网络设备可以根据这些信息更加高效地区分数据流
Payload Length	16 bit	有效载荷长度。有效载荷是指紧跟 IPv6 基本报文头的数据包中的其他部分（即扩展报文头和上层协议数据单元）。该字段只能表示最大长度为 65535 Byte 的有效载荷。如果有效载荷的长度超过这个值，该字段设置为 0，而有效载荷的长度用逐跳选项扩展报文头中的超大有效载荷选项来表示
Next Header	8 bit	下一个报文头。该字段定义紧跟在 IPv6 报文头后面的第一个扩展报文头（如果存在）的类型，或者上层协议数据单元中的协议类型
Hop Limit	8 bit	跳数限制。该字段相当于 IPv4 中的 TTL 字段，它定义了 IP 报文所能经过的最大跳数。每经过一个设备，该字段的值减 1，当该字段的值为 0 时，数据包将被丢弃
Source Address	128 bit	源地址，表示发送方的地址
Destination Address	128 bit	目的地址，表示接收方的地址

2. IPv6扩展报文头

在IPv4中，IPv4报文头包含选项（可选字段），涉及Security、Timestamp和Record route等，这些选项可以将IPv4报文头的长度从20 Byte扩展到60 Byte。在转发过程中，处理携带这些选项的IPv4报文会占用设备很多资源，因此实际中也很少使用。

IPv6将这些选项从IPv6基本报文头中剥离，放到了扩展报文头中，扩展报文头被置于IPv6基本报文头和上层协议数据单元之间。一个IPv6报文可以包含0个、1个或多个扩展报文头，仅当需要设备或目的节点做某些特殊处理时，才由发送方添加1个或多个扩展报文头。与IPv4不同，IPv6扩展报文头的长度任意，不受40 Byte限制，这样便于日后扩充选项，这一特征加上选项的处理方式，使得IPv6选项可以得到真正的利用。但是为了提高处理选项头和传输层协议的性能，扩展报文头的长度总是8 Byte的整数倍。

当使用多个扩展报文头时，前一个报文头的Next Header字段表示下一个扩展报文头的类型，这样就形成了链状的报文头列表。如图5-4所示，IPv6基本报文头中的Next Header字段表示第一个扩展报文头的类型，而第一个扩展报文头中的Next Header字段表示下一个扩展报文头的类型（如果不存在，则表示上层协议数据单元中的协议类型）。

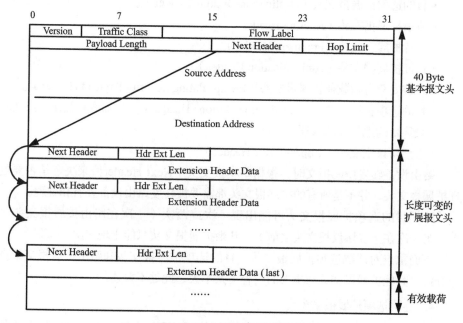

图5-4　IPv6 扩展报文头的格式

IPv6扩展报文头中主要字段的说明如表5-4所示。

表 5-4　IPv6 扩展报文头中主要字段的说明

字段名	长度	含义
Next Header	8 bit	下一个报文头。与基本报文头的 Next Header 作用相同，表示下一个扩展报文头（如果存在）或上层协议的类型
Hdr Ext Len	8 bit	扩展报文头的长度，计算时不包含第一个 8 Byte（即扩展报文头最短为 8 Byte，并且此时该字段设置为 0）
Extension Header Data	可变	扩展报文头数据。扩展报文头的内容为一系列选项字段和填充字段的组合

3. IPv6扩展报文头的排列顺序

当一个IPv6报文包含两个或两个以上扩展报文头时，报文头必须按照下列顺序排列[5]。

- IPv6基本报文头（IPv6 Header）。
- 逐跳选项扩展报文头（Hop-by-Hop Options Header）。
- 目的选项扩展报文头（Destination Options Header）。
- 路由扩展报文头（Routing Header）。
- 分片扩展报文头（Fragment Header）。
- 认证扩展报文头（Authentication Header）。
- 封装安全有效载荷扩展报文头（Encapsulating Security Payload Header）。
- 目的选项扩展报文头（Destination Options Header）：指那些将被IPv6报文的最终目的地处理的选项。
- 上层协议报文头（Upper-Layer Header）。

路由设备转发IPv6报文时，根据基本报文头中Next Header值来决定是否要处理扩展报文头，并不是所有的扩展报文头都需要被转发路由设备查看和处理。

除了目的选项扩展报文头可能出现一次或两次（一次在路由扩展报文头之前，另一次在上层协议报文头之前），其余扩展报文头只能出现一次。

下面重点对逐跳选项扩展报文头、目的选项扩展报文头和路由扩展报文头进行介绍，其他扩展报文头与本书的内容关系不大，此处不赘述。

4. 逐跳选项扩展报文头

逐跳选项扩展报文头用来携带需要被转发路径上的每一跳路由器处理的信息。它的Next Header协议号为0，报文头格式如图5-5所示。

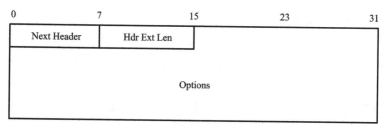

图 5-5　逐跳选项扩展报文头格式

一个逐跳选项扩展报文头的Value区域由一系列的Options区块构成，这让它可以承载多份不同种类的信息。Options区块被设计为TLV（Type Length Value，类型长度值）格式，如图5-6所示。

图 5-6　Options 区块的格式

Options区块字段的说明如表5-5所示。

表 5-5　Options 区块字段的说明

字段名	长度	含义
Option Type	8 bit	当前选项的类型。不同类型的选项，Option Data 的数据格式不同。对于 Option Type 字段，有如下使用要求。 • 高位的第 1、2 比特，表示当节点不支持该选项的处理时，需要采取什么动作。取值及其含义如下。 　◆ 00：忽略该选项，继续处理下一选项。 　◆ 01：丢包。 　◆ 10：丢包，并且向源地址发送 ICMP 参数错误的报告。 　◆ 11：丢包，并且仅当报文目的 IPv6 地址不是组播地址时，才向源地址发送 ICMP 参数错误的报告。 • 高位的第 3 比特，表示该选项在报文转发过程中是否可被修改。设置为 1，表示可被修改；设置为 0，表示不可被修改。 • 剩下的 5 bit 未定义。 　所有 8 bit 共同作为一个选项的类型标识值
Option Data Len	8 bit	当前选项 Option Data 的长度，单位为 Byte
Option Data	可变	当前选项的数据。要求整个逐跳选项扩展报文头的长度为 8 Byte 的整数倍。数据长度不足时，可以使用填充选项[9]

5. 目的选项扩展报文头

目的选项扩展报文头用于携带需要由当前目的地址对应的节点处理的信息。该节点可以是报文的最终目的地，也可以是源路由方案中的路径节点（详见下文对路由扩展报文头的介绍）。

目的选项扩展报文头的Next Header协议号为60，报文头格式及要求与逐跳选项扩展报文头一致。

6. 路由扩展报文头

路由扩展报文头用来指明一个报文在网络内需要依次经过的路径节点，用于实现各种源路由方案。报文发送者或网络节点将路由扩展报文头放入报文，后续的网络节点读取路由扩展报文头中的节点信息，将报文依次转发到指定的下一跳节点，并最终转发到目的地。路由扩展报文头可以使报文按照指定的转发路径行进，而不按照默认的最短路径。

路由扩展报文头的Next Header协议号为43。路由扩展报文头的格式如图5-7所示。

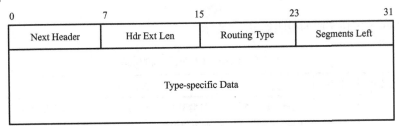

图 5-7　路由扩展报文头的格式

路由扩展报文头主要字段的说明如表5-6所示。

表 5-6　路由扩展报文头主要字段的说明

字段名	长度	含义
Routing Type	8 bit	表明当前路由扩展报文头对应的源路由方案，也指明了路由数据区的数据格式
Segments Left	8 bit	表明剩余路径节点的数量，不含当前正去往的路径节点
Type-specific Data	可变	包含特定路由扩展报文头类型的路由数据，数据格式在源路由方案中具体定义

当路由器不支持处理某个报文的路由扩展报文头中Routing Type对应的源路由方案时，对该报文有两种处理方法。

- 当SL（Segments Left，剩余字段）值为0时，忽略路由扩展报文头，继续处理后续报文头。

・当SL值不为0时，丢包，并且向源地址发送ICMP参数错误的报告。

5.1.3　IPv6 扩展报文头携带网络切片信息

1. 新的IPv6扩展报文头选项

为了在IPv6扩展报文头中携带网络切片的资源信息，需要引入一个新的IPv6扩展报文头选项，也就是VTN选项[6]。VTN选项的格式如图5-8所示。

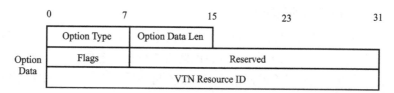

图 5-8　VTN 选项的格式

VTN选项字段的说明如表5-7所示。

表 5-7　VTN 选项字段的说明

字段名	长度	含义
Option Type	8 bit	VTN 选项的类型号，由 IANA（Internet Assigned Numbers Authority，因特网编号分配机构）分配。格式为 BBCTTTTT，其中高位的前 3 bit 按照如下方式设置： • 前 2 bit BB 的值为 00，用来指示当一个节点不能识别这个选项时，应该跳过此选项并继续处理报文头中的其他字段； • 第 3 比特 C 的值为 0，用来表示此选项的内容在转发过程中不被修改
Option Data Len	8 bit	VTN 选项的数据字段的长度，取值固定为 8（单位为 Byte）
Flags	8 bit	VTN 选项的标志位。最高位 S 为严格匹配（Strict Match）标记。如果 S 标志位设置为 1，表示该报文需要严格匹配切片资源接口或子通道进行转发
Reserved	24 bit	预留字段，用于后续扩展
VTN Resource ID	32 bit	VTN 资源标识，也就是网络切片资源标识，用于唯一确定为一个网络切片预留的一组资源

将VTN资源标识长度定为32 bit，也是考虑了与3GPP TS 23.501中定义[7]的5G端到端网络切片标识S-NSSAI（Single-Network Slice Selection Assistance Information，单网络切片选择辅助信息）的长度保持一致，从而便于实现5G网络

切片与IP网络切片之间的灵活映射和对接。5G网络切片的标识S-NSSAI的格式和长度如图5-9所示，其包含8 bit的SST（Slice/Service Type，切片/业务类型）字段和可选的24 bit的SD（Slice Differentiator，切片区分标识）字段。

8 bit	24 bit
SST	Slice Differentiator

图 5-9　S-NSSAI 的格式

2. IPv6 VTN选项的处理机制

为了实现业务报文按照网络切片的资源约束进行转发，IPv6的VTN选项需要被转发路径上的每个节点解析和处理，因此需要将这一选项携带在IPv6的逐跳选项扩展报文头中。这时沿途的网络节点均应支持在转发平面解析和处理IPv6逐跳选项扩展报文头。

（1）VTN选项的插入

当IPv6网络的入口节点收到一个数据包时，根据业务的流分类或映射策略，将该数据包引导至网络中的一个网络切片上。这时需要对数据包封装一个外层IPv6报文头，其携带有VTN选项的IPv6逐跳选项扩展报文头，并将VTN选项中的切片资源标识设置为该网络切片的资源标识。

（2）基于VTN选项的报文转发

当IPv6域中的网络节点收到包含VTN选项的数据包时，如果节点支持在转发平面解析和处理VTN选项，则使用VTN选项中携带的切片资源标识确定本节点为该网络切片分配的转发资源（如节点资源和接口资源），并用于数据包的转发处理。数据包的转发行为由目的地址和VTN选项中的切片资源标识共同决定。具体来说，目的地址用于确定报文转发的下一跳节点和三层出接口，而切片资源标识用于确定出接口上为该网络切片分配的转发资源（如FlexE接口、信道化子接口或灵活子通道），从而保证使用该网络切片专属的预留资源进行报文的转发处理。IPv6报文头中的Traffic Class字段可以用于为同一个网络切片内不同优先级的数据包提供区分服务处理。

如果设备上没有与报文中的切片资源标识相匹配的转发资源，需要根据S标志位的取值决定转发行为。

- 如果S标志位设置为1，则该报文必须严格匹配网络切片的资源进行转发，在找不到匹配资源时应丢弃报文。
- 如果S标志位设置为0，则允许在找不到匹配的切片资源时，使用指定的转发资源（如默认切片的资源）转发报文。

如果网络节点不支持处理IPv6逐跳选项扩展报文头，那么这些节点应忽略该报文头，并仅根据目的地址转发数据包。如果网络节点支持处理逐跳选项扩展报文头，但不支持VTN选项，则应忽略VTN选项，继续处理逐跳选项扩展报文头中的其他选项。

当数据包到达IPv6网络的出口节点时，该节点需要将包含VTN选项的外层IPv6报文头剥离，使报文继续向目的节点转发。

| 5.2　SRv6 数据平面 |

5.2.1　SRv6 概述

SRv6提供基于IPv6实现SR的基本机制和架构，并提供灵活的NP（Network Programming，网络编程）能力[8]。当人们讨论SRv6时，更多是在讨论基于SRv6的网络可编程理念和架构。

网络编程的概念来自计算机编程。在计算机编程中，用户可以将自己的意图转换成计算机可以理解的一系列指令，计算机通过执行指令来完成人们所要求的工作，满足人们的各种需求。类似地，如果网络也能像计算机一样，将网络承载业务的意图转换成由沿途网络设备执行的一系列转发指令，就可以实现网络编程，满足业务的定制化需求。计算机编程和网络编程的类比如图5-10所示。

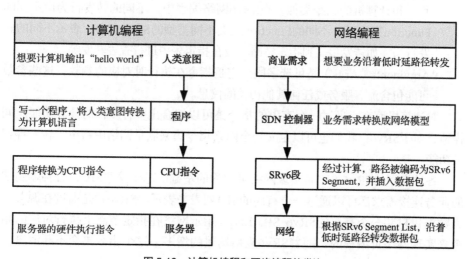

图 5-10　计算机编程和网络编程的类比

SRv6就是基于上述网络编程的思想，将网络的各种功能指令化，并将表达网络功能的指令嵌入128 bit的IPv6地址中的。在SRv6网络里，业务对网络的需求可以被转换成有序的指令列表，由沿途的网络设备执行，实现对网络业务的灵活编排和按需定制。

5.2.2 网络指令：SRv6 Segment

对计算机编程来说，一条计算机指令通常包括两方面的内容：操作码和操作数。其中操作码决定要完成的操作，操作数指参加运算的数据及其所在的内存地址。同样地，在设计SRv6网络编程的时候也需要定义网络指令：SRv6 Segment。标识SRv6 Segment的ID称为SRv6 SID[9]。SRv6 SID是一个128 bit的值，它通常由3个部分组成：Locator、Function和Arguments。对这3个部分的详细解释如下。

- Locator是SRv6网络中网络节点的标识，用于将报文转发到执行该指令的网络节点，实现网络指令的可寻址。Locator用于标识节点的位置信息，它有两个重要的属性：可路由和可聚合。节点会将Locator对应的IPv6前缀通过IGP发布到网络中，用于帮助其他节点生成对应该Locator的路由转发表项，将目的IPv6地址匹配该Locator的报文转发到发布该Locator的节点。此外，Locator对应的路由也是可聚合的，多个节点的Locator可以使用一条聚合路由对外通告。可路由和可聚合可以很好地解决网络复杂度过高和网络规模过大等问题。在SRv6 SID中，Locator的长度可变，用于适应不同规模的网络。
- Function用来表示该指令要执行的转发动作，相当于计算机指令的操作码。和计算机的指令类似，在SRv6网络编程中，不同的转发行为由不同的Function来表示。不同的Function定义不同类型的SRv6 SID，表示不同的转发行为，如转发报文到指定链路，或在指定表中进行查表转发等。
- Arguments（Args）是可选字段。它是指令在执行时对应的参数，这些参数可能包含流、服务或任何其他相关的信息。

对计算机而言，通过一个有限的指令集可以组合出多种多样的计算功能。同样地，对于SRv6，我们也可以定义一个网络指令集来满足网络中路由、转发等相关功能。

各种类型的SRv6 SID是实现网络可编程的基础。基于这些SID，各种端到端的业务连接需求都可以通过一个有序的SID列表来表示。SRv6就是通过在源节点为数据包封装一个有序的SRv6 SID List，指示网络在指定节点上执行对应的指令来实现网络可编程的。随着SRv6应用场景的增多，这个指令集会不断演进和丰富。

5.2.3 网络节点：SRv6 节点

SRv6网络中存在多种类型的节点角色，主要可以分为SRv6源节点、中转节点和SRv6段端点节点（后文称Endpoint节点）[10]。节点角色与其在SRv6报文转发中承担的任务有关。同一个节点可以是不同的角色，比如节点在某个SRv6路径里可能是SRv6源节点，在其他SRv6路径里可能就是中转节点或者Endpoint节点。

1. SRv6源节点

生成SRv6报文的节点称为SRv6源节点。源节点生成的SRv6报文的目的地址是一个SRv6 SID。根据SID的数量和策略，SRv6报文可能携带SRH，也可能不携带SRH。源节点可以是生成IPv6报文且支持SRv6的主机，也可以是SRv6域的边缘设备。

2. 中转节点

中转节点是在SRv6报文转发路径上不参与SRv6处理的IPv6节点，无须将报文的目的地址作为SRv6 SID处理，也无须处理SRH，只执行普通的IPv6转发。当节点接收到SRv6报文以后，会解析报文的目的IPv6地址字段。如果目的IPv6地址既不是本地SRv6 SID，也不是本地接口地址，则节点将SRv6报文当作普通的IPv6报文，按照最长匹配原则查找IPv6路由表，进行处理和转发。

中转节点可以是普通的IPv6节点，也可以是支持SRv6的节点。

3. Endpoint节点

在SRv6报文转发过程中，将接收到的报文的目的IPv6地址是本地SRv6 SID或本地接口地址的节点称为Endpoint节点。Endpoint节点接收SRv6报文，并处理目的IPv6地址字段中的SRv6 SID和SRH。

SRv6报文转发过程中的节点如图5-11所示。

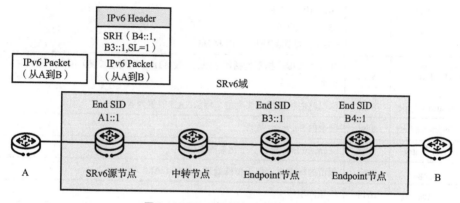

图 5-11 SRv6 报文转发过程中的节点

5.2.4 网络程序：SRv6 扩展报文头

1. SRv6 扩展报文头设计

SRv6 基于 IPv6 原有的路由扩展报文头定义了一种新类型的扩展报文头[10]，称作 SRH。该扩展报文头通过携带 Segment List 等信息，显式指定一条 SRv6 路径。

SRH 的格式如图 5-12 所示。

Version	Traffic Class	Flow Label		
Payload Length		Next Header = 43	Hop Limit	IPv6 Header
Source Address				
Destination Address				
Next Header	Hdr Ext Len	Routing Type= 4	Segments Left	
Last Entry	Flags	Tag		
Segment List[0] (128 bit IPv6 address)				SRH
......				
Segment List[n] (128 bit IPv6 address)				
Optional TLV objects (variable)				
IPv6 Payload				

图 5-12　SRH 的格式

SRH 各字段的说明如表 5-8 所示。

表 5-8　SRH 各字段的说明

字段名	长度	含义
Next Header	8 bit	标识紧跟在 SRH 之后的报文头的类型。常见的几种类型如下。 • 4：IPv4 封装。 • 41：IPv6 封装。 • 58：ICMPv6。 • 59：后续无其他报文字段信息
Hdr Ext Len	8 bit	SRH 的长度，指不包括前 8 Byte（前 8 Byte 为固定长度）的 SRH 的长度
Routing Type	8 bit	标识路由扩展报文头类型。标识 SRH 的值为 4
Segments Left	8 bit	剩余的 Segment 数目
Last Entry	8 bit	Segment List 最后一个元素的索引
Flags	8 bit	预留的标志位，用于特殊处理，比如 OAM
Tag	16 bit	标识同组报文

续表

字段名	长度	含义
Segment List[n]	128×n bit	Segment List 中的第 n 个 Segment，Segment 的值表示为 IPv6 地址的形式
Optional TLV	可变	可选 TLV 部分，例如 Padding TLV 和 HMAC（Hash-based Message Authentication Code，散列消息认证码）TLV

SRH存储了实现网络编程的有序指令列表，相当于计算机程序。Segment List [0] ~ Segment List [n]相当于计算机程序的指令，第一个需要执行的指令是Segment List [n]。Segments Left相当于计算机程序的PC（Program Counter，程序计数器）指针，指向当前正在执行的指令。SL的初始值为n，每执行完一个指令，SL的值减1，指向下一条要执行的指令。所以SRv6转发过程可以类比计算机程序执行过程。

为了便于后文叙述SRv6数据转发过程，SRH格式可以抽象为图5-13（a）。

在SRH的抽象格式图5-13（a）中，<Segment List [0], Segment List [1], ……, Segment List [n−1], Segment List [n]>里SID排序是指令执行顺序的逆序，书写不够方便直观，更多时候会使用（ ）进行正序书写，即（Segment List [n], Segment List [n−1], ..., Segment List [1], Segment List [0]），进一步简化之后可以得到图5-13（b）所示的内容。

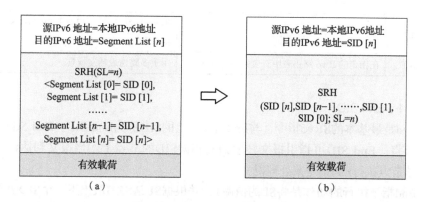

图 5-13　SRH 的抽象格式

2. SRv6指令集：Endpoint节点行为

IETF的"SRv6 Network Programming"[8]文稿中定义了很多Behavior（行为），它们也被称为指令。每一个SID都会与一个指令绑定，用于告知节点在处理SID时需要执行的动作。SRH可以封装一个有序的SID列表，为报文提供转发、封装和解封装等信息。

在介绍SRv6指令前，先了解一下SRv6指令的命名规则，它们也是SRv6指令的原子功能。

- End：表示一个指令的终结，开始执行下一个指令。对应的转发行为是SL的值减1，并将SL指向的SID复制到IPv6报文头的目的地址字段。
- X：指定一个或一组三层接口转发报文。对应的转发行为是按照指定出接口转发报文。
- T：查询路由表并转发报文。
- D：解封装。移除IPv6报文头和与它相关的扩展报文头。
- V：根据VLAN查表转发。
- U：根据单播MAC地址查表转发。
- M：查询二层转发表，进行组播转发。
- B6：使用指定的SRv6 Policy。
- BM：使用指定的SR-MPLS Policy。

常见指令功能如表5-9所示。所有指令都由上述一个或多个原子功能组合而成。

表 5-9　常见指令功能

指令	功能简述	应用
End	把下一个 SID 复制到目的 IPv6 地址字段，查表转发报文	指定节点转发，相当于 SR-MPLS 的节点标签
End.X	根据指定出接口转发报文	指定出接口转发，相当于 SR-MPLS 的邻接标签
End.T	在指定的 IPv6 路由表中查表并转发报文	用于多路由表转发场景

（1）End SID

End是最基本的SRv6指令，与End指令绑定的SID称为End SID，End SID指示一个节点。End SID可指引报文转发到发布该SID的节点上，当报文到达该节点后，该节点执行End指令来处理报文。

End指令执行的动作是将SL的值减1，并根据SL从SRH取出下一个SID更新到IPv6报文头的目的地址字段，再查表转发。其他字段（如Hop Limit等）按照正常转发流程处理。

（2）End.X SID

End.X全称为Layer-3 Cross-Connect。End.X支持将报文从指定的链路转发到三层邻接，可用于TI-LFA、严格显式路径形式的TE等场景。

End.X本质上是在End的基础上做一些改变，指令可以被拆解为End+X，X表示交叉连接，也就是向指定三层邻接直接转发报文，不需要查找路由表。因此End.X

SID需要与一个或一组三层邻接绑定。

该指令执行的动作是将SL的值减1，并根据SL从SRH取出下一个SID放到IPv6报文头的目的地址字段，再将IPv6报文向End.X所绑定的三层邻接转发。

（3）End.T SID

End.T全称为Specific IPv6 Table Lookup。End.T支持报文根据指定的IPv6路由表进行查表转发，可用于普通IPv6路由和VPN场景。

End.T也是在End SID的基础上做了一些改变，指令可以被拆解为End+T，T表示查表转发。因此End.T SID需要与一个IPv6路由表绑定。

该指令执行的动作是将SL的值减1，并根据SL从SRH取出下一个SID放到IPv6报文头的目的地址字段，再将IPv6报文根据指定的路由表进行查表转发。

5.2.5　网络程序运行：SRv6 报文转发

1. 本地SID表

SRv6节点会维护一个本地SID表，该表包含所有在本节点生成的SRv6 SID信息。本地SID表有以下用途。

- 存储本地生成的SID，例如End.X SID。
- 指定绑定到这些SID的指令。
- 存储和这些指令相关的转发信息，例如VPN实例、出接口和下一跳等。

2. 报文转发流程

本节采用一个示例说明SRv6的报文转发流程。

如图5-14所示，假设现在有报文需要从主机H1转发到主机H2，H1首先将报文发送给节点A处理。其中节点A、B、D和F为支持SRv6的设备，节点C和节点E为不支持SRv6的设备。

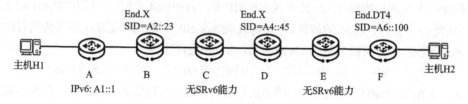

图 5-14　SRv6 报文转发流程

我们在SRv6源节点A上进行了网络编程，希望报文经过B—C和D—E这两条链路送达节点F，再经节点F送达主机H2。以下是报文从节点A到节点F的详细步骤。

步骤① SRv6源节点A的处理。如图5-15所示，节点A将SRv6路径信息封装在SRH中，指定B—C链路和D—E链路的End.X SID。另外，节点A上还要封装节点F发布的End.DT4 SID A6::100，这个End.DT4 SID对应节点F的一个IPv4 VPN。SID按照逆序形式压入SID序列，由于有3个SID，所以节点A封装后的报文的初始SL为2。SL指向当前需要处理的操作指令，也就是Segment List[2]字段。节点A将其值A2::23复制到外层IPv6报文头的目的地址字段，并且按照最长匹配原则查找IPv6路由表，将报文转发到节点B。

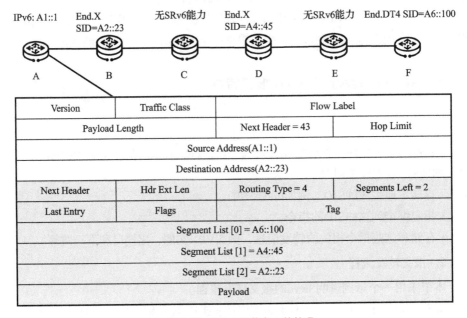

图 5-15　SRv6 源节点 A 的处理

步骤② Endpoint节点B的处理。如图5-16所示，节点B接收到报文以后，根据IPv6报文的目的地址A2::23查找本地SID表，命中End.X SID。节点B执行End.X SID的指令动作：将SL的值减1，并将SL指示的SID更新到外层IPv6报文头的目的地址字段，同时将报文从End.X SID绑定的链路发送出去。

步骤③ 中转节点C的处理。当报文到达节点C后，节点C只支持处理IPv6报文头，无法识别SRH，此时节点C按照正常的IPv6报文处理流程，基于最长匹配原则查找IPv6路由表，将报文转发给当前目的地址所代表的节点D。

步骤④ Endpoint节点D的处理。如图5-17所示，节点D接收到报文以后，根据IPv6报文的目的地址A4::45查找本地SID表，命中End.X SID。节点D执行End.X SID的指令动作：将SL的值减1，并将SL指示的SID更新到外层IPv6报文头的DA字段，同时将报文从End.X SID绑定的链路发送出去。此时由于SL = 0，节点D按照

PSP Flavor（特征）弹出SRH，报文就变成了普通的IPv6报文。

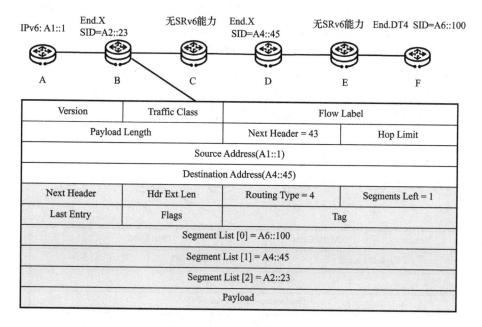

图 5-16　Endpoint 节点 B 的处理

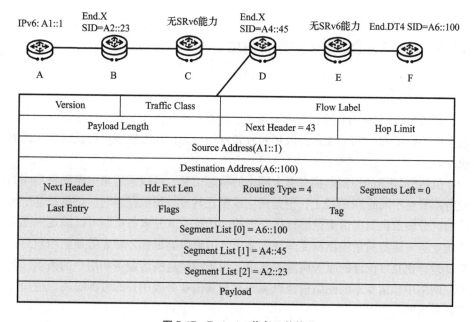

图 5-17　Endpoint 节点 D 的处理

步骤⑤　中转节点E的处理。如图5-18所示，节点E只支持IPv6报文头处理，无法识别SRH，此时节点E按照正常的IPv6报文处理流程，基于最长匹配原则查找IPv6路由表，将报文转发给当前目的地址所代表的节点F。

步骤⑥　Endpoint节点F的处理。节点F收到报文以后，根据外层目的IPv6地址A6::100查找本地SID表，命中End.DT4 SID。节点F执行End.DT4 SID的指令动作：去除IPv6报文头，进行解封装，再将内层IPv4报文在End.DT4 SID绑定的VPN实例的IPv4路由表中进行查表转发，最终将报文发送给主机H2。

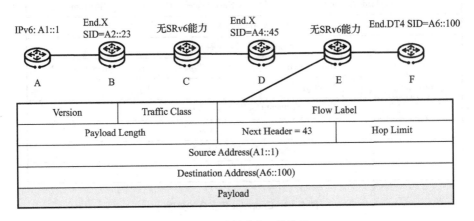

图 5-18　中转节点 E 的处理

5.2.6　SRv6 SID 携带网络切片信息

1. 资源感知SID

和传统的RSVP-TE相比，SR具备基于源路由机制提供显式路径控制的能力，但不能为特定的一个/一组业务或用户预留网络资源，在数据包中提供资源标识的机制。

虽然SR网络的控制器拥有整个网络的状态信息，可以通过集中控制将不同的业务部署在不同的SR路径上，但是网络设备在转发处理数据包时，仍然是基于传统的区分服务机制提供流量差异化处理的。传统的区分服务机制可以满足一部分传统业务对服务质量的粗粒度差异化需求，但难以满足部分新业务或新用户对细粒度差异化且可保证的服务质量的要求。为了满足这些新业务和用户的需求，需要在网络中预留专享的网络资源以实现其与其他业务或用户的资源隔离，进而保障业务质量。

为了使得SRv6网络具备为特定的用户或业务预留网络资源的能力，需要对SR

的机制进行扩展，从而引入了资源感知SID的概念[11]。资源感知SID可以基于SR-MPLS数据平面实现，也可以基于SRv6数据平面实现。资源感知SID无须引入新的SID类型，而是为已有的SR SID（如SRv6 End SID、End.X SID等）增加资源属性，通过控制平面协议发布SID与一组特定资源之间的关联关系。资源感知SID在指示特定网络处理功能的基础上，还用于指定执行该处理所使用的网络资源。典型的网络资源包括链路带宽资源、缓存资源以及队列资源。资源感知SID也可以为特定的网络段，例如节点段或链路段，分配多个资源感知SID，其中每个资源感知SID表示在该网络段上为特定用户或业务分配的网络资源。在一些情况下，网络中的一组预留网络资源也可以关联多个资源感知SID，从而灵活地实现网络资源的独享或共享。

通过引入资源感知SID，可以使用一组资源感知SID建立有资源预留的SR路径，用于承载有专属网络资源需求的专线业务。更重要的是，资源感知SID还可用于建立有特定的拓扑属性和资源属性的SR网络切片。

2. 基于资源感知SID的网络切片

一个网络切片具备两种基本的属性：资源属性和拓扑属性。具有网络切片能力的SRv6网络，需要为不同的网络切片分配独立的资源感知Locator/SID，同时还需要建立每个资源感知Locator/SID与网络切片的拓扑属性的对应关系。具体来说，一个SRv6节点需要为该节点参与的每个网络切片分配独立的资源感知Locator，其中每个资源感知Locator与网络切片对应的拓扑或灵活算法相关联。同时，该资源感知Locator还关联了网络中参与该网络拓扑/算法的每个节点为对应的网络切片分配的转发资源。各网络节点在转发目的IPv6地址以该资源感知Locator为前缀的数据包时，可以基于该资源感知Locator对应的拓扑/算法得到出接口和下一跳节点，同时通过该资源感知Locator所关联的网络切片确定该出接口为该网络切片分配的转发资源（例如FlexE接口、信道化子接口或灵活子通道），从而使用出接口的对应资源进行报文转发。

以一个网络切片关联的资源感知Locator为前缀，可以为一个网络切片分配一组资源感知SID，用来指示该网络切片中的逻辑节点、逻辑链路和其他SRv6 Function，同时这组资源感知SID也指示了在该网络切片下执行对应的SRv6 Function所使用的网络资源。如图5-19所示，在一条物理链路上为3个网络切片划分了不同的信道化子接口，此时该链路连接的网络节点需要为每个信道化子接口分配一个资源感知End.X SID，且不同网络切片的资源感知End.X SID分别使用该节点为对应网络切片分配的SRv6 Locator作为前缀。

由一组资源感知SID生成的SRv6 SID列表可以用于指示使用指定的SRv6显式路径进行数据包转发，并使用资源感知SID指示的网络资源进行报文处理。

图 5-19　基于资源感知 SID 的网络切片示例

在转发数据包时，资源感知End.X SID被该SID的分配节点用于确定出接口，同时也用于确定在出接口上用于报文转发处理的转发资源。特定节点的资源感知Locator被其他SRv6节点用于确定到Locator指定节点的转发路径的下一跳，同时也用来确定转发路径上各网络节点用于报文转发处理的预留网络资源。

需要注意的是，基于资源感知SID的网络切片要求各网络节点为所参与的不同网络切片分配独立的SRv6 Locator/SID。随着网络中需要划分的网络切片数量的增加，所需要的资源感知Locator和SID的数量也将相应增加，这样就会增加网络中需要维护的状态数量。由于基于资源感知SID的方式不需要在网络内维护每条路径的状态，同一网络切片内的多条路径可以共享同一个资源感知SID，因此其可扩展性要优于RSVP-TE这类基于每条路径的资源预留机制。

由于网络切片在具有资源属性之外，还具有拓扑属性，因此还需要在控制平面建立和维护资源，感知SRv6 Locator/SID与网络切片的拓扑属性的对应关系。每个基于SRv6 SID的网络切片可以对应一个独立的网络拓扑或者灵活算法。这时可以在控制平面使用拓扑标识或灵活算法标识来区分不同的网络切片，而每个网络切片的资源感知Locator和SID可以基于每拓扑或每<拓扑,算法>的组合通过控制协议发布。

| 设计背后的故事 |

1. SRv6的发展历史

SR在2013年被提出的时候就有两个数据平面：MPLS和IPv6。在那之后的几年，重点发展的都是SR-MPLS，原因是SR-MPLS可以重用现有的MPLS转发机制，更容易实现。

2017年，SRv6 Network Programming被提出，它不仅基于IPv6转发平面实现，而且将SRv6 Segment定义为Locator:Func:Arg的结构，Locator具有路由属性，Func类似于MPLS标签，因此SRv6将IP的优势和MPLS的转发优势很好地融合在了一起。MPLS作为2.5层技术，基于IP技术实现，但是在IP层封装的前面增加了垫层，这就意味着IP设备的数据平面需要全部升级才能支持。SRv6实际可以看作一种3.5层技术，在IP层之上叠加类MPLS的功能，因此SRv6可以兼容IPv6转发，这样就使得SRv6可以在IPv6数据平面基础上增量部署，无须全网升级。此外，可以在已有的IPv6的基础上直接实现跨域，而不像MPLS需要各种复杂的跨域LSP（Link State Protocol data unit，链路状态协议数据单元）和VPN技术，这使得跨域端到端的VPN业务部署变得异常简单。而更为重要的是，5G和云等业务的发展为IPv6的创新带来了新的机会，使SRv6技术得到了迅速发展，并实现了规模部署和应用，一些运营商和企业的网络甚至跳过SR-MPLS直接部署SRv6。即使网络中部署了MPLS和（或）SR-MPLS，因为几乎都是基于IPv4部署的，而SRv6是基于IPv6部署的，所以在部署了IPv4/MPLS的网络中可以增量部署IPv6/SRv6，这相当于在同一个网络中形成了IPv4/SR-MPLS和IPv6/SRv6两个平面，二者相对独立，互不干扰。曾经IPv6因为与IPv4互相不兼容被诟病，被看作导致IPv6部署缓慢的一个"罪魁祸首"。现在这种不兼容性却成就了IPv4和IPv6双平面相互隔离，便于IPv6网络的独立部署，真可谓此一时彼一时也。

2．"IPv6+"的由来

随着5G和云业务的发展，更多基于IPv6的创新涌现了出来，而不仅仅是SRv6。这些基于IPv6的创新包括网络切片、网络随路检测、DetNet、BIERv6（Bit Index Explicit Replication IPv6 Encapsulation，位索引显式复制IPv6封装）、APN6（Application-aware IPv6 Networking，应用感知的IPv6网络）等。与SRv6主要使用IPv6路由扩展报文头不同，这些创新还需要使用IPv6逐跳选项扩展报文头和目的选项扩展报文头等。

这些基于IPv6的创新与曾经的IPv6创新存在如下不同。

第一，曾经的IPv6创新的核心主要是围绕扩大地址空间以及IPv4/IPv6地址转换等领域展开的。而当前的IPv6创新则是通过IPv6扩展报文头支持新的业务特性。

第二，曾经的IPv6创新是对标IPv4进行的创新，相对IPv4产生的新应用有限，且IPv4/IPv6的地址转换等还增加了网络的消耗。当前面向5G和云发展的IPv6创新是IPv4所不具备的。

第三，曾经的IPv6创新是面向互联网实现端到端跨越不同网络域的互联互通的，当前的IPv6创新则首先在Limited Domain（例如IP承载网等）中进行部署和应用。

IPv6扩展报文头的定义和标准化都很早，但是在IPv6诞生后的20多年里却很少得到应用。事实上，以当时的硬件能力，如果在转发平面引入IPv6扩展报文头这样长度可变的封装，转发性能将会受到严重影响，几乎不可用，这也在一段时间内限制了IPv6扩展报文头的发展和应用。而这一轮的IPv6创新则充分利用了IPv6扩展机制，通过在转发平面引入新的封装来支持新的业务特性，其基础是网络软硬件能力的极大提升，使IPv6扩展报文头的发展和应用成为可能，真正实现了基于IPv6数据平面的灵活"网络编程"。

为了更好地体现新一轮的IPv6创新与过往的IPv6创新的不同，将这次的IPv6创新命名为"IPv6+"。为了更好地推动这些IPv6创新，2019年年底，推进IPv6规模部署专家委员会下成立了"IPv6+"技术创新工作组；ETSI则在2021年年初成立了IPE（IPv6 Enhanced Innovation，IPv6增强创新）行业规范组（Industry Specification Group，ISG），时至今日，这些行业规范组已经有100多个成员和参与单位。

我国在SRv6和"IPv6+"创新过程中表现得尤为突出，实现了大量技术创新输出，在国际标准制定方面做出了重要贡献，同时率先实现了"IPv6+"创新的规模部署与应用。这些成就与我国5G和云业务的快速发展密切相关，并且与IPv6基础设施的建设密切相关，二者缺一不可。2017年年底，我国大力推进IPv6的规模部署，与此同时，华为等公司大力推动以SRv6为代表的"IPv6+"创新，二者相辅相成，在实现IPv6规模部署的基础上实现了"IPv6+"创新的规模部署应用，这些"IPv6+"创新对5G和云的发展起到了重要的支撑作用。当前，这些"IPv6+"创新以及规模部署的经验正在全球范围内得以复制应用。

技术的创新有一个发展、成熟的过程。用户对新业务需求的紧迫程度不一样，软硬件技术能力和产业链的成熟度也不尽相同，为了更好地引导"IPv6+"的创新和产业的有序发展，"IPv6+"创新被划分为以下3个阶段。

- "IPv6+"1.0：主要包括SRv6基础特性，如VPN、TE和FRR等。这3个特性是MPLS取得成功的重要特性，SRv6需要继承下来，并利用自身的优势来实现。
- "IPv6+"2.0：重点面向5G和云的网络新应用。这些新的网络应用需要IPv6引入新的IPv6扩展报文头的封装和协议扩展来支持。这些可能的新应用包括但不限于VPN+（网络切片）、IFIT、DetNet、SFC（Service Function Chaining，业务功能链）、SD—WAN和BIERv6等。
- "IPv6+"3.0：重点是基于APN6实现网络对应用的感知。随着云和网络的进一步融合，需要在云和网络之间交互更多的信息，IPv6无疑是最具优势的媒介之一。通过APN6可以更好地实现应用和网络的融合，这同时也带来了网络体系结构的重要变化。

网络切片是"IPv6+"2.0的重要特性，也是继SRv6之后重要的IPv6创新，具有良好的应用前景，对IPv6的部署应用也会起到进一步的促进作用。

3．带宽接入控制与资源预留

SR设计之初，对带宽保证的考虑具体体现在：在控制器中为业务计算路径的时候，可以将业务预计需要使用的链路带宽扣除，如果链路带宽不足，那么路径计算失败。这种为业务保证带宽的路径计算更准确的叫法应该是带宽接入控制，这对带宽保证来说是不够的，因为实际上，在网络SR路径所经过的网络设备上并没有做相应的带宽预留，这样很难保证业务总能获得所预想的带宽保证服务。在网络轻载的情况下，这个问题并不突出，但是网络中一旦发生拥塞，没有资源隔离，不同业务之间会相互竞争资源，会影响业务的服务质量。这种问题的出现是必然的，归根结底就是控制器无法得到所有业务流量的准确信息，以及IP流量的突发性信息，那么在控制器基于带宽接入控制的算路与网络的实际状况之间不可避免地存在偏差。为了更好地提供带宽保证服务，还需要在网络中提供针对SR路径的带宽资源预留。

资源感知SID就是为实现资源预留的SR而产生的。资源感知SID不仅能够指示节点、链路、路径等Segment，而且可以指示在这些Segment上为业务所预留的资源，这样使得采用资源感知段的SR路径会得到专门的资源保障，从而可以更好地满足业务SLA的需求。关于Resource-aware Segment的以下几个方面值得关注。

第一，Resource-aware Segment不是作为一种专门的Segment而独立存在的，具有资源属性的SR Segment统称为Resource-aware Segment。

第二，Resource-aware Segment不仅可以用于组网型的网络切片，还可以用于专线型切片，通过资源隔离，提升专线的质量。

第三，RSVP-TE也可以用于建立资源预留的MPLS TE路径，但是需要路径上的每台设备维护每路径的资源预留状态，可扩展性存在挑战。Resource-aware Segment用于网络切片或专线，网络中的节点不需要维护每路径的资源预留状态，同一份预留资源方便被多个SR路径共享，具有更好的可扩展性。

| 本章参考文献 |

[1] KAWAMURA S, KAWASHIMA M. A recommendation for IPv6 address text representation[EB/OL]. (2020-01-21)[2022-09-30]. RFC 5952.

[2] IANA. Internet protocol version 6 address space[EB/OL]. (2019-09-13)[2022-09-30].

[3] THOMSON S, NARTEN T, JINMEI T. IPv6 stateless address autoconfiguration [EB/

OL]. (2015−10−14)[2022−09−30]. RFC 4862.

[4] HUITEMA C, CARPENTER B. Deprecating site local addresses[EB/OL]. (2013−03−02)[2022−09−30]. RFC 3879.

[5] DEERING S, HINDEN R. Internet protocol, version 6 (IPv6) specification[EB/OL]. (2020−02−04)[2022−09−30]. RFC 8200.

[6] DONG J , LI Z , XIE C, et al. Carrying virtual transport network (VTN) identifier in IPv6 extension header for enhanced VPN[EB/OL]. (2021−10−24)[2022−10−30]. draft−ietf−6man−enhanced−vpn−vtn−id−02.

[7] 3GPP. System architecture for the 5G system (5GS)[EB/OL]. (2022−03−23)[2022−09−30]. 3GPP TS 23.501.

[8] FILSFILS C, CAMARILLO P, LEDDY J, et al. Segment routing over IPv6 (SRv6) network programming[EB/OL]. (2021−2)[2022−09−30]. RFC 8986.

[9] FILSFILS C, PREVIDI S, GINSBERG L, et al. Segment routing architecture. (2018−12−19)[2022−09−30]. RFC 8402.

[10] FILSFILS C, DUKES D, PREVIDI S, et al. IPv6 segment routing header (SRH)[EB/OL]. (2020−03−14)[2022−09−30]. RFC 8754.

[11] DONG J, BRYANT S, MIYASAKA T, et al. Introducing resource awareness to SR segments[EB/OL]. (2022−10−11)[2022−10−30]. draft−ietf−spring−resource−aware−segments−26.

第6章
IPv6 网络切片的控制平面技术

IPv6 网络切片除了需要进行转发平面的资源切分和引入数据平面的切片标识,对控制平面也提出了新的功能要求。本章将具体介绍实现IPv6网络切片需要用到的控制平面技术以及针对网络切片所进行的控制协议扩展,包括IGP的网络切片扩展、BGP-LS的网络切片扩展、BGP SPF(Shortest Path First,最短通路优先)的网络切片扩展、SR Policy的网络切片扩展,以及基于FlowSpec(Flow Specification,流规范)引流到网络切片的协议扩展。

| 6.1 IGP 的网络切片扩展 |

网络切片需要通过IGP等控制协议发布网络切片的拓扑属性和资源属性信息,从而使网络切片控制器或网络设备可以基于网络切片的属性进行路径计算。在控制平面,基于亲和属性机制,网络切片控制器或路径头节点可以在网络切片的范围内计算TE显式路径。除此之外,还有两项IGP控制平面技术与网络切片密切相关,那就是MT技术和Flex-Algo技术。MT和Flex-Algo技术支持网络节点基于切片的独立拓扑或灵活算法约束计算出最短路径,无须完全依赖控制器算路,从而更好地满足网络切片内业务的灵活连接需求。本节将对这两种技术的原理进行介绍,便于读者理解这两种技术的特点和异同,并分别说明这两种技术如何扩展并应用于网络切片。

6.1.1 MT 与 Flex-Algo

1. MT的产生原因

在传统的IP网络中,所有业务共用一个基础网络拓扑进行路由计算,并生成唯一的路由表,这在网络的实际部署应用中会带来以下问题。

- 链路带宽利用不均：由于只存在一个网络拓扑，因此转发平面仅有一个单播转发表，所有去往同一个目的地址的流量具有相同的下一跳且使用相同的路径转发。当多种端到端业务（例如语音、数据等）共享相同的物理链路时，可能导致某些链路带宽拥挤，而某些链路带宽空闲，造成资源浪费。
- IPv4/IPv6双协议栈丢包：在IPv4/IPv6双协议栈混合组网场景中，可能部分路由器和链路不支持IPv6，而支持IPv4/IPv6双协议栈的路由器在进行IGP路由计算时，不会考虑这些路由器和链路对IP协议栈的支持情况，可能会按照算路结果把IPv6报文转发给不支持IPv6协议的节点，导致IPv6报文在这些节点上无法继续转发而被丢弃。同样，如果在混合组网场景中存在不支持IPv4协议栈的路由器和链路，IPv4报文也会因无法转发而被丢弃。
- 组播严重依赖单播路由表：组播的RPF（Reverse Path Forwarding，逆向路径转发）检查需要依赖单播路由表。如果组播使用默认的单播路由表，会存在如下3个问题：单播路由表的变化会影响组播分发树的构建，组播分发树的稳定性依赖于单播路由表的收敛；组播路由无法脱离单播路由表的限制，难以规划与单播转发路径不同的组播分发树；如果单播路由表包含跨越多跳的单向隧道，则在隧道路径的中间节点上无法建立组播转发表项，影响组播业务的转发。

在IETF已经发布的一系列IGP标准（如RFC 4915[1]、RFC 5120[2]等）中定义了IGP多拓扑路由技术，该技术用于在一张IP网络中定义多个不同的逻辑拓扑，以及在不同的逻辑拓扑中独立计算出不同的路由表。如无特殊说明，本书中的MT均指IGP的多拓扑路由技术。MT的典型应用场景包括为IPv4和IPv6地址族分别定义不同的逻辑拓扑，解决单一拓扑下不同节点的IPv4/IPv6双协议栈支持能力不一致导致的丢包问题，以及为单播和组播定义不同的逻辑拓扑，以生成单独的路由表，解决组播依赖单播路由表时可能带来的问题。

针对MT所做的IGP扩展是在基本的IGP消息中增加MT ID（Multi-Topology ID，多拓扑标识）信息，从而区分属于不同拓扑的前缀和链路属性信息。用户可以根据链路或节点所支持的协议或根据业务类型定义不同的逻辑拓扑，在不同的拓扑中通过SPF进行路由计算，实现同一张网络中不同业务的拓扑和路由表隔离，从而达到提高网络利用率的目的。

2. Flex-Algo的产生背景

传统IGP的分布式路由计算只能根据链路的开销度量（Metric）值，利用SPF算法计算到达目的地址的最短路径，在满足用户的差异化需求方面存在如下限制。

- 计算路径的度量类型单一，只能基于链路的默认开销度量值。实际上用户可能存在不同的路径计算需求，例如使用时延最小的路径转发等，从而需要考虑不同类型的链路属性和度量值。

- 当路径计算存在特定的约束时（例如要求排除部分链路进行转发），传统的分布式路由计算无法满足需求。

基于以上限制，网络管理人员无法指定算路的参数或根据不同的需求计算最短路径。为了更好满足特定用户或业务的需求，网络设备需要在进行分布式路由计算时采用可定制的算路规则。Flex-Algo技术允许网络管理人员自行定义不同的算法标识，每个算法标识代表一组与算路相关的参数，包括度量类型、路由计算算法和约束条件。当一张物理或逻辑网络中的所有网络设备使用相同的Flex-Algo算路时，这些设备的计算结果仍然是一致的，不会导致路由环路。由于这样的算法不是来自标准组织，而是由网络管理人员自己定义的，所以被称为灵活算法。

3. MT与Flex-Algo的对比

MT和Flex-Algo在功能上有一定的相似性，都可以提供网络切片所需要的逻辑拓扑定义，以及在逻辑拓扑内进行独立的路由计算，但二者在设计理念和细节上存在一定的差异。

MT的设计理念是将每个逻辑拓扑作为独立的逻辑网络来定义和管理，因此可以对每个逻辑拓扑的各个逻辑节点和各条逻辑链路的属性进行定制，使其存在差异。例如，对同一条物理链路来说，在不同的逻辑拓扑中可以定义不同的开销、管理组等属性，还可以将物理链路的总带宽分为多份，为每个逻辑拓扑中的逻辑链路配置独立的带宽属性。每个逻辑拓扑的节点和链路属性信息通过IGP的MT扩展TLV进行发布。

在MT技术中，拓扑编号为0的网络拓扑通常被称为默认网络拓扑。通常情况下，默认网络拓扑包括整个物理网络的所有链路和节点，但也允许部分节点和链路不属于默认网络拓扑，只属于某些特定的网络拓扑。因此MT中的非默认网络拓扑与默认网络拓扑的属性之间没有依赖关系，每个逻辑拓扑都可以独立地定义连接、属性以及计算和生成路由表。

MT作为一种控制平面技术，可以直接应用于IPv4或IPv6数据平面，还可以扩展应用于SR-MPLS和SRv6数据平面。当使用SR-MPLS作为数据平面时，网络节点需要为所属的每个拓扑分配不同的Prefix-SID，作为该节点在不同拓扑中的标识，还需要为链路所属的每个拓扑分配不同的Adj-SID，作为该链路在不同拓扑中的标识。当使用SRv6作为数据平面时，网络节点需要为所属的每个拓扑分配不同的SRv6 Locator，作为该节点在不同拓扑中的标识，还需要为链路所属的每个拓扑分配不同的End.X SID，作为该链路在不同拓扑中的标识。不同拓扑所对应的Prefix-SID或SRv6 Locator用于在设备转发表中生成在该拓扑下计算的到达该目的节点的路由。

MT的基本特征如表6-1所示。

表 6-1　MT 的基本特征

基本特征	说明
设计目标	定义独立的逻辑网络
支持的逻辑拓扑数量	IS-IS：4096 个。 OSPFv2：128 个（协议中定义的范围）。 OSPFv3：256 个（草案未正式发布成为 RFC 标准）
逻辑拓扑基本属性	节点、链路、路由前缀
逻辑拓扑可定制属性	链路开销、链路 TE 属性（例如链路管理组）、前缀属性等
邻居会话建立	一个邻居会话可支持多个逻辑拓扑
信息发布	每个逻辑拓扑的节点和链路信息使用独立的 TLV 进行发布
路由计算	每个逻辑拓扑独立计算
报文转发	使用数据包头中的信息（服务等级、IP 地址、SR SID）区分拓扑

Flex-Algo的设计理念是在网络的拓扑和属性信息的基础上，叠加一定的算路算法、Metric类型和约束条件，使参与同一Flex-Algo的各网络节点通过分布式路由计算在网络中得到一致的约束路径。Flex-Algo需要应用于某个网络拓扑，使用该网络拓扑的信息。Flex-Algo的路由计算可以基于默认网络拓扑，也可以与MT结合，应用于逻辑拓扑。

Flex-Algo的定义信息需要在网络中进行泛洪，以保证网络中所有节点对相同的Flex-Algo有一致的理解，从而保证基于Flex-Algo的路由计算结果是无环的。Flex-Algo只是定义了算路算法、Metric类型和约束条件，不会在同一节点或链路上针对不同的Flex-Algo定制不同的属性值。例如，不要求在一条链路上为不同的Flex-Algo配置不同的TE Metric值或带宽属性。事实上，Flex-Algo作为网络中的TE链路属性的一种应用，网络设备可以配置和发布专用于Flex-Algo这一应用的一组TE属性，但并不会区分不同Flex-Algo的TE属性或为每个Flex-Algo发布不同的TE属性。在特定Flex-Algo的定义中所指定的Color和Metric类型，都是引用Flex-Algo这一应用的TE属性。

Flex-Algo作为一种控制平面的算路技术，可以结合SR-MPLS或SRv6数据平面使用。当使用SR-MPLS作为数据平面时，网络节点需要为所支持的每个Flex-Algo分配不同的Prefix-SID，作为该节点在不同Flex-Algo中的标识，用于生成不同Flex-Algo的SR转发表项。当使用SRv6作为数据平面时，网络节点需要为所支持的每个Flex-Algo分配不同的SRv6 Locator，作为该节点在不同Flex-Algo中的标识，用于生成不同Flex–Algo的路由转发表项。不同Flex–Algo对应的Prefix–SID或SRv6 Locator用于在设备转发表中生成使用Flex–Algo计算的到达该目的节点的路由。网络节点还可以为不同的Flex–Algo分配不同的Adj–SID或SRv6 End.X SID，用于生成与特定Flex–Algo对应的SR显式路径，以及用于生成满足该Flex–Algo约束的TI–LFA路径。

Flex–Algo的基本特征如表6–2所示。

表 6-2　Flex-Algo 的基本特征

基本特征	说明
设计目标	实现分布式约束路径计算
最大支持的 Flex-Algo 数量	128 个
Flex-Algo 定义的内容	路由计算算法类型、Metric 类型、约束条件
邻居建立	邻居会话的建立过程不感知 Flex-Algo
信息发布	每个 Flex-Algo 的定义，节点参与的 Flex-Algo，节点和链路对应不同 Flex-Algo 的数据平面切片标识（例如每个 Flex-Algo 的 SR SID 和 SRv6 Locator）
路由计算	每个 Flex-Algo 独立计算
报文转发	使用数据包头中的信息（目的地址、SR SID）区分 Flex-Algo

通过以上对比可以看出，MT和Flex–Algo的相似之处在于二者都可以定义对网络拓扑的约束，以及基于定制的拓扑进行独立的路由计算。二者的主要差别在于，MT可以进一步定制每个逻辑拓扑中的节点和链路属性，在一张物理网络上可以定义出完全独立和差异化的逻辑拓扑；而Flex–Algo是在物理拓扑或逻辑拓扑属性的基础上叠加算路算法、Metric类型和约束条件进行路由计算，不同的Flex–Algo可以引用物理拓扑或逻辑拓扑的不同属性来实现差异化。换句话说，MT的优势是提供更完善的逻辑拓扑和属性的定制能力，而Flex–Algo的优势在于基于已有拓扑属性约束路算，因此需要控制协议发布的信息更少。在不要求为每个逻辑拓扑定制独立属性的场景下，Flex–Algo也可以作为轻量级的MT技术使用。

6.1.2　SRv6 SID 网络切片的 IGP MT 扩展

本节将介绍MT的技术原理，以及如何将MT扩展应用到基于SRv6 SID的IP网络切片中。

1. 技术原理

本书以IS–IS的MT扩展为例介绍MT的技术原理，OSPF MT在原理上与IS–IS

MT相同，主要差异是协议报文的扩展方式与扩展字段格式。IS-IS MT主要通过定义新的TLV携带MT ID，标识不同拓扑的链路状态信息[2]。使能MT后，当一台路由器发送Hello报文或LSP报文时，报文会包含一个或多个MT TLV，用于指示接口所属的每一个拓扑。如果从邻居路由器收到的Hello报文或LSP报文中没有与自身相匹配的MT TLV，那么这个邻居被认为仅属于默认的IPv4拓扑。在一个点到点的链路上，如果两个邻居之间没有任何共同的MT ID，那么这两个邻居将不会形成邻接关系。在广播型链路上，即使邻居之间没有共同的MT ID，邻居之间仍然会形成邻接关系。

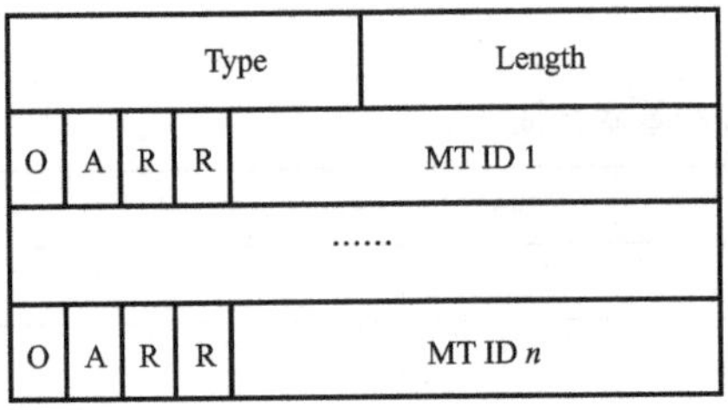

MT TLV格式如图6-1所示，各字段的说明如表6-3所示。

图 6-1　MT TLV 格式

表 6-3　MT TLV 各字段的说明

字段名	长度	含义
Type	8 bit	TLV 的类型，取值为 229
Length	8 bit	该 TLV 去除 Type 和 Length 字段后的总长度，单位为字节，取值为 2×MT ID 的数量
O	1 bit	表示 MT 的过载位，当设备在对应的 MT 中处于过载状态时设置为 1（仅在 LSP 片段 0 中对 ID 值非 0 的 MT 有效，否则在传输时应设置为 0，在接收时忽略）
A	1 bit	表示 MT 的着加位，当设备在对应的 MT 中连接到 Level-2 网络时设置为 1（仅在 LSP 片段 0 中对 ID 值非 0 的 MT 有效，否则在传输时应设置为 0，在接收时忽略）
R	1 bit	表示保留，传输时应置为 0，接收时忽略
MT ID	12 bit	对外通告的 MT ID

在与邻居网络节点建立IS-IS邻居之后，网络设备通过在LSP报文中携带MT Intermediate Systems TLV（MT-ISN TLV，类型值为222）发布在特定拓扑下的邻居连接关系和链路属性信息，并通过在LSP报文中携带MT IP Reachability TLV（类型值为235）或MT IPv6 Reachability TLV（类型值为237）发布在特定拓扑下的路由前缀信息。MT-ISN TLV和MT IPv6 Reachability TLV的格式分别如图6-2和图6-3所示。MT-ISN TLV和MT IPv6 Reachability TLV各字段的说明分别如表6-4和表6-5所示。

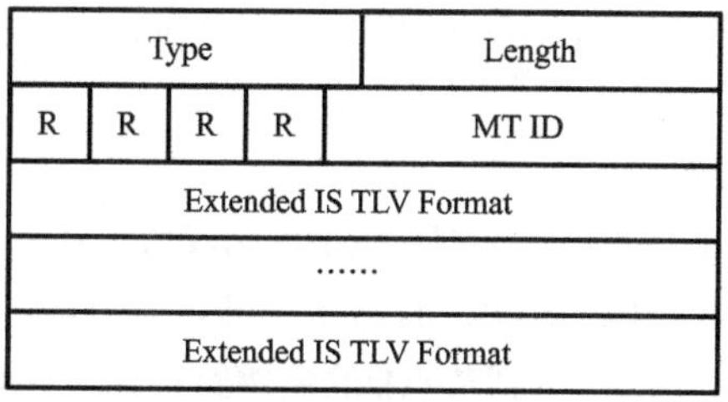

图 6-2　MT-ISN TLV

表 6-4　MT-ISN TLV 各字段的说明

字段名	长度	含义
Type	8 bit	TLV 的类型，取值为 222
Length	8 bit	该 TLV 去除 Type 和 Length 字段后的总长度，单位为字节
R	1 bit	表示保留，传输时应设置为 0，接收时忽略
MT ID	12 bit	对外通告的 MT ID，当取值为 0 时，TLV 必须被忽略
Extended IS TLV Format	可变	与 IS-IS Extended IS Reachability TLV（类型值为 22）[3] 格式相同。当不存在 Sub-TLV 时，Extended IS TLV 最多可以包含 23 个相同 MT 的邻居

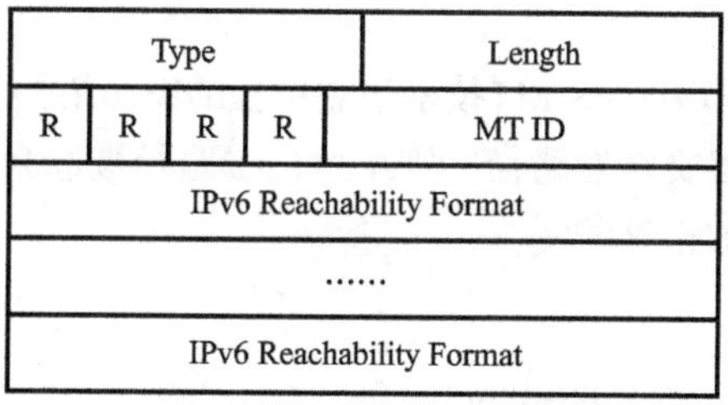

图 6-3　MT IPv6 Reachability TLV

表 6-5　MT IPv6 Reachability TLV 各字段的说明

字段名	长度	含义
Type	8 bit	TLV 的类型，取值为 237
Length	8 bit	该 TLV 去除 Type 和 Length 字段后的总长度，单位为字节
R	1 bit	表示保留，传输时应设置为 0，接收时忽略
MT ID	12 bit	对外通告的 MT ID，当取值为 0 时，TLV 必须被忽略
IPv6 Reachability Format	可变	与 IPv6 Reachability TLV（类型值为 236）[4] 格式相同

下面以IS-IS MT为例，介绍基于MT的双协议栈分离及单播和组播拓扑分离的实现过程。

（1）双协议栈分离

如图6-4所示，节点A、C、D支持IPv4/IPv6双协议栈；节点B只支持IPv4，不能转发IPv6报文。如果不采用IS-IS MT技术，节点A、B、C和D进行SPF计算时只考虑单一的混合拓扑，则节点A到节点D的最短路径是A→B→D。但由于节点B不支持IPv6，所以IPv6报文将无法通过节点B到达节点D。

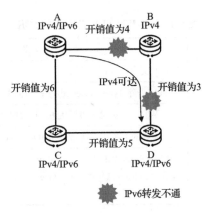

图 6-4　IPv4 和 IPv6 拓扑混合

如图6-5所示，采用IS-IS MT技术建立单独的IPv6拓扑，则节点A只考虑使用IPv6链路来确定IPv6报文转发路径，则A→C→D路径被选为节点A到节点D的最短路径，IPv6报文可以被正确转发。

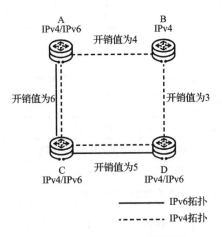

图 6-5　IPv6 和 IPv4 拓扑分离

（2）单播和组播拓扑分离

图6-6所示为采用IS-IS MT技术实现单播拓扑与组播拓扑分离。

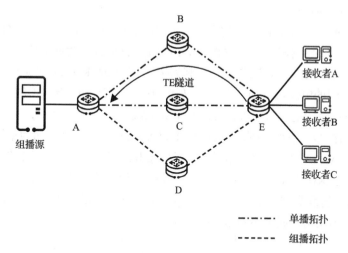

图 6-6　单播拓扑与组播拓扑分离

如图6-6所示，所有路由器均采用IS-IS互连，同时部署了多跳的TE隧道，并且隧道的方向是E→A。由于IS-IS计算出的由E到A的最优路由出接口不再是实际的物理接口，而是TE隧道接口，因此在组播场景下会导致隧道路径的中间节点C无法正确建立组播转发表项，从而无法支持组播业务的转发。

IS-IS MT技术可以为非组播业务建立单播拓扑，同时为组播业务建立组播拓扑。在上述场景中配置MT技术后，组播拓扑中不包括TE隧道，因此组播转发树可以逐跳建立，组播业务可以正常转发，不会受到TE隧道的影响。

2. MT与SR技术的结合

MT对数据平面有一定的要求，即需要通过数据包中的某些字段来区分属于不同逻辑拓扑的报文，从而能够使用对应拓扑的路由信息进行查表转发。在传统的IP转发中，可以基于IP报文头中的DSCP字段或者IP地址字段来区分属于不同拓扑的报文。

随着SR技术的出现，MT可以使用SR SID作为数据平面切片标识来区分属于不同拓扑的报文。IGP支持SR的协议扩展中已经考虑了MT与SR技术的结合。例如，在支持SRv6的IS-IS扩展中，可以基于不同的拓扑发布不同的SRv6 Locator和End SID，而属于不同拓扑的SRv6 End.X SID可以使用MT-ISN TLV和MT-IS Neighbor Attribute TLV进行发布。这样，网络设备可以基于不同的拓扑计算，并生成与该拓扑对应的SRv6 Locator的路由转发表项，以及与特定拓扑对应的SRv6 SID的本地SRv6 SID表项。在转发报文时，基于报文头目的地址字段的SRv6 Locator或

SRv6 SID查找IPv6转发表，根据对应拓扑的转发表项进行报文转发。类似地，除SRv6 End.X SID与End SID以外，其他类型的SRv6 SID（例如SRv6 VPN SID）也通过SRv6 Locator与特定的拓扑进行关联。

如图6-7所示，SRv6网络中建立了两个IGP拓扑：MT-1和MT-2。每个网络设备为所参与的每个拓扑分配不同的SRv6 Locator，并以其作为前缀分配该拓扑下的End SID和End.X SID。以节点B为例，其为拓扑1分配的SRv6 Locator为A2:1::/64，而为拓扑2分配的SRv6 Locator为A2:2::/64。在每个拓扑中，节点B使用该拓扑的Locator作为前缀，生成对应该拓扑的End SID和End.X SID。例如，对于节点B和节点C之间的链路，节点B为拓扑1分配的End.X SID为A2:1::C2，而为拓扑2分配的End.X SID为A2:2::C2。每个网络设备基于所参与的每个拓扑分别进行路由计算，为该拓扑下的SRv6 Locator生成路由转发表项。而每个拓扑的End.X SID用于指示该拓扑下用于转发数据包的一条链路。当一个接口属于多个拓扑时，可以使用不同的End.X SID来指示属于不同拓扑的接口。

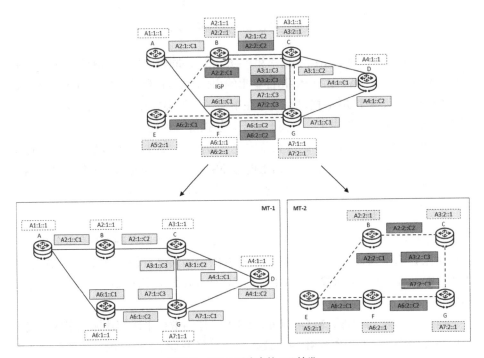

图 6-7　SRv6 网络中的 MT 转发

SRv6 Locator TLV[5]用于发布SRv6 Locator以及该Locator相关的End SID，其包含MT ID信息，用于描述该Locator与拓扑的对应关系。该TLV的格式如图6-8所示。

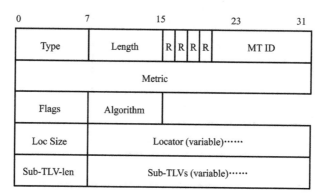

图 6-8 SRv6 Locator TLV 的格式

SRv6 Locator TLV主要字段的说明如表6-6所示。

表 6-6 SRv6 Locator TLV 主要字段的说明

字段名	长度	含义
Type	1 Byte	TLV 的类型，取值为 27
Length	1 Byte	该 TLV 去除 Type 和 Length 字段后的总长度，单位为字节
MT ID	12 bit	多拓扑标识，设置为 0 时表示标准拓扑
Metric	4 Byte	度量值
Flags	1 Byte	标志位，当前只含有 D 标志位。当 SID 从 Level-2 渗透到 Level-1 时，必须置位 D 标志位。D 标志位设置为 1 后，SID 不能从 Level-1 渗透到 Level-2，从而防止路由循环
Algorithm	1 Byte	算法标识
Loc Size	1 Byte	Locator 长度，取值为 SRv6 Locator 的位数
Locator	可变	所发布的 SRv6 Locator
Sub-TLV-len	1 Byte	Sub-TLV 长度
Sub-TLVs	可变	包含的 Sub-TLV，例如 SRv6 End SID Sub-TLV

SRv6 End.X SID Sub-TLV[5]用于发布一个P2P（Peer-to-Peer，对等[网络]）邻接类型的SRv6 End.X SID，该Sub-TLV可以携带属于特定拓扑的SRv6 End.X SID，此时该Sub-TLV在描述多拓扑邻居关系的MT-ISN TLV中作为Extended IS TLV的Sub-TLV（如图6-2所示）发布。该Sub-TLV的格式如图6-9所示。

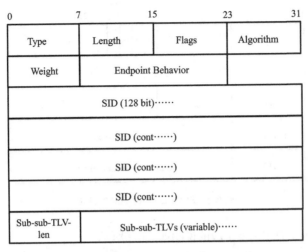

图 6-9　SRv6 End.X SID Sub-TLV 的格式

SRv6 End.X SID Sub-TLV各字段的说明如表6-7所示。

表 6-7　SRv6 End.X SID Sub-TLV 各字段的说明

字段名	长度	含义
Type	1 Byte	Sub-TLV 的类型，取值为 43
Length	1 Byte	该 Sub-TLV 去除 Type 和 Length 字段后的总长度，单位为字节
Flags	1 Byte	标志位，其中已经定义的标志为 B-Flag（保护），S-Flag（邻接组）和 P-Flag（永久有效），其他的标志位在发送时须设置为 0，接收时忽略
Algorithm	1 Byte	算法标识
Weight	1 Byte	End.X SID 的权重，用于负载均衡
Endpoint Behavior	2 Byte	SRv6 Endpoint 功能指令类型
SID	16 Byte	发布的 SRv6 SID
Sub-sub-TLV-len	1 Byte	Sub-sub-TLV 长度
Sub-sub-TLVs（variable）	可变	包含的 Sub-sub-TLV

　　SRv6 LAN End.X SID Sub-TLV[5]用于发布一个LAN（Local Area Network，局域网）邻接类型的SRv6 End.X SID。该Sub-TLV可以携带属于特定拓扑的SRv6 End.X SID，此时该Sub-TLV在描述多拓扑邻居关系的MT-ISN TLV中作为Extended IS TLV的Sub-TLV发布（如图6-2所示），该Sub-TLV的格式如图6-10所示。

　　与SRv6 End.X SID Sub-TLV相比，该Sub-TLV仅多出一个System-ID字段，

该字段的说明如表6–8所示。

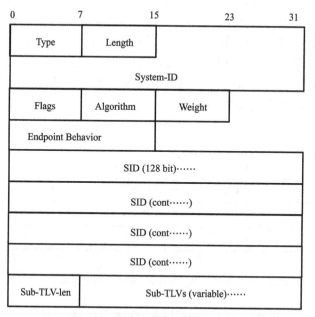

图 6-10　SRv6 LAN End.X SID Sub-TLV 的格式

表 6-8　SRv6 LAN End.X SID Sub-TLV 中 System-ID 字段的说明

字段名	长度	含义
System-ID	6 Byte	IS-IS System ID

3. MT在基于SRv6 SID的网络切片中的应用

在基于SRv6 SID的网络切片方案中，每个网络切片对应一个独立的逻辑拓扑，这样每个网络切片在控制平面可以由独立的MT ID进行标识，无须引入新的控制平面标识扩展。同时，在IGP支持SRv6的协议扩展中包含对MT的支持，可以为每个拓扑发布独立的SRv6 Locator、SR End SID和End.X SID。网络节点可以基于与拓扑关联的SRv6 Locator和SID，为不同的SRv6网络切片计算生成独立的SRv6路由转发表项。

MT技术除了可以定义和发布不同逻辑拓扑的节点及链路的连接关系信息，还可以定义和发布网络节点及链路在不同拓扑中的属性。这一功能虽然在传统的MT场景中没有得到广泛应用，但在网络切片应用中可以被用来发布网络节点和链路为不同网络切片分配的带宽信息及其他TE属性（例如链路Metric值、Color属性等）信息，可以使各网络节点和控制器获得具有不同拓扑连接、带宽及TE属性的网络切片信息，从而支持在每个网络切片内，基于该切片的带宽、Metric值和Color属性等约束条件进行独立的TE路径计算。

以IS-IS的SRv6扩展为例，可以通过MT-ISN TLV发布在每个拓扑下的邻居连接关系信息，同时可以通过Sub-TLV发布该拓扑下指示与每个邻居的三层连接的SRv6 End.X SID，以及在该拓扑下和每个邻居连接关联的带宽以及其他TE属性（如链路Metric值、Color属性等），具体如图6-11所示。在网络设备的转发平面，可以将为不同网络切片创建的资源预留接口、子接口或子通道与网络切片对应的拓扑中的三层连接关联起来，这样不同网络切片下的资源预留接口、子接口或子通道的属性可以通过MT对外发布。

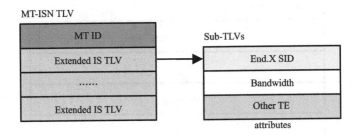

图 6-11　使用 MT-ISN TLV 发布每个拓扑的 SRv6 SID 和 TE 属性

图6-12展示了通过IS-IS MT发布每个逻辑拓扑的SR SID和TE属性，在一张物理网络上需要建立两个拓扑不同的网络切片，并为每个网络切片分配独立的转发资源。网络设备可以使用FlexE接口、信道化子接口或灵活子通道在物理接口上为每个网络切片划分出需要的带宽资源。针对每个网络切片在网络中定义不同的逻辑拓扑——MT-1和MT-2，并通过IS-IS MT的TE扩展发布每个拓扑的连接关系以及与拓扑下的链路关联的带宽等TE属性。

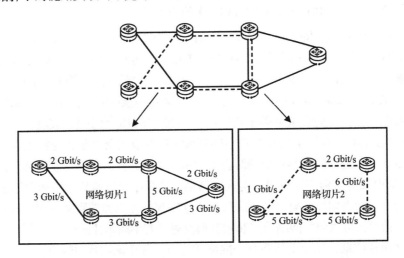

图 6-12　通过 IS-IS MT 发布每个逻辑拓扑的 SR SID 和 TE 属性

在这一方案中，每个网络切片对应一个独立的逻辑拓扑，控制平面支持的逻辑拓扑数量决定了可以提供的网络切片数量。IS-IS定义的MT ID的长度为12 bit，说明基于MT能提供的网络切片的最大数量不超过4096个。但在实际的网络中，受网络规模以及网络设备控制平面的处理能力等因素的影响，实际可以基于MT部署的网络切片数量十分有限，通常少于100个。

6.1.3　SRv6 SID 网络切片的 IGP Flex-Algo 扩展

传统IGP的分布式路由计算只能根据链路的开销值，利用SPF算法计算到达目的地址的最短路径，因此无法满足网络管理人员差异化定制算法需求。

为了满足特定用户或业务的需求，网络设备在进行分布式路由计算时需要采用可定制的算路规则。Flex-Algo技术允许运营商自行定义一个算路规则标识来代表一组与算路相关的参数的组合，其中包括度量类型、路由计算的算法约束条件。Flex-Algo的定义主要包括以下几个部分。

- Flex-Algo ID：灵活算法ID，取值范围为128~255（0~127为标准算法的取值范围）。
- Metric-type：用于算路的链路Metric类型。目前已经定义的类型有IGP Metric、TE默认Metric以及链路时延Metric。
- Calc-type：路由计算的算法类型。最常用的算法是SPF算法。RFC 8402[6]中定义了两个标准算法类型：0表示基于IGP链路度量的SPF算法，1表示基于IGP链路度量的严格SPF算法，后续也可以定义新的算法类型。
- Constraints：算路的约束条件。例如：基于链路Color或SRLG（Shared Risk Link Group，风险共享链路组）等描述网络拓扑中可用或不可用于该Flex-Algo算路的链路。

通过Flex-Algo，各网络设备可以根据链路Metric类型、算路算法以及拓扑约束条件计算出满足特定需求的路径，基于分布式路由计算灵活地实现流量工程的需求。

1. Flex-Algo定义信息的发布

为了确保网络中的设备基于IGP Flex-Algo计算的转发路径是一致的无环路径，在同一IGP域内的网络设备需要对Flex-Algo有一致的理解。同一IGP域内的设备通过IGP在网络中发布FAD（Flex-Algo Definition，Flex-Algo定义）以及本设备支持的Flex-Algo算法。对于同一个Flex-Algo，如果IGP发布了多个不同的FAD，该区域内的所有设备需要选择相同的FAD。

IS-IS通过IS-IS FAD Sub-TLV[7]发布灵活算法的定义。IS-IS通过IS-IS Router

Capability TLV（类型值为242）来携带IS-IS FAD Sub-TLV，并且通告给邻居。IS-IS FAD Sub-TLV的格式如图6-13所示。

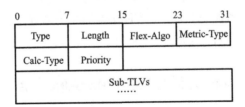

图 6-13 IS-IS FAD Sub-TLV 的格式

IS-IS FAD Sub-TLV各字段的说明如表6-9所示。

表 6-9 IS-IS FAD Sub-TLV 各字段的说明

字段名	长度	含义
Type	1 Byte	该 Sub-TLV 的类型，取值为 26
Length	1 Byte	该 Sub-TLV 去除 Type 和 Length 字段后的总长度，单位为字节
Flex-Algo	1 Byte	灵活算法 ID，取值范围是 128~255
Metric-Type	1 Byte	计算过程中要使用的度量类型，包括 IGP 度量、最小单向链路时延和 TE 默认度量，每种度量类型对应的值如下。 • 0 表示 IGP 度量。 • 1 表示最小单向链路时延。 • 2 表示 TE 默认度量
Calc-Type	1 Byte	路由计算的算法类型。取值范围为 0~127，当算法类型为 SPF 时，该字段取值为 0
Priority	1 Byte	FAD 的优先级，值越大，优先级越高
Sub-TLVs	可变	可选的 Sub-TLV，可以定义一些约束条件

Flex-Algo由用户自己定义，一般使用一个三元组（Metric-Type,Calc-Type,Constraint）来表示。其中，度量类型（Metric-Type）和算法类型（Calc-Type）已经在表6-9中描述过，约束条件（Constraint）主要包括基于链路管理组的约束和SRLG的约束。其中基于链路管理组的约束条件有以下几种。

• Exclude Admin Group：表示链路管理组中不包含任何设定的管理组，不满足的链路将被排除，不能参与算路。

• Include-Any Admin Group：表示链路管理组中只要包含一种设定管理组，该链路就可以参与算路。

• Include-All Admin Group：表示链路管理组中要包含所有设定的管理组，不满足的链路将被排除，不能参与算路。

Flex-Algo定义了基于SRLG的约束条件：Exclude SRLG Sub-TLV，表示链路不能属于设定的SRLG，不满足的链路将被排除，不能参与算路。

这些约束条件通过FAD Sub-TLV的Sub-TLV字段来描述[7]。Exclude Admin Group Sub-TLV、Include-Any Admin Group Sub-TLV和Include-All Admin Group Sub-TLV具有相同的格式，如图6-14所示。

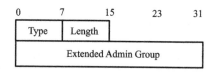

图 6-14　Exclude/Include-Any/Include-All Admin Group Sub-TLV 的格式

Exclude/Include-Any/Include-All Admin Group Sub-TLV各字段的说明如表6-10所示。

表 6-10　Exclude/Include-Any/Include-All Admin Group Sub-TLV 各字段的说明

字段名	长度	含义
Type	1 Byte	该 Sub-TLV 的类型如下。 • Type = 1: Exclude Admin Group。 • Type = 2: Include-Any Admin Group。 • Type = 3: Include-All Admin Group
Length	1 Byte	该 Sub-TLV 去除 Type 和 Length 字段后的总长度，单位为字节
Extended Admin Group	可变	根据 Type 的取值，描述基于管理组的约束条件

在同一个IGP域内，不同设备可以定义ID相同但含义不同的Flex-Algo，当出现Flex-Algo定义不一致时，各个设备按如下规则进行处理。

• 选择优先级最高的Flex-Algo定义。

• 当有多个节点通过IS-IS通告优先级相同的Flex-Algo定义时，选择System-ID最大的节点发布的Flex-Algo定义。

2. Flex-Algo信息的发布

网络设备可以使用不同的算法（比如SPF算法以及各种SPF的变种算法等）来计算到其他节点或前缀的可达信息。在SR网络中，网络设备通过IS-IS Router Capability TLV（类型值为242）携带新定义的SR-Algorithm Sub-TLV，对外通告自己支持的算法。SR-Algorithm Sub-TLV只能在同一个IS-IS级别区域里传播，不能传播到该级别区域之外。SR-Algorithm Sub-TLV的格式如图6-15所示。

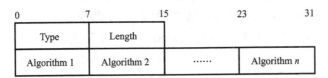

图 6-15　SR-Algorithm Sub-TLV 的格式

SR-Algorithm Sub-TLV各字段的说明如表6-11所示。

表 6-11　SR-Algorithm Sub-TLV 各字段的说明

字段	长度	含义
Type	1 Byte	Sub-TLV 的类型，取值为 19
Length	1 Byte	该 Sub-TLV 去除 Type 和 Length 字段后的总长度，单位为字节
Algorithm [1, …,n]	1 Byte	节点支持的算法类型，包括标准算法和灵活算法。节点可能支持多种算法类型，因此 Sub-TLV 中可以有多个 Algorithm 字段

3. Flex-Algo链路TE属性信息的发布

Flex-Algo的定义指定了基于该Flex-Algo算路所使用的Metric类型、算路算法和基于链路Color属性或SRLG属性的拓扑约束。网络设备需要基于RFC 5305[3]和RFC 8570[8]所定义的TE Metric类型，发布Flex-Algo所需要的各种链路TE属性信息。Flex-Algo用到的典型链路TE属性信息如表6-12所示。

表 6-12　Flex-Algo 用到的典型链路 TE 属性信息

Sub-TLV 类型值	名称	含义
3	Administrative group （Color）	长度为 32 bit 的位向量，其中每个比特表示一个管理组
14	Extended Administrative Group	长度为 32 bit 整数倍的位向量，其中每个比特表示一个管理组
18	Traffic Engineering Default Metric	流量工程默认开销，长度为 24 bit 的整数倍，由网络管理者指定
34	Min Unidirectional Link Delay	一定时间间隔内测量的最小链路时延，长度为 24 bit，单位为 μs
138	Shared Risk Link Group	长度为 32 bit 的 SRLG 标识

为了和网络中已经使用的链路属性进行区分，Flex-Algo使用的链路属性需

要作为ASLA（Application-Specific Link Attribute，应用专有的链路属性）进行发布，RFC 8919[9]和RFC 8920[10]定义了具体的机制。

4. Flex-Algo关联的SRv6 SID信息的发布

Flex-Algo从设计之初就是和SR技术紧密结合的。以SRv6为例，网络设备需要为参与的每个Flex-Algo配置不同的SRv6 Locator，并将以该Locator作为前缀的SRv6 SID与Flex-Algo进行关联。网络设备需要将Flex-Algo和SRv6 Locator，以及Flex-Algo与SRv6 SID的对应关系通过IGP进行发布，以便网络中的其他设备基于Flex-Algo定义的算路规则计算生成不同Flex-Algo的SRv6路由转发表项。

以IS-IS为例，Flex-Algo与SRv6 Locator/SID的对应关系可通过如下TLV/Sub-TLV发布。

- SRv6 Locator TLV包含算法标识字段，用于描述Locator与算法的对应关系。该TLV的格式在6.1.2节中已介绍，具体可以参见图6-8。
- SRv6 End.X SID Sub-TLV包含算法标识字段，用于描述End.X SID与算法的对应关系。具体格式可以参见6.1.2节的图6-9。
- SRv6 LAN End.X SID Sub-TLV包含算法标识字段，用于描述End.X SID与算法的对应关系。具体格式可以参见6.1.2节的图6-10。

类似地，除了SRv6 End.X SID与End SID，其他类型的SRv6 SID（例如SRv6 VPN SID）也通过SRv6 Locator与特定的算法进行关联。

由此可以看出，在MT与SR技术结合的基础上，Flex-Algo引入了SRv6 Locator和SID与算法的对应关系，这样每个SRv6 Locator和SID都对应一组<拓扑, 算法>。使用不同的Flex-Algo，可以在特定拓扑的基础上进一步定义差异化的算路约束和规则。

5. SRv6 Flex-Algo的应用示例

下面介绍SRv6 Flex-Algo的实现过程。在该网络中使用两种Flex-Algo：Flex-Algo 128和Flex-Algo 129，其定义如表6-13所示，图6-16给出了实现过程。

表 6-13　Flex-Algo 128 和 Flex-Algo 129 的定义

Flex-Algo ID	Metric 类型	算法类型	拓扑约束
Flex-Algo 128	0（IGP Metric）	0（SPF）	包含 Color 为棕色的链路
Flex-Algo 129	2（TE 默认 Metric）	0（SPF）	包含 Color 为蓝色的链路

Flex-Algo 128和Flex-Algo 129的算法定义可以由网络中的一台或多台设备通过FAD Sub-TLV发布，使整个IGP域中的所有节点获得相同的Flex-Algo定义。每个网络节点通过IS-IS SR-Algorithm Sub-TLV对外通告自己支持Flex-Algo。

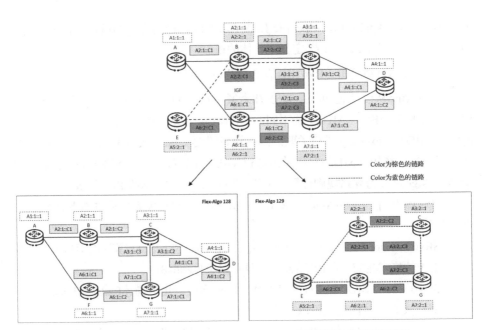

图 6-16　网络中 Flex-Algo 128 和 Flex-Algo 129 的算法定义的实现过程

- 节点A和节点D只参与Flex-Algo 128，分别对外通告支持Flex-Algo 128。
- 节点E只参与Flex-Algo 129，因此对外通告支持Flex-Algo 129。
- 节点B、C、F、G均参与Flex-Algo 128和Flex-Algo 129，分别对外通告支持Flex-Algo 128和Flex-Algo 129。

每个网络节点还需要为所参与的每个Flex-Algo分配不同的SRv6 Locator，并以该Locator作为前缀分配该Flex-Algo下的End SID和End.X SID。以节点B为例，其为Flex-Algo 128分配的SRv6 Locator为A2:1::/64，而为Flex-Algo 129分配的SRv6 Locator为A2:2::/64。节点B使用与Flex-Algo 128对应的Locator作为前缀，生成对应该Flex-Algo的End SID和End.X SID。例如，对于节点B和节点C之间的链路，节点B为Flex-Algo 128分配的End.X SID为A2:1::C2，而为Flex-Algo 129分配的End.X SID为A2:2::C2。

网络设备基于每个Flex-Algo定义的规则进行路由计算，为该Flex-Algo关联的SRv6 Locator前缀生成路由转发表项。与一个Flex-Algo关联的End SID和End.X SID用于生成与该Flex-Algo关联的SRv6显式路径，也可以用于生成该Flex-Algo下的Locator前缀路由的局部保护路径。可以看到，与Flex-Algo关联的SRv6 SID主要用于基于Flex-Algo的算路规则的路由计算，生成对应Flex-Algo的路由转发表项。

6. Flex-Algo在基于SRv6 SID的网络切片中的应用和扩展

基于Flex-Algo可以在物理网络或逻辑网络上定义不同的算路拓扑约束，并使用Flex-Algo指定的开销类型和路由计算算法进行分布式约束路由计算。在基于SRv6 SID的网络切片方案中，每个网络切片对应一个Flex-Algo，这样每个网络切片在控制平面可以通过独立的Flex-Algo ID进行标识，无须引入新的控制平面标识。IGP支持SRv6的协议扩展包含对Flex-Algo的支持，可以为每个Flex-Algo发布独立的SRv6 Locator、SR End SID和End.X SID信息。与某个Flex-Algo关联的一组SRv6 Locator和SID，可用于标识与该Flex-Algo对应的SRv6网络切片中的节点和各种SRv6功能。网络节点可以基于与Flex-Algo关联的SRv6 Locator和SID为不同的SRv6网络切片计算生成独立的SRv6 Locator路由转发表项和本地SRv6 SID转发表项。

由于Flex-Algo只是Metric类型、路由计算算法和约束条件组合的定义，不支持基于不同的Flex-Algo定义网络节点和链路上不同的资源及TE属性信息。因此，为了能够结合转发平面的资源切分能力，实现Flex-Algo与网络切片的绑定，还需要将Flex-Algo以及每个Flex-Algo的SRv6 SID与网络资源切片对应的资源预留接口、子接口或子通道进行关联。通过在网络切片对应的资源接口或子接口上配置Color属性以及与Flex-Algo关联的SRv6 End.X SID，并在网络切片对应的Flex-Algo定义中将只包含该Color属性作为约束条件，实现将Flex-Algo定义的拓扑约束与网络切片的转发资源相结合。

7. 基于"Flex-Algo + 三层子接口"的网络切片方案

基于Flex-Algo实现网络切片的一种比较直接的实现方法是，将物理接口为每个网络切片预留的资源配置为不同的三层子接口，并在该三层子接口上配置链路Color属性。通过在网络切片对应的Flex-Algo中指定包该Color，从而将网络切片的资源接口纳入对应的Flex-Algo的拓扑约束。图6-17给出了基于"Flex-Algo + 三层子接口"的网络切片方案示例，在网络中部署3个网络切片，分别对应不同的Flex-Algo。在网络节点之间的物理接口上为这3个网络切片划分不同的三层子接口，每个子接口配置IP地址，并配置该网络切片对应的Color（红色、绿色、蓝色）。

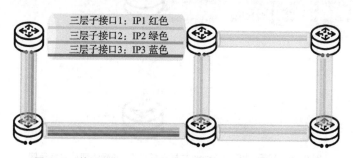

三层子接口1：IP1 红色
三层子接口2：IP2 绿色
三层子接口3：IP3 蓝色

图 6-17　基于"Flex-Algo + 三层子接口"的网络切片方案示例

如表6-14所示，在与每个网络切片对应的Flex-Algo定义中，拓扑约束部分包含该切片的Color属性。

表 6-14   各网络切片对应的 Flex-Algo 定义

网络切片	Flex-Algo ID	算路算法	Metric 类型	拓扑约束
网络切片 1	128	SPF 算法	0（IGP Metric）	只包含 Color 为红色的链路
网络切片 2	129	SPF 算法	2（TE 默认 Metric）	只包含 Color 为绿色的链路
网络切片 3	130	SPF 算法	1（最小单向链路时延）	只包含 Color 为蓝色的链路

这一方式无须对IGP进行扩展，但存在的问题是，需要为每个网络切片建立三层子接口，配置独立的IP地址，并在该接口上建立IGP会话。当网络切片数量较多时，这会给控制平面带来较大的开销和性能压力。

8.   "Flex-Algo + 二层子接口" 的网络切片方案

和基于三层子接口的网络切片方案相比，基于二层子接口的网络切片方案可以减少控制平面的协议开销。因此一种可扩展性更好的基于Flex-Algo的网络切片方案是，将为不同网络切片预留的资源作为同一物理接口下的不同二层子接口，并将这些二层子接口加入一个二层绑定链路（L2 Bundle）接口。如图6-18所示，在网络中部署3个网络切片，分别对应不同的Flex-Algo。在网络节点之间的物理接口上为这3个网络切片划分不同的二层子接口，每个子接口具有独立的带宽属性和独立的SRv6 End.X SID，但无须独立配置IP地址，也不需要单独使能IGP。通过给每个网络切片对应的二层子接口配置链路Color，并将L2 Bundle的Color配置为所有子接口的Color的合集，就可以基于Color实现网络切片下的资源接口与Flex-Algo的关联。

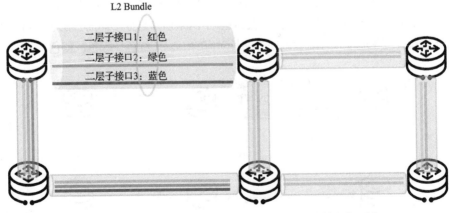

图 6-18   基于 "Flex-Algo+ 二层子接口" 的网络切片方案示例

如表6-15所示，在与每个网络切片对应的Flex-Algo定义中，拓扑约束部分包含该网络切片对应的二层子接口的Color属性。

表 6-15　各网络切片对应的 Flex-Algo 定义

网络切片	Flex-Algo ID	算路算法	Metric 类型	拓扑约束
网络切片 1	128	SPF 算法	0（IGP Metric）	只包含 Color 为红色的链路
网络切片 2	129	SPF 算法	2（TE 默认 Metric）	只包含 Color 为绿色的链路
网络切片 3	130	SPF 算法	1（最小单向链路时延）	只包含 Color 为蓝色的链路

L2 Bundle接口下的二层子接口的带宽、End.X SID等属性信息可以通过IGP L2 Bundle机制[11]在网络中发布。IGP L2 Bundle用于发布Bundle接口下的二层成员链路信息，这些成员链路既可以用于对使用该Bundle接口转发的数据包进行负载分担，也可以通过其中某成员链路的End.X SID指定使用该成员链路转发报文。

在网络切片场景下，为了避免流量在多个二层子接口之间进行负载分担，控制不同网络切片的业务报文只能使用对应的资源子接口转发，需要对L2 Bundle进行扩展，以指示该L2 Bundle下的二层子接口之间不允许负载分担。具体来说，需要对L2 Bundle TLV中的Flag字段进行扩展，定义新的E（Exclusive）标志位，表示该L2 Bundle是否允许负载分担。L2 Bundle TLV中的Flag字段格式如图6-19所示。

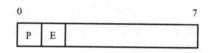

图 6-19　L2 Bundle TLV 中的 Flag 字段格式

当E标志位设置为0时，表示L2 Bundle中的二层成员链路之间可以进行负载分担；而当E标志位设置为1时，表示L2 Bundle中的二层成员链路被各网络切片独占使用，不允许在二层成员链路之间进行负载分担。这样就可以满足不同网络切片之间的资源隔离需求。

6.1.4　Slice ID 网络切片的 IGP 扩展

将网络切片对应不同的逻辑拓扑或Flex-Algo，就可以重用MT ID或Flex-Algo ID作为网络切片的控制平面标识，从而使用已有的控制平面机制实现基于SRv6 SID的网络切片。但是，对于需要提供海量网络切片的场景（例如需要几百甚至上千个网络切片），为每个网络切片使用不同的逻辑拓扑或Flex-Algo会给网络的控制平面带来极大的开销，影响网络设备的性能和稳定性。因此，控制平面需要进一步优化，来降低因网络切片数量增加带来的控制平面开销。

网络切片具有两类基本属性：拓扑和资源。当网络切片的数量较少时，采用拓扑属性和资源属性耦合的方式，即每个网络切片对应一个独立的逻辑拓扑，并在该逻辑拓扑上关联网络切片的资源属性。当网络切片的数量较多时，将网络切片的拓扑属性和资源属性解耦，即网络切片作为拓扑属性和资源属性的灵活组合，当多个网络切片的拓扑相同时，在控制平面可以复用同一个逻辑拓扑的信息发布和路由计算，避免为每个网络切片单独发布拓扑属性信息和计算路由的开销。这样可以通过少量的逻辑拓扑支持大量的网络切片。网络切片在控制平面的拓扑属性与资源属性解耦也促使数据平面的切片拓扑与资源标识解耦，推动了基于Slice ID的网络切片方案的产生。本节将进一步介绍实现基于Slice ID的网络切片方案的IGP控制协议扩展。

对于基于Slice ID的网络切片方案，网络切片和逻辑拓扑之间不再是一一对应的关系，每个网络切片需要关联一个逻辑拓扑，但多个网络切片可以关联同一个逻辑拓扑。为了准确描述网络切片与逻辑拓扑之间的关联关系，并使各网络设备对网络切片与逻辑拓扑的关联关系有一致的理解，需要在控制协议中引入网络切片ID，并将网络切片与逻辑拓扑之间的关联关系通过IGP在网络中发布。网络切片的逻辑拓扑属性信息可以使用MT或Flex-Algo技术进行发布。同时，还需要通过扩展IGP发布网络中的节点和链路为每个网络切片分配的资源以及相关的TE属性。由于基于Slice ID的网络切片方案在数据平面引入了全局的网络切片ID，因此无须像基于SRv6 SID的网络切片方案那样，通过IGP发布每个节点和每条链路为不同网络切片分配的资源感知SID。

1. 网络切片的定义信息发布

网络切片的定义信息可以通过IGP在网络中发布。以IS-IS为例，通过新扩展的NRPD（NRP Definition，NRP定义）TLV，可以发布网络切片与拓扑、算法的关联关系。NRPD TLV的格式如图6-20所示。

0	15	31
Type	Length	NRP ID
NRP ID（cont……）		MT ID
Algorithm	Flags	
Sub-TLVs		

图 6-20　NRPD TLV 的格式

NRPD TLV各字段的说明如表6-16所示。

表 6-16　NRPD TLV 各字段的说明

字段名	长度	含义
Type	1 Byte	TLV 的类型，由 IANA 分配
Length	1 Byte	该 TLV 去除 Type 和 Length 字段后的总长度，单位为字节
NRP ID	4 Byte	全局唯一的网络切片 ID
MT ID	2 Byte	前 4 bit 预留，后 12 bit 为拓扑标识
Algorithm	1 Byte	算法标识，可以是标准的算路算法，也可以是 Flex-Algo
Flags	1 Byte	标志位。目前所有的标志位都预留供后续扩展使用
Sub-TLVs	可变	可选的 Sub-TLV，后续可以用来携带 NRP 的其他属性信息

通常情况下，网络中可以只支持MT或者Flex-Algo。在只使能MT的情况下，网络切片可以关联一个逻辑拓扑，这时NRPD TLV中的MT ID字段设置为该拓扑的MT ID，而Algorithm字段设置为0。在只使能Flex-Algo的情况下，网络切片可以关联一个Flex-Algo，这时NRPD TLV中的MT ID字段设置为0，而Algorithm字段设置为该Flex-Algo的ID。网络中也可以同时使能MT和Flex-Algo，这时网络切片可以关联一个拓扑和算法的组合，包括MT和标准算路算法的组合以及MT和Flex-Algo的组合。

2.　网络切片的拓扑属性发布

在基于Slice ID的网络切片方案中，网络切片的定义包含对MT ID和Flex-Algo ID的引用，因此网络切片的拓扑属性可以通过MT或者Flex-Algo进行发布。在IS-IS中，MT通过MT-ISN TLV（类型值为222）发布每个拓扑内各节点与邻居节点的连接关系以及链路属性信息，并通过MT IPv6 Reachability TLV（类型值为237）发布不同拓扑内的IPv6地址前缀信息。Flex-Algo则是通过各网络节点发布的SR-Algorithm Sub-TLV确定参与某个Flex-Algo的网络节点，并通过Flex-Algo定义中的链路Color约束条件与网络中各条链路的Color进行匹配，来确定Flex-Algo所包括的网络链路。MT和Flex-Algo可以与SR技术结合，发布每<拓扑,算法>组合的SR SID和SRv6 Locator信息。

如果多个网络切片引用相同的MT或Flex-Algo，IGP只需要通过MT或Flex-Algo发布一份拓扑属性信息，就可以被多个网络切片使用，这样就避免了为每个网络切片单独发布拓扑属性信息而带来的控制协议开销。此外，引用相同MT或Flex-Algo的多个网络切片还可以共享基于该MT或Flex-Algo的路由计算结果，这样进一步节省了为每个网络切片单独进行路由计算的开销。由此可见，通过网络切片的拓扑属性与资源属性解耦，允许多个网络切片复用同一个拓扑或Flex-Algo，可以显著优化网络切片的控制平面可扩展性。

3. 网络切片的资源属性发布

一条物理链路上为不同网络切片预留的带宽资源可以通过三层子接口、二层子接口、预留带宽的子通道这3种方式呈现。在发布网络切片的资源属性时，不同的方式所要求的IGP扩展机制不同。

（1）作为三层子接口

当使用三层子接口方式呈现不同网络切片的预留资源时，每个三层子接口上需要使能IGP，然后通过IGP的流量工程扩展机制，例如IS–IS TE[7]的最大链路带宽Sub-TLV发布该三层子接口的带宽属性。此外，使用IGP TE的其他Sub-TLV也可以发布该三层子接口的其他TE属性。这一方式要求为每个网络切片建立独立的三层子接口，并在该子接口上配置IP地址和使能IGP，这样无法达到多个网络切片共享拓扑和协议会话的目的，因此此方法不建议用于基于Slice ID的网络切片方案。

（2）作为二层子接口

当使用二层子接口方式呈现不同网络切片的预留资源时，需要使用IGP L2 Bundle机制[11]发布三层接口下的二层子接口的带宽等属性信息。此方式在应用于基于Slice ID的网络切片场景时，L2 Bundle需要进行相应的扩展，以禁止流量在三层接口下属于不同网络切片的二层子接口之间进行负载分担。

此外，为了标识每个二层子接口所关联的网络切片，需要在L2 Bundle Attribute Descriptors TLV中新定义NRP–IDs Sub-TLV，其格式如图6-21所示。

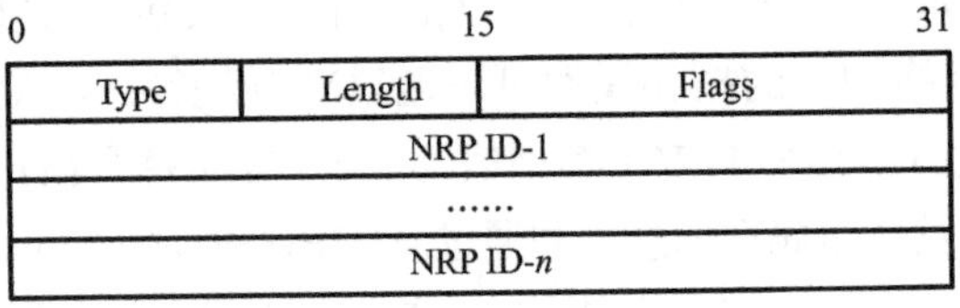

图 6-21　NRP-IDs Sub-TLV 的格式

NRP–IDs Sub-TLV各字段的说明如表6–17所示。

表 6-17　NRP-IDs Sub-TLV 各字段的说明

字段名	长度	含义
Type	1 Byte	Sub-TLV 的类型，由 IANA 分配
Length	1 Byte	该 Sub-TLV 去除 Type 和 Length 字段后的总长度，单位为字节
Flags	2 Byte	标志位。目前所有的标志位都预留供后续扩展使用
NRP ID	4 Byte 的整数倍	全局唯一的网络切片 ID，长度为 4 Byte。可以携带一个或多个 NRP ID

NRP-IDs Sub-TLV中可以携带一个或多个NRP ID，用于描述一个二层子接口与一个或多个网络切片的关联关系。当一个二层子接口同时关联多个网络切片时，这些网络切片可以共享同一个二层子接口的带宽以及其他的TE属性信息。

（3）作为预留带宽的子通道

当使用预留带宽的子通道方式呈现不同网络切片的预留资源时，不需要为每个网络切片建立独立的三层或二层子接口。与MT技术中为不同的逻辑拓扑发布定制的TE属性相似，当一个三层子接口属于多个网络切片时，新定义的NRP-specific TE Attribute Sub-TLV可以发布该链路上为不同网络切片分配的带宽和其他TE属性。NRP-specific TE Attribute Sub-TLV的格式如图6-22所示。

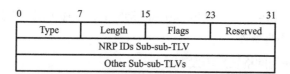

图 6-22　NRP-specific TE Attribute Sub-TLV 的格式

NRP-specific TE Attribute Sub-TLV各字段的说明如表6-18所示。

表 6-18　NRP-specific TE Attribute Sub-TLV 各字段的说明

字段名	长度	含义
Type	1 Byte	Sub-TLV 的类型，由 IANA 分配
Length	1 Byte	该 Sub-TLV 去除 Type 和 Length 字段后的总长度，单位为字节
Flags	1 Byte	标志位。目前所有的标志位都预留供后续扩展使用
Reserved	1 Byte	预留字段，用于后续扩展使用
NRP IDs Sub-sub-TLV	可变	包含一个或多个全局唯一的 NRP ID，每个 NRP ID 长度为 4 Byte
Other Sub-sub-TLVs	可变	用于携带与 NRP ID 对应的链路 TE 属性

NRP-specific TE Attribute Sub-TLV下可以携带NRP Bandwidth Sub-sub-TLV，用来发布链路为所关联的NRP预留的带宽信息。NRP Bandwidth Sub-sub-TLV的格式如图6-23所示。

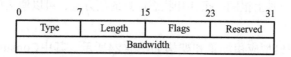

图 6-23　NRP Bandwidth Sub-sub-TLV 的格式

NRP Bandwidth Sub-sub-TLV各字段的说明如表6-19所示。

表 6-19 NRP Bandwidth Sub-sub-TLV 各字段的说明

字段名	长度	含义
Type	1 Byte	Sub-sub-TLV 的类型，由 IANA 分配
Length	1 Byte	该 Sub-sub-TLV 去除 Type 和 Length 字段后的总长度，单位为字节
Flags	1 Byte	标志位。目前所有的标志位都预留供后续扩展使用
Reserved	1 Byte	预留字段，用于后续扩展使用
Bandwidth	4 Byte	用于携带与 NRP ID 对应的预留带宽，采用 IEEE 32 bit 浮点数格式

根据需要，NRP-specific TE Attribute Sub-TLV下还可以携带其他类型的Sub-sub-TLV，本书不再赘述。

4. 数据平面的网络切片ID发布

为了能够将数据包引流到指定的网络切片上，并使用为该网络切片分配的资源进行转发，数据包中需要携带网络切片的标识信息，网络设备也需要维护数据平面的网络切片ID与设备转发资源的映射表项。

当在数据平面引入专用的网络切片ID，用于指示报文使用对应的网络切片的资源进行转发处理时，数据平面的网络切片ID可以与控制平面的网络切片ID相同。由于在切片资源属性的发布中已经携带了网络切片ID与链路下的子接口或预留带宽子通道的对应关系，因此无须使用额外扩展协议来发布数据平面的网络切片ID。这样就避免了在基于SRv6 SID的网络切片方案中为每个网络节点或链路发布每个网络切片的资源感知SID所带来的控制协议开销，可以进一步提升网络切片控制平面的可扩展性。

| 6.2 BGP-LS 的网络切片扩展 |

BGP-LS主要用于将设备收集的网络中的链路状态和TE属性信息上送报给网络控制器[12]。与传统的基于IGP等协议的网络拓扑和状态信息上报方式相比，BGP-LS提供了一种上报网络拓扑和状态信息的新方式，可以使信息的收集更加简便和高效。

BGP-LS的典型应用场景和架构如图6-24所示，其中Consumer相当于控制器。每个IGP域只需其中一台路由设备运行BGP-LS，并与Consumer建立BGP-LS

邻居关系。路由设备也可以和一个集中的BGP Speaker建立BGP-LS邻居关系，然后这个集中的BGP Speaker与最终的Consumer建立BGP-LS邻居关系，从而实现网络拓扑属性信息的收集。引入集中的BGP Speaker后，可以利用BGP的路由反射机制，减少Consumer的对外连接数。采用这种集中式的BGP Speaker机制后，Consumer只需对外建立一个BGP-LS连接，就可以实现对全网拓扑属性信息的收集，从而简化网络的运维和部署。

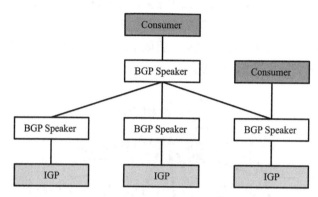

图 6-24　BGP-LS 的典型应用场景和架构

BGP-LS在BGP的基础上引入新的地址族/子地址族和新的NLRI（Network Layer Reachability Information，网络层可达信息）来携带链路、节点和IPv4/IPv6拓扑前缀等相关信息，这种新的NLRI叫作链路状态NLRI。BGP-LS主要定义了如下4种链路状态NLRI。

- Node NLRI（节点NLRI）。
- Link NLRI（链路NLRI）。
- IPv4 Topology Prefix NLRI（IPv4拓扑前缀NLRI）。
- IPv6 Topology Prefix NLRI（IPv6拓扑前缀NLRI）。

针对上述链路状态NLRI，BGP-LS还定义了相应的属性，用于携带与节点、链路以及IPv4/IPv6拓扑前缀相关的参数和属性。BGP-LS属性以TLV的形式和对应类型的NLRI携带在BGP-LS消息中，主要包括以下3种类型的属性。

- Node Attribute（节点属性）。
- Link Attribute（链路属性）。
- Prefix Attribute（前缀属性）。

BGP-LS提供了针对SR的协议扩展，可以向网络控制器上报SR网络的链路状态信息以及各节点和链路的SR SID相关信息。以SRv6为例，BGP-LS被扩展用于上报SRv6的Locator信息、各种类型的SRv6 SID以及相关的属性信息。draft-ietf-idr-bgpls-srv6-ext[13]中定义了BGP-LS SRv6的协议扩展。

BGP-LS除了可以收集和上报域内的拓扑及状态信息，还可以收集和上报域间的链路连接信息，以及域间链路的SR SID信息，从而使网络控制器可以根据收集的域内和域间信息拼接出跨多个IGP域或跨多个AS（Autonomous System，自治系统）的网络拓扑，并通过SR实现跨域的流量工程路径计算。IETF的RFC 9086[14]和draft-ietf-idr-bgpls-srv6-ext[13]中描述了基于BGP-LS收集域间连接信息和SR SID的机制。

在网络切片场景中，BGP-LS可以用于向网络控制器上报各网络切片的域内、域间拓扑和连接以及网络切片的资源属性等信息。如图6-25所示，网络控制器通过BGP-LS和3个AS中的网络设备连接，获取不同的跨域网络切片的域内、域间拓扑和连接以及网络切片的资源属性信息。

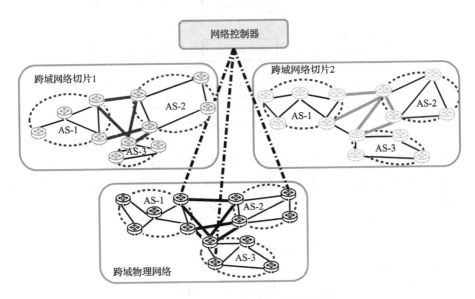

图 6-25　基于 BGP-LS 收集网络切片信息

6.2.1　SRv6 SID 网络切片的 BGP-LS MT 扩展

在基于SRv6 SID的网络切片场景中，每个网络切片可以对应一个独立的逻辑拓扑，这时可以使用MT ID作为网络切片的控制平面标识，从而重用BGP-LS的MT扩展向网络控制器上报网络切片的域内、域间拓扑属性和资源属性信息，而无须引入新的BGP-LS扩展。

1. 网络切片的拓扑属性信息上报

网络切片上报的拓扑属性信息包括域内拓扑属性信息、域间拓扑属性信息和连接信息。

RFC 7752[11]中定义的MT ID TLV可以作为链路描述符的一部分在BGP-LS的链路NLRI中携带，或者作为前缀描述符的一部分在IPv4/IPv6拓扑前缀NLRI中发布，也可以放在BGP-LS属性中随节点NLRI发布，分别用于标识链路、IPv4/IPv6地址前缀以及节点所属的逻辑拓扑。当在链路NLRI或IPv4/IPv6拓扑前缀NLRI中携带MT ID TLV时，只允许包含一个MT ID。当在节点NLRI中携带MT ID TLV时，可以包含一组MT ID。BGP-LS的MT ID TLV格式如图6-26所示。

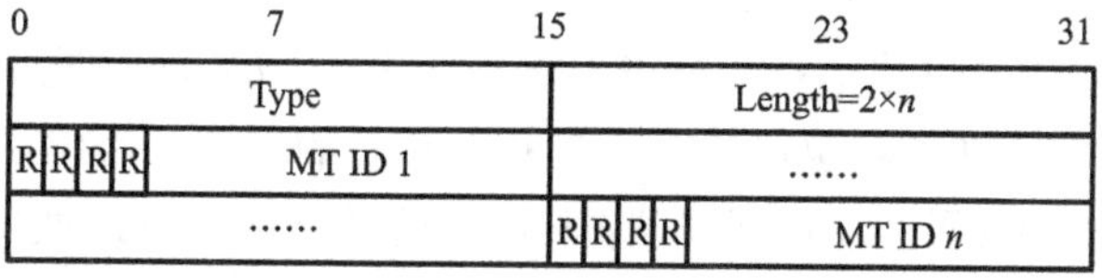

图 6-26　BGP-LS 的 MT ID TLV 的格式

BGP-LS的MT ID TLV各字段的说明如表6-20所示。

表 6-20　BGP-LS MT ID TLV 各字段的说明

字段名	长度	含义
Type	2 Byte	TLV 的类型，取值为 263
Length	2 Byte	该 TLV 去除 Type 和 Length 字段后的总长度，单位为字节，取值为 2×MT ID
R	4 bit	保留位，传输时应设置为 0，接收时忽略
MT ID	12 bit	对外通告的 MT ID，取自 IS-IS，长度为 12 bit，如果取自 OSPF，则前 5 比特必须为 0

在SR网络中，BGP-LS在上报MT的节点、链路和地址前缀路由的同时，还需要上报对应不同逻辑拓扑的SR SID信息，从而在控制器上生成不同逻辑拓扑的SR虚拟网络。RFC 9085[15]定义了BGP-LS的SR-MPLS扩展，draft-ietf-idr-bgpls-srv6-ext[13]中定义了BGP-LS的SRv6扩展。

除了向控制器发布域内的逻辑拓扑属性信息，对于跨域的网络切片，BGP-LS还能发布域间的逻辑拓扑连接信息。BGP-LS EPE（Egress Peer Engineering，出口对等体工程）使用BGP-LS的链路NLRI发布域间的连接关系，并为域间连接定义了如下3种类型的BGP Peer Segment。

- Peer Node Segment（PeerNode SID）：指示将数据包发送给指定的BGP邻居节点。
- Peer Adjacency Segment（PeerAdj SID）：指示将数据包通过指定的接口发

送给BGP邻居节点。

• Peer Set Segment（PeerSet SID）：指示在一组BGP邻居之间进行负载分担。

基于MT定义跨域网络切片的逻辑拓扑时，要求在多个网络域以及在跨域链路上规划一致的MT ID，作为跨域网络切片的控制平面标识。当使用BGP-LS发布跨域网络切片的域间逻辑拓扑连接时，跨域的链路NLRI中需要携带MT ID TLV，用来指示域间链路所属的逻辑拓扑。RFC 9086[14]和draft-ietf-idr-bgpls-srv6-ext[11]中定义了BGP-LS EPE具体的协议扩展。

2. 网络切片的资源属性上报

IGP MT支持发布网络节点和链路为每个网络切片分配的带宽等TE属性信息。同样，BGP-LS的MT扩展也可以在发布每个拓扑的链路状态信息时，使用链路NLRI对应的BGP-LS属性发布不同逻辑拓扑中的链路带宽等TE属性信息，从而上报不同网络切片的资源属性。其中每个逻辑拓扑下的链路带宽等属性对应物理网络为该网络切片在该链路上预留的资源。RFC 7752[11]中定义了BGP-LS对链路TE属性的协议扩展，BGP-LS EPE支持使用域间链路NLRI对应的BGP-LS属性上报域间链路为网络切片分配的资源属性信息。

6.2.2　SRv6 SID 网络切片的 BGP-LS Flex-Algo 扩展

在基于SRv6 SID的网络切片场景中，每个网络切片可以对应一个独立的Flex-Algo，这时可以使用Flex-Algo ID作为网络切片的控制平面标识，从而在BGP-LS的Flex-Algo扩展和BGP-LS的SR扩展的基础上进行少量的扩展，实现基于BGP-LS向网络控制器上报网络切片的域内、域间拓扑属性和资源属性信息。

1. BGP-LS的Flex-Algo扩展

基于Flex-Algo定义的算路规则，网络设备可以进行分布式约束路径计算，同时控制器也可以结合Flex-Algo进行集中式的SR Policy显式路径计算，但这需要网络设备通过BGP-LS将Flex-Algo的定义、参与Flex-Algo的网络节点以及对应不同Flex-Algo的SR SID等信息上报给控制器。为了实现上述功能，对BGP-LS进行了如下扩展。

2. FAD TLV

在节点NLRI对应的BGP-LS属性中携带FAD TLV。FAD TLV的格式如图6-27所示。

BGP-LS的FAD TLV各

0	7	15	23	31
Type			Length	
Length	Metric-Type	Calc-Type		Priority
Sub-TLVs ……				

图 6-27　FAD TLV 的格式

字段的含义与SRv6 SID网络切片的IGP Flex-Algo扩展中描述的IS-IS的FAD Sub-TLV的相同字段的含义保持一致。

3. SR-Algorithm TLV

在节点NLRI对应的BGP-LS属性中携带SR-Algorithm TLV，用于通告节点支持的算法ID的集合。SR-Algorithm TLV的格式如图6-28所示。

0
7
15
23
31
Type
Length
Algorithm 1
Algorithm 2
……
Algorithm *n*

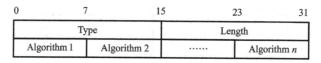

图 6-28　SR-Algorithm TLV 的格式

BGP-LS的SR-Algorithm TLV各字段的含义与SRv6 SID网络切片的IGP Flex-Algo扩展中描述的IGP的SR-Algorithm Sub-TLV的相同字段的含义保持一致。

4. SRv6 Locator和SID与Flex-Algo的对应关系

通过BGP-LS上报SRv6 Locator和SRv6 SID信息时，在BGP消息中携带算法ID，用于指示SRv6 Locator和SRv6 SID与Flex-Algo的对应关系。

在IPv6拓扑前缀NLRI对应的BGP-LS属性中携带SRv6 Locator TLV，用于发布与IPv6拓扑前缀NLRI中携带的SRv6 Locator有关的属性信息。SRv6 Locator TLV的格式如图6-29所示。

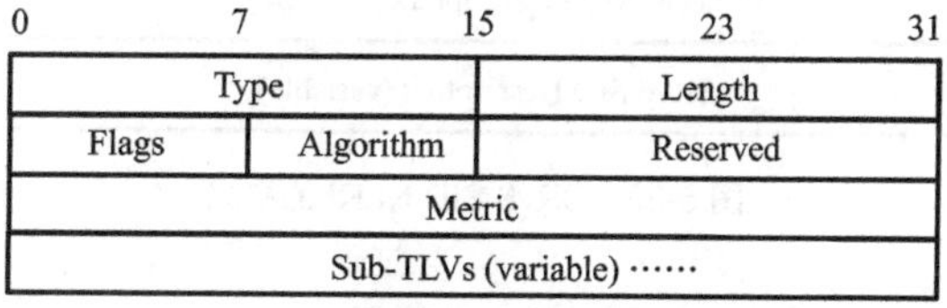

0
7
15
23
31
Type
Length
Flags
Algorithm
Reserved
Metric
Sub-TLVs (variable) ……

图 6-29　SRv6 Locator TLV 的格式

SRv6 Locator TLV各字段的含义与SRv6 SID网络切片的IGP MT扩展中描述的IS-IS的SRv6 Locator TLV的相同字段的含义保持一致。

在链路NLRI对应的BGP-LS属性中携带SRv6 End.X SID TLV和SRv6 LAN End.X SID TLV，用于发布与链路NLRI关联的End.X SID及属性信息。SRv6 End.X SID TLV的格式如图6-30所示。

SRv6 End.X SID TLV各字段的含义与SRv6 SID网络切片的IGP MT扩展中描述的IS-IS的SRv6 End.X SID Sub-TLV的相同字段的含义保持一致。

SRv6 LAN End.X SID TLV的格式如图6-31所示。

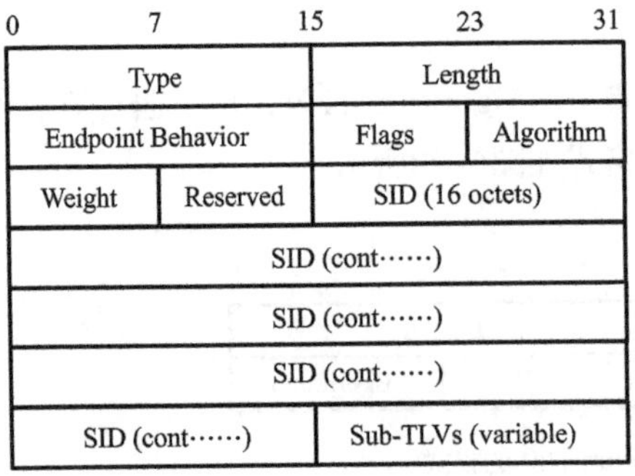

图 6-30　SRv6 End.X SID TLV 的格式 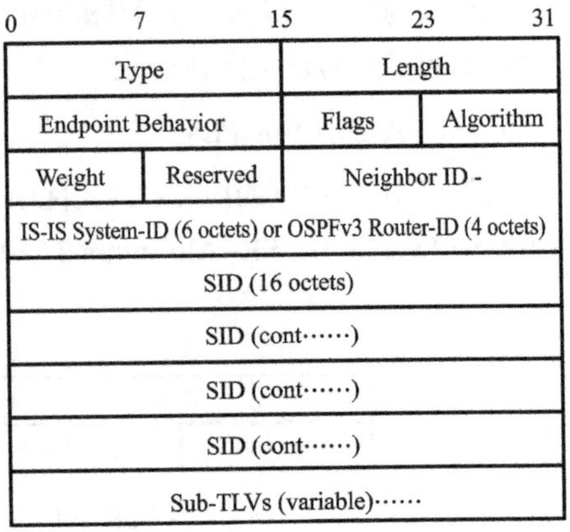　　图 6-31　SRv6 LAN End.X SID TLV 的格式

SRv6 LAN End.X SID TLV的含义与SRv6 SID网络切片的IGP MT扩展中描述的IS–IS的SRv6 LAN End.X SID Sub–TLV的相同字段的含义保持一致。

除SRv6 End.X SID以外的其他类型的SRv6 SID通过一种新定义的BGP–LS NLRI类型进行发布，也就是SRv6 SID NLRI。SRv6 SID NLRI的格式如图6–32所示。

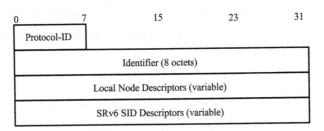

图 6-32　SRv6 SID NLRI 的格式

SRv6 SID NLRI各字段的说明如表6–21所示。

表 6-21　**SRv6 SID NLRI 各字段的说明**

字段名	长度	含义
Protocol-ID	1 Byte	向 BGP-LS 提供 SRv6 SID 信息的来源协议，例如：IS-IS Level-1(1)，IS-IS Level-2(2)，OSPFv2（3）等
Identifier	8 Byte	RFC 7752[12] 中定义的标识，用于区分不同的路由空间（实例）
Local Node Descriptors	可变	本地节点描述信息，其格式在 RFC 7752[12] 和 RFC 9086[14] 中定义
SRv6 SID Descriptors	可变	必须包含一个 SRv6 SID Information TLV，MT ID TLV 可选

SRv6 SID Information TLV的格式如图6-33所示。

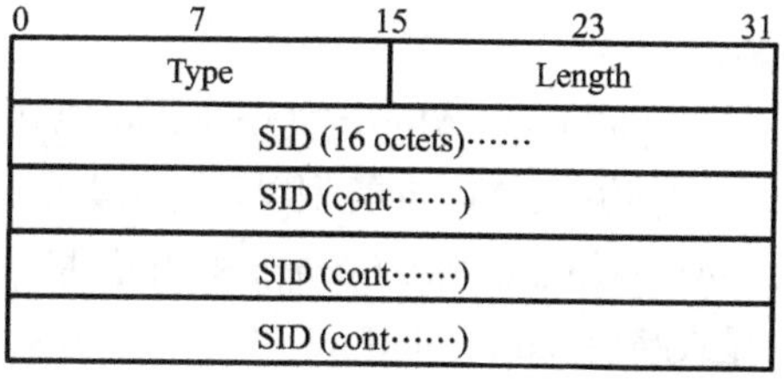

图 6-33 SRv6 SID Information TLV 的格式

SRv6 SID Information TLV各字段的说明如表6-22所示。

表 6-22 SRv6 SID Information TLV 各字段的说明

字段名	长度	含义
Type	2 Byte	TLV 的类型，取值为 518
Length	2 Byte	该 TLV 去除 Type 和 Length 字段后的总长度，取值为 16，单位为字节
SID	16 Byte	长度为 128 bit 的 SRv6 SID

和SRv6 SID NLRI对应的BGP-LS属性，可以通过SRv6 Endpoint Behavior TLV发布SRv6 SID的类型和对应的Flex-Algo。SRv6 Endpoint Behavior TLV的格式如图6-34所示。

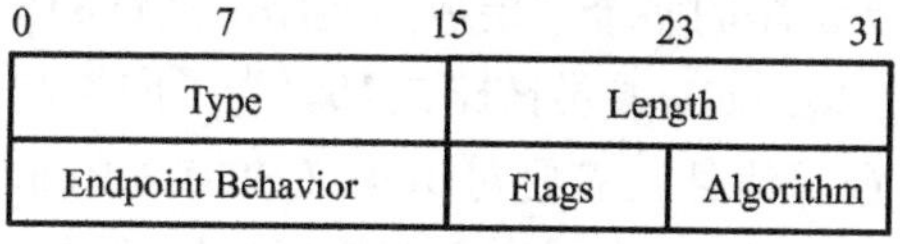

图 6-34 SRv6 Endpoint Behavior TLV 的格式

SRv6 Endpoint Behavior TLV各字段的说明如表6-23所示。

表 6-23 SRv6 Endpoint Behavior TLV 各字段的说明

字段名	长度	含义
Type	2 Byte	TLV 的类型，取值为 1250
Length	2 Byte	该 TLV 去除 Type 和 Length 字段后的总长度，取值为 4，单位为字节
Endpoint Behavior	2 Byte	RFC 8986 中定义的 SRv6 Endpoint Behavior 类型
Flags	1 Byte	标志位，目前均未定义，待后续扩展
Algorithm	1 Byte	SRv6 SID 所关联的算法 ID

5. 基于BGP-LS Flex-Algo的网络切片拓扑属性信息上报

网络切片上报的拓扑属性信息包括域内拓扑属性信息、域间拓扑属性信息和域间的逻辑拓扑连接信息。

控制器通过BGP-LS收到的Flex-Algo定义信息，可以在特定的网络拓扑上确定用于Flex-Algo算路的拓扑约束、Metric类型以及算法类型，结合通过BGP-LS的SR扩展上报的每个Flex-Algo对应的SRv6 Locator和SID信息，控制器可以计算并生成不同Flex-Algo的SR显式路径。draft-ietf-idr-bgpls-srv6-ext[13]定义了BGP-LS的SRv6扩展。

除了向控制器上报每个IGP域或AS内的逻辑拓扑属性信息，BGP-LS还可以通过BGP-LS EPE扩展发布域间的连接关系信息，以及域间链路的SR SID信息。这时需要在BGP-LS的跨域链路NLRI对应的BGP-LS属性中携带Flex-Algo定义中指定的Color属性信息，用来将域间链路与Flex-Algo关联起来，以确定域间的网络切片拓扑。BGP-LS也可以为跨域链路发布对应的Flex-Algo定义中的Metric类型和Metric值。RFC 9085[15]和draft-ietf-idr-bgpls-srv6-ext[13]中分别具体定义了BGP-LS EPE的SR-MPLS和SRv6扩展。

基于Flex-Algo定义的跨域网络切片的逻辑拓扑要求在多个网络域以及跨域链路上规划一致的Flex-Algo和链路Color等属性。

6. 基于BGP-LS Flex-Algo的网络切片资源属性上报

由于Flex-Algo只是定义了算路规则，因此还需要引入其他的辅助机制来实现Flex-Algo与所对应的网络切片的资源和TE属性的关联。IGP L2 Bundle机制是定义了发布捆绑成一条三层链路的多个二层成员链路的属性的机制，BGP-LS进行了相应扩展来支持上报L2 Bundle成员链路信息。为了向控制器上报一条三层链路为不同网络切片分配资源信息，需要对BGP-LS的L2 Bundle机制进行扩展，引入新的Link Attribute Flags TLV，并定义新的标志位"E"，使L2 Bundle机制支持发布一条三层链路下为不同网络资源切片划分的多个二层成员链路的带宽、SR SID和其他TE属性信息。通过这种方式，与每个Flex-Algo关联的一组SRv6 Locator和SRv6 SID不仅用于指示该Flex-Algo对应的逻辑拓扑和路径，还进一步指示了该Flex-Algo关联的网络切片的二层子成员接口资源，也就是升级为资源感知Locator/SID。

BGP-LS的SR扩展中定义的L2 Bundle Member Attributes TLV可以用来发布与一条三层链路相关联的二层成员链路的信息[14]。这条三层链路通过BGP-LS的链路NLRI进行描述，在与该链路NLRI关联的BGP-LS属性中携带L2 Bundle Member Attributes TLV，可以有多个L2 Bundle Member Attributes TLV与一个链路NLRI关联。L2 Bundle Member Attributes TLV的格式如图6-35所示。

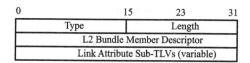

图 6-35　L2 Bundle Member Attributes TLV 的格式

L2 Bundle Member Attributes TLV各字段的说明如表6-24所示。

表 6-24　**L2 Bundle Member Attributes TLV 各字段的说明**

字段名	长度	含义
Type	2 Byte	TLV 的类型，取值为 1172
Length	2 Byte	该 TLV 去除 Type 和 Length 字段后的总长度，单位为字节
L2 Bundle Member Descriptor	4 Byte	本地链路标识，在 RFC 4202[16] 中定义
Link Attribute Sub-TLVs	可变	二层成员链路的链路属性信息以 Sub-TLV 的形式发布，其格式与 RFC 7752[11] 和 draft-ietf-idr-bgpls-srv6-ext[12] 中定义的链路属性 TLV 相同

通过L2 Bundle Member Attributes TLV可以发布三层链路为不同网络切片划分的二层成员链路的带宽、链路Color属性信息以及SRv6 End.X SID等信息，其中每条二层成员链路的Color与该网络切片对应的Flex-Algo定义包含的Color相同，从而实现基于Color将二层成员链路的带宽等资源与Flex-Algo进行关联。二层成员链路所对应的三层链路的Color需要配置为所有二层成员链路的Color的集合，从而确保基于Flex-Algo的三层逻辑拓扑包含该链路。

为了指示一条三层链路或二层成员链路只可以用于承载某个网络切片中的业务流量，在BGP-LS路由属性中扩展了新的Link Attribute Flags TLV，可以在链路NLRI对应的BGP-LS属性中携带该TLV，也可以在L2 Bundle Member Attributes TLV中将该TLV作为Sub-TLV携带。Link Attribute Flags TLV的格式如图6-36所示。

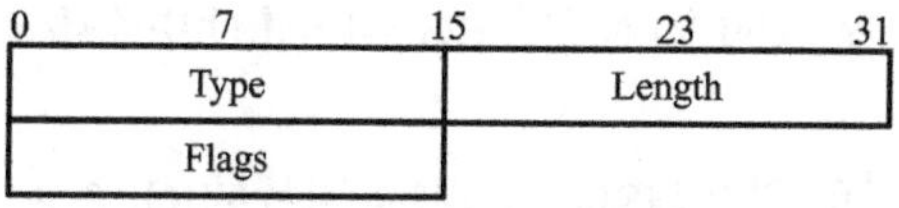

```
0          7          15         23         31
+----------+----------+----------+----------+
|       Type          |       Length        |
+---------------------+---------------------+
|       Flags         |
+---------------------+
```

图 6-36　Link Attribute Flags TLV 的格式

Link Attribute Flags TLV各字段的说明如表6-25所示 。

表 6-25 **Link Attribute Flags TLV** 各字段的说明

字段名	长度	含义
Type	2 Byte	TLV 的类型，由 IANA 分配
Length	2 Byte	该 TLV 去除 Type 和 Length 字段后的总长度，取值为 2，单位为字节
Flags	2 Byte	链路属性的标志位。其中前 2 bit 的含义与 RFC 5029[17] 中的一致。第 3 比特为新定义的"链路从负载分担中排除"标志位。当该标志位的值为 1 时，表示该链路只用于承载对应的网络切片的流量，不能用于负载分担

通过L2 Bundle Member Attributes TLV发布三层链路中各成员链路的属性信息，并为成员链路配置Flex-Algo对应的Color属性，可以实现二层成员链路与Flex-Algo的关联。通过BGP-LS的Flex-Algo扩展以及对BGP-LS的L2 Bundle机制的扩展，可以实现上报网络切片的预留链路带宽和其他TE属性信息。

6.2.3 Slice ID 网络切片的 BGP-LS 扩展

在基于Slice ID的网络切片方案中，为了将网络切片的信息收集并上报给网络切片控制器，也需要对BGP-LS进行相应的扩展。

由于每个网络切片关联一个逻辑拓扑，且多个网络切片可以关联同一个逻辑拓扑，网络切片和逻辑拓扑/算法之间不再是一一对应的关系，这时需要在控制平面新增网络切片ID，并通过BGP-LS将网络切片与逻辑拓扑/算法之间的关联关系上报给网络切片控制器。同时，还需要通过BGP-LS扩展发布网络中的节点和链路为每个所参与的网络切片分配的资源信息以及相关的TE属性。由于在数据平面引入了全局的网络切片ID，数据平面与控制平面的网络切片ID可以采用相同的取值，因此无须再像基于SRv6 SID的网络切片方案一样，通过BGP-LS发布每个节点和链路为其所参与的网络切片分配的资源感知SID。

1. 网络切片的定义信息上报

在BGP-LS中定义新的NRPD TLV，可以发布网络切片与逻辑拓扑、算法的关联关系。在与BGP-LS节点NLRI对应的BGP-LS属性中携带NRPD TLV，其格式如图6-37所示。

NRPD TLV各字段的含义与Slice ID网络切片的IGP扩展中描述的IGP的NRPD TLV的相同字段的含义保持一致。

BGP-LS中对MT和Flex-Algo的使用与IGP中的保持一致，网络中可以只支持MT或者Flex-Algo，也可以同时使能MT和Flex-Algo。

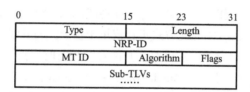

图 6-37　NRPD TLV 的格式

2. 网络切片的拓扑属性上报

由于网络切片定义包含对MT ID和算法ID的引用，因此域内的网络切片拓扑属性可以通过BGP-LS的MT扩展或者Flex-Algo扩展进行上报，对此6.2.1节和6.2.2节已经介绍过。如果有多个网络切片引用了相同的MT或Flex-Algo，BGP-LS只需要上报一份MT或Flex-Algo信息，就可以用于生成多个网络切片的逻辑拓扑，这就避免了为每个网络切片单独发布拓扑属性信息而带来的控制平面开销。

对于跨域的网络切片，除了向控制器发布域内的逻辑拓扑属性信息，还需要通过BGP-LS EPE扩展发布网络切片在域间的链路连接信息。为了指示域间链路所属的网络切片，需要新定义NRP IDs TLV，并在发布域间链路连接信息时，在链路NLRI对应的BGP-LS属性中携带该TLV，以指示链路所关联的一个或多个网络切片。NRP IDs TLV的格式如图6-38所示。

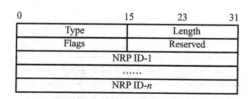

图 6-38　NRP IDs TLV 的格式

NRP IDs TLV各字段含义与Slice ID网络切片的IGP扩展中描述的IGP的NRP IDs Sub-TLV的相同字段的含义保持一致。

3. 网络切片的资源属性上报

与基于Slice ID的网络切片方案的IGP扩展相同，基于Slice ID的网络切片方案的BGP-LS扩展也使用三层子接口、二层子接口、预留带宽子通道这几种形式预留资源。不同的资源预留方式所采用的上报资源属性的方式不同，相应地，所要求的BGP扩展形式也不同。

当使用三层子接口方式实现网络切片的预留资源时，需要在每个三层子接口上配置IP地址和使能IGP。网络节点通过BGP-LS的链路属性TLV发布每个网络切片对应的三层子接口的带宽等TE属性。这一方式要求为每个网络切片建立独立的三层子接口，并在该子接口上配置IP地址和使能IGP，无法达到多个网络切片共享拓扑和协议会话的目的，因此此方式不建议用于基于Slice ID的网络切片方案。

当使用二层子接口方式实现网络切片的资源预留时，需要使用BGP-LS SR扩展（RFC 9085[15]）中定义的L2 Bundle Member Attributes TLV发布三层接口下为不同网络切片划分的二层子接口的带宽等TE属性信息。与IGP扩展相同，在应用于基于Slice ID的网络切片场景时，L2 Bundle Member Attributes TLV需要进行扩展，通过NRP IDs TLV指示与每个二层子接口关联的一个或多个网络切片。

此外，为了指示每个二层子接口只可以用于承载某个网络切片中的业务流量，在BGP-LS路由属性中需要扩展新的Link Attribute Flags TLV，并定义标志位E，其含义为"Link Excluded from load balancing"，从而将一个二层子接口从捆绑链路的负载分担组中排除。Link Attribute Flags TLV的格式在6.2.2节中已介绍过，参见图6-38。该TLV可以在链路NLRI对应的BGP-LS属性中携带，也可以作为Sub-TLV在L2 Bundle Member Attributes TLV中携带。

使用预留带宽的子通道方式实现网络切片资源预留时，上报资源属性的机制与IGP扩展下的机制相似。当一个三层链路属于多个网络切片时，需要携带NRP-specific TE Attribute TLV的属性。BGP-LS扩展中，通过在链路NLRI对应的BGP-LS属性中携带新定义的NRP-specific TE Attribute TLV，以发布该链路上为不同网络切片分配的带宽和其他TE属性。NRP-specific TE Attribute TLV的格式如图6-39所示。

0	15	23	31
Type		Length	
Flags		Reserved	
NRP IDs Sub-TLV			
Other Sub-TLVs			

图 6-39　NRP-specific TE Attribute TLV 的格式

NRP-specific TE Attribute TLV各字段的含义与Slice ID网络切片的IGP扩展中描述的NRP-specific TE Attribute Sub-TLV的相同字段的含义保持一致。

4. 数据平面的网络切片ID发布

为了能够将数据包引流到指定的网络切片上，并使用为该网络切片分配的资源进行转发，数据包中需要携带网络切片的标识信息，网络设备也需要维护数据平面的网络切片ID与设备转发资源的映射表项。

当在数据平面引入专用的网络切片ID，用于指示报文使用对应的网络切片的资源进行转发处理时，数据平面的网络切片ID可以与控制平面的网络切片ID相同。与IGP的网络切片ID发布机制相似，在切片资源属性中已经携带了网络切片ID

与链路下的子接口或预留带宽子通道的对应关系，因此无须额外扩展协议来发布数据平面的网络切片ID。这样就避免了在基于SRv6 SID的网络切片方案中为每个网络节点或链路上报每个网络切片的资源感知SID所带来的控制协议开销，可以进一步提升网络切片控制平面的可扩展性。

|6.3　BGP SPF 的网络切片扩展 |

1. BGP SPF的原理

基于链路状态的IGP可以收集完整的网络拓扑属性信息，在路由计算和收敛的速度上有一定的优势，但受协议动态泛洪机制影响，所支持的网络规模相对有限。与IGP相比，BGP在传输可靠性、可扩展性和支持路由策略等方面具有较大的优势。目前大规模数据中心（Massively Scalable Data Center，MSDC）趋向于采用RFC 7938[18]中描述的基于BGP的三层路由技术提供数据中心网络的Underlay连接，以提供更好的网络可扩展性和灵活的路由策略能力。在这一趋势下，业界提出一种可以结合IGP链路状态协议和BGP优势的新协议机制——BGP SPF，以满足网络规模较大、网络连接密集的应用场景的需求。

BGP SPF在BGP框架下定义了新的BGP-LS SPF子地址族，用于发布和同步网络中的链路状态信息，并基于链路状态信息进行SPF路由计算。BGP SPF的消息复用BGP-LS地址族的NLRI、BGP-LS路由属性以及BGP-LS属性中的TLV的格式，同时也在BGP-LS属性中定义了一些BGP SPF专用的TLV。在此基础上，BGP SPF将传统BGP的路由选择机制替换为基于SPF的机制。BGP SPF在路由计算、多路径负载分担和FRR等方面具有和IGP相当的能力，同时还具有BGP的可靠传输、消息保序以及可扩展性强的优点。BGP SPF消息的长度可以比IGP消息更长，能够承载的信息量也更大，可以支持发布节点和链路的更丰富的属性信息。BGP SPF机制的详细内容在IETF文稿draft-ietf-lsvr-bgp-spf[19]中进行定义和描述。

2. 基于BGP SPF的网络切片

网络切片进一步扩大网络规模，会给网络设备的控制平面带来可扩展性上的挑战。BGP SPF可以作为实现大规模网络切片的控制平面的一种选择。

基于BGP SPF实现网络切片，需要在现有的BGP SPF基础上增加对MT和Flex-Algo的支持，这主要是通过将BGP-LS对MT和Flex-Algo的扩展引入BGP-LS SPF子地址族。除此之外，BGP SPF还可以进一步重用BGP-LS以支持基于Slice ID网络切片方案的协议扩展，从而降低控制平面在网络资源切片信息发布和路由计算上的开销，进一步提升协议的可扩展性。关于BGP SPF扩展支持网络资源切片的具体内容可以参考IETF草案draft–dong–lsvr–bgp–spf–nrp–00[20]。

不论是支持基于SRv6 SID的网络切片方案，还是支持基于Slice ID的网络切片方案，BGP SPF所采用的方法、协议扩展与IGP所采用的都是类似的。由于BGP SPF本身具有比IGP更高的可扩展性，在发布海量网络切片信息方面与IGP相比有明显的优势，因此BGP SPF更适合用于有海量网络切片需求的应用场景。

| 6.4 SR Policy 的网络切片扩展 |

SR Policy是在SR技术基础上发展的一种新的隧道引流技术。通过SR Policy可以实现对具有特定需求的业务SR转发路径进行定制。

SR Policy使用以下三元组作为Key。

- 头节点（Headend）：SR Policy的头节点负责将流量导入一个SR Policy中。
- Color属性：标识头节点和目的节点之间的不同SR Policy，可与一系列业务意图或目的（例如低时延、大带宽等）相关联，可理解为业务需求模板ID。目前没有统一规定的编码规则，其值由网络管理者分配。Color提供了一种业务路由和SR Policy关联的机制。
- 尾节点（Endpoint）：SR Policy的目的节点。

SR Policy在算路时按照表示业务需求的SR Policy的Color属性、头节点、尾节点计算转发路径。当下发SR Policy到头节点时，由于所有SR Policy的头节点的字段的取值均为表示自身的值，所以在特定的头节点上，通过<Color，Endpoint> 即可唯一标识一个SR Policy。在头节点上可以将SR Policy的<Color，Endpoint>与业务路由中的<Color扩展团体属性，下一跳>进行匹配来引导流量进入SR Policy中的转发路径。

SR Policy的数据结构如图6-40所示。一个SR Policy可以包含多条候选路径，候选路径之间是主备关系，某一时刻只有一条候选路径为活跃状态，用于业务报文的转发，其他的候选路径处于备份状态。一条候选路径中可以包含多个SID List，每个SID List携带权重属性。每个SID List表示一条从头节点到目的节点的端到端显式路径，指示网络设备按照指定的路径转发报文。通过SID List附带的权重属性可以控制流量在多个SID List中的负载比例，从而实现ECMP（Equal–Cost Multiple Path，等价多路径）或UCMP（Unequal–Cost Multiple Path，非等价多路径）。

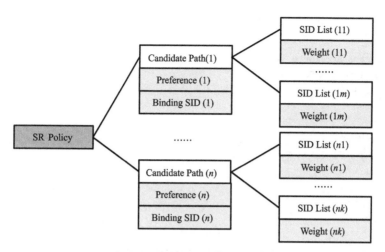

图 6-40　SR Policy 的数据结构示意

SR Policy有多种来源，可以通过BGP SR Policy扩展、PCEP扩展以及手动配置等方式在头节点创建SR Policy并下发SR Policy的候选路径。

当网络中存在多个网络切片时，为了实现不同用户或应用的数据包在网络中的差异化处理和隔离，提供可保证的服务质量，网络头节点除了需要将业务数据包导入指定的转发路径，还需要指定数据包需要导入的网络切片。根据所采用的网络切片实现方案，可以有两种方式将SR Policy与特定的网络切片关联。

- 方式1：对基于SRv6 SID的网络切片方案，可以直接使用与网络切片对应的资源感知SID组成SR Policy的显式路径。
- 方式2：对基于Slice ID的网络切片方案，需要在下发SR Policy时指定候选路径所关联的数据平面网络切片ID。

6.4.1节将介绍SR Policy相关的BGP和PCEP的协议扩展，分别用于实现关联网络切片的SR Policy下发以及对基于网络切片约束的TE路径的请求和计算。

6.4.1　BGP SR Policy 的网络切片扩展

BGP中定义了BGP SR Policy的SAFI（Subsequent Address Family Identifiers，子地址族标识符）[21]，以提供在控制器与网络设备之间使用BGP传递SR Policy候选路径信息的机制。在BGP SR Policy子地址族的路由更新消息中，SR Policy的Key值<Color, Endpoint>在BGP SR Policy的NLRI中携带，而SR Policy的候选路径信息通过对RFC 9012[22]定义的BGP Tunnel Encaps Attribute进行扩展来携带。BGP SR Policy子地址族的路由更新消息格式如下页所示。

```
SR Policy SAFI NLRI: <Distinguisher, Policy-Color, Endpoint>
Attributes:
Tunnel Encaps Attribute (23)
   Tunnel Type: SR Policy
   Binding SID
   Preference
   Priority
   Policy Name
   Explicit NULL Label Policy (ENLP)
   Segment List
      Weight
      Segment
      Segment
      ...
```

为了指示SR Policy下发的候选路径所对应的网络切片，需要对现有的BGP SR Policy子地址族的路由更新消息进行扩展，在Tunnel Encaps Attribute中新增NRP Sub-TLV来携带NRP ID等信息。扩展后的BGP SR Policy子地址族的路由更新消息格式如下所示。

```
SR Policy SAFI NLRI: <Distinguisher, Policy-Color, Endpoint>
Attributes:
Tunnel Encaps Attribute (23)
   Tunnel Type: SR Policy
   Binding SID
   Preference
   Priority
   Policy Name
   Explicit NULL Label Policy (ENLP)
   NRP
   Segment List
      Weight
      Segment
      Segment
      ...
```

NRP Sub-TLV的格式如图6-41所示。

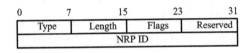

图 6-41　NRP Sub-TLV 的格式

NRP Sub-TLV各字段的说明如表6-26所示。

表 6-26　NRP Sub-TLV 各字段的说明

字段名	长度	含义
Type	1 Byte	Sub-TLV 类型，取值为 123
Length	1 Byte	该 Sub-TLV 去除 Type 和 Length 字段后的总长度，取值为 6，单位为字节
Flags	1 Byte	标志位。目前没有定义任何标志位
Reserved	1 Byte	预留字段，用于后续扩展使用
NRP ID	4 Byte	全局唯一的网络切片 ID，预留值为 0 和 0xFFFFFFFF

BGP SR Policy 的网络切片扩展可以支持为同一个 SR Policy 下的不同候选路径指定关联不同的网络切片。不过在大多数的网络切片场景中，为了保证业务切片到资源切片映射关系的一致性，建议同一 SR Policy 下的所有候选路径都关联相同的网络切片。

6.4.2　PCEP 的网络切片扩展

PCEP 可以在 PCC（Path Computation Client，路径计算客户端）和 PCE（Path Computation Element，路径计算单元）之间交互算路请求和算路响应信息，实现基于控制器的 TE 路径的计算和下发。PCEP 的基础协议在 RFC 5440[23] 中定义，最初用于支持 MPLS 和 GMPLS（Generalized MPLS，通用多协议标记交换）的 TE 路径计算请求和响应。随着 SDN 技术的发展，PCEP 被扩展用于网络控制器收集、计算和下发有状态的 TE 路径信息，涉及的主要标准有 RFC 8231[24] 和 RFC 8281[25]。

PCEP 的主要消息类型及其功能如表 6-27 所示。

表 6-27　PCEP 的主要消息类型及其功能

消息类型	主要功能
OPEN	建立 PCEP 会话
Keepalive	维持 PCEP 会话状态，应答 OPEN 消息
PCNtf（Path Computation Notification，路径计算通知）	在 PCC 与 PCE 之间通告特定事件
PCErr（Path Computation Error，路径计算错误）	在 PCC 与 PCE 之间通告故障信息
PCReq（Path Computation Request，路径计算请求）	PCC 向 PCE 发送路径计算请求
PCRep（Path Computation Reply，路径计算响应）	PCE 向 PCC 发送路径计算结果
PCRpt（Path Computation LSP State Report，路径状态上报）	PCC 向 PCE 上报路径状态信息
PCUpd（Path Computation LSP Update Request，路径更新请求）	PCE 向 PCC 发送路径更新请求
PCInitiate（LSP Initiate Request，LSP 初始化请求）	PCE 向 PCC 请求创建 TE 路径

PCEP消息由公共头和各种对象组成，每个对象内部还可以进一步分为不同的子对象。典型的PCEP对象如表6-28所示。

表 6-28　典型的 PCEP 对象

对象类型	主要功能
Open Object	携带 PCEP 会话相关的参数进行能力协商。在 OPEN 消息中必须携带，在 PCErr 消息中也可以携带
RP (Request Parameters) Object	携带路径计算请求的各种属性和参数。在 PCReq 和 PCRep 消息中必须携带，在 PCNtf 和 PCErr 消息中也可以携带
ERO (Explicit Route Object)	携带指定的 TE 路径信息。在 PCRep、PCRpt 和 PCUpd 消息中携带
RRO (Reported Route Object)	携带实际的 TE 路径信息。可以在 PCReq、PCRpt 消息中选择是否携带
LSPA (LSP Attributes) Object	携带 TE 路径的各种属性信息，用于 PCE 进行路径计算。可以在 PCReq 和 PCRep 消息中选择是否携带
SRP (Stateful PCE Request Parameters) Object	携带 SRP-ID-number 等信息，用于在有状态的 PCE 场景下关联 PCE 发送的路径更新请求和 PCC 发送的路径状态报告信息。必须在 PCUpd 消息中携带，也可以在 PCRpt 和 PCErr 消息中携带
LSP Object	携带 LSP 标识、对 LSP 执行的操作和状态信息。必须在 PCRpt 和 PCUpd 消息中携带，也可以在 PCReq 和 PCRep 消息中携带

随着SR技术的出现，PCEP可以通过协议扩展支持基于SR-MPLS和SRv6的TE路径计算和下发，以及对SR Policy候选路径的下发，主要涉及的标准和草案如表6-29所示。

表 6-29　PCEP 扩展相关的标准和草案

标准 / 草案名称	内容
RFC 8664[26]	PCEP 扩展支持基于 SR-MPLS 的 TE 路径计算和下发
draft-ietf-pce-segment-routing-ipv6[27]	PCEP 扩展支持基于 SRv6 的 TE 路径计算和下发
draft-ietf-pce-segment-routing-policy-cp[28]	PCEP 扩展支持下发 SR Policy 的候选路径
draft-ietf-pce-multipath[29]	PCEP 扩展支持携带满足特定算路约束的多条路径信息

扩展PCEP以支持网络切片，首先需要在PCReq消息中增加基于网络切片算路的约束条件，同时需要在PCRep消息或PCUpd消息中指示待创建的TE路径所对应的网络切片。在有状态的PCE场景下，可以在PCUpd和PCRpt消息中指示所涉及的TE路径所对应的网络切片。进一步地，在有状态的PCE场景下使用PCInitiate消息创建TE路径时，也可以指示待创建的TE路径所对应的网络切片。PCEP扩展支持网络切片的扩展内容主要包括NRP TLV和NRP-CAPABILITY TLV。

NRP TLV：在PCEP的LSPA Object中定义NRP TLV，将NRP ID作为TE路径的一种属性，NRP TLV的格式如图6-42所示。

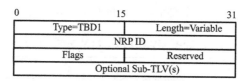

图 6-42　NRP TLV 的格式

NRP TLV各字段的说明如表6–30所示。

表 6-30　NRP TLV 各字段的说明

字段名	长度	含义
Type	2 Byte	TLV 的类型，由 IANA 分配
Length	2 Byte	该 TLV 去除 Type 和 Length 字段后的总长度
NRP ID	4 Byte	全局唯一的 NRP ID
Flags	2 Byte	标志位，目前没有定义任何标志位
Reserved	2 Byte	预留字段，用于后续扩展使用
Optional Sub-TLV(s)	4 Byte	可选的子类型长度值字段，可以用于携带网络切片其他属性信息

　　NRP TLV属于对PCEP的通用扩展，可用于基于SR的TE路径的计算和下发，也可用于其他类型的TE路径的计算和下发。这一扩展可以用于基于SRv6 SID的网络切片方案和基于Slice ID的网络切片方案。

　　NRP TLV可以作为LSPA Object的一部分携带在PCReq消息中，作为算路请求的约束条件之一，以要求PCE使用指定的网络切片的拓扑、资源等属性计算路径。此外，NRP TLV可以在PCRep消息中指定TE路径所对应的网络切片。在有状态的PCE场景下，也可以在待创建的PCUpd和PCRpt消息中使用NRP TLV指示所涉及的TE路径所对应的网络切片。进一步地，在有状态的PCE场景下使用PCInitiate消息创建TE路径时，也可以携带NRP TLV来指示待创建的TE路径所对应的网络切片。

　　NRP–CAPABILITY TLV：在建立PCEP会话时，OPEN消息中的Open Object中携带了NRP–CAPABILITY TLV。NRP–CAPABILITY TLV定义了一种新的PCEP能力，用于在PCE和PCC建立PCEP会话时协商是否支持基于网络切片的约束算路，以及是否支持基于Slice ID的数据包封装，其格式如图6–43所示。

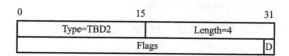

图 6-43　NRP-CAPABILITY TLV 的格式

NRP-CAPABILITY TLV主要字段的说明如表6-31所示。

表 6-31　NRP-CAPABILITY TLV 主要字段的说明

字段名	长度	含义
Type	2 Byte	TLV 的类型，由 IANA 分配
Length	2 Byte	该 TLV 去除 Type 和 Length 字段后的总长度，取值为 4，单位为字节
Flags	4 Byte	标志位，其中最低位定义为 D 标志位，其含义是 Data Plane NRP ID CAPABILITY，表示是否支持数据平面封装 NRP ID 的能力。当 PCC 在 OPEN 消息中将 D 标志位设置为 1 时，说明 PCC 支持基于 Slice ID 的网络切片方案，可以在数据包中封装 NRP ID；当 PCE 在 OPEN 消息中将 D 标志位设置为 1 时，说明 PCE 支持基于 Slice ID 的网络切片方案，在 PCE 向 PCC 提供 TE 路径信息时，PCE 控制消息中携带的 NRP ID 需要封装在数据包中

通过在OPEN消息中携带NRP-CAPABILITY TLV，可以在PCC与PCE之间协商是否支持使用网络切片属性作为约束的路径计算，以及通过PCEP消息在TE路径的下发、更新和上报中携带路径所对应的网络切片信息。

在基于SRv6 SID的网络切片方案中，PCE和PCC均需要将NRP-CAPABILITY TLV中的D标志位设置为0。此时在通过PCEP进行TE路径下发、更新和上报时，需要在对应的PCE消息中携带由对应网络切片的资源感知SID组成的路径信息。

在基于Slice ID的网络切片方案中，PCE和PCC均需要将NRP-CAPABILITY TLV中的D标志位设置为1。此时在通过PCEP进行TE路径下发、更新和上报时，需要在对应的PCE消息中携带SRv6 SID组成的路径信息以及由NRP TLV所指示的数据平面切片标识。

| 6.5　FlowSpec 扩展支持引流到网络切片 |

FlowSpec提供了一种在网络设备之间或网络控制器和网络设备之间传递流匹配规则及流转发动作的机制，可以用于在网络设备上对数据包执行一组匹配规则，并对匹配成功的报文执行指定的转发动作。FlowSpec主要由以下两个部分组成。

- 流匹配规则：例如匹配源IP地址、目的IP地址、IP协议号、传输协议端口号、DSCP以及报文中的特定标志位等。
- 流转发动作：例如丢弃、限速、修改优先级、引流到指定的节点或隧道、重定向到指定的VPN实例等。

FlowSpec可以基于BGP扩展新的地址族实现，称为BGP FlowSpec。RFC 8955[30]定义了BGP FlowSpec的基本协议，RFC 8956[31]定义了支持IPv6的BGP FlowSpec扩展。目前IETF草案draft–ietf–idr–flowspel–v2正在进行BGP FlowSpec Version 2[32]协议的制定。FlowSpec也可以基于PCEP扩展，实现将满足特定流匹配规则的数据包引流到指定的显式路径。RFC 9168[33]定义了PCEP支持FlowSpec的协议扩展。

FlowSpec可以用于发布将网络业务切片流量引流到网络资源切片的流匹配规则和流转发动作。基于FlowSpec的网络切片引流方案是在入口节点通过流匹配规则指定匹配业务切片的数据包中的特定字段，将满足匹配条件的业务报文根据流转发动作引流到对应的资源切片。这种方案具体又可以分为两种引流方式。

- 第一种方式是将符合流匹配规则的报文引流到资源切片中的最短路径（称为NRP BE Path）转发。
- 第二种方式将符合流匹配规则的报文引流到资源切片中的TE显式路径（称为NRP TE Path）转发。

基于BGP的FlowSpec可以灵活支持这两种引流方式，而基于PCEP的FlowSpec的转发行为是将匹配的流量引流到指定的TE路径，因此只支持第二种引流方式。本节将具体介绍基于BGP Flowspec实现网络切片引流的协议扩展。

对基于SRv6 SID的网络切片方案来说，IETF RFC 8955[30]和RFC 8956[31]中已经定义的FlowSpec流匹配规则可以用于网络业务切片流量的匹配。IETF草案draft–ietf–idr–flowspec–redirect–ip[34]中定义的流匹配动作可用于实现第一种引流方式。具体来说，通过Redirect to IPv6扩展团体属性携带网络资源切片中出口节点的资源感知SID，来指示沿途网络节点使用该资源切片中的最短路径转发报文。IETF草案draft–ietf–idr–ts–flowspec–srv6–policy[35]可用于实现第二种引流方式，此时SRv6 Policy需要使用与资源切片相关联的资源感知SID组成SRv6显式路径，用于指导沿途网络节点使用该资源切片中的指定路径转发报文。

对基于Slice ID的网络切片方案来说，可以使用已经定义的流匹配规则进行网络业务切片流量的匹配。对于第一种引流方式，需要定义新的流转发动作，通过为匹配的业务报文封装资源切片标识来实现业务切片到资源切片的引流操作。对于第二种引流方式，则可以通过IETF草案draft–ietf–idr–ts–flowspec–srv6–policy[34]中描述的引流机制，将业务报文引流到与资源切片关联的SRv6 Policy中，此时入口节点在为数据包封装SRv6 Policy的SID List的同时，还需要为报文封装对应的Slice ID。

对基于Slice ID的跨域网络切片场景来说，部分网络域的入口节点收到的网络业务报文中可能携带Slice ID，这时网络域的入口节点可以通过匹配报文中的Slice ID，将业务报文指导到本域内指定的资源切片。接收报文中携带的Slice ID可能是端到端网络切片的全局Slice ID，也可能是端到端网络切片中上一网络域的Slice

ID。在本域的入口节点需要根据本地维护的跨域Slice ID（或上一网络域的Slice ID）与本域Slice ID的映射关系，将报文映射到域内对应的资源切片，并封装域内的Slice ID。这就要求定义一种新的Slice ID流匹配规则。

1. NRP ID流匹配规则

对BGP Flowspec定义一种新的流匹配规则：NRP ID Component，采用类型–长度–值的TLV格式，符合draft-ietf-idr-flowspec-v2的定义，其中Value部分的格式如图6-44所示。各字段的含义如表6-32所示。

g	Flags	Reserved
NRP ID		

图 6-44　NRP ID Component 的 Value 部分的格式

表 6-32　NRP ID Component 的 Value 部分各字段的说明

字段名	长度	含义
Flags	1 Byte	标志位，目前第 1 比特定义为 g bit，设置为 1 时表示 NRP ID 为全局唯一，设置为 0 时表示 NRP ID 为域内唯一。其他标志位应在发送时设置为 0，在接收时忽略
Reserved	1 Byte	预留字段，用于后续扩展
NRP ID	4 Byte	全局唯一的网络切片 ID

2. Slice ID流转发动作

要实现将FlowSpec引流到基于Slice ID切片方案实现的网络切片，需要定义一种新的流转发动作：封装网络切片ID。具体来说，需要为BGP扩展一种新的扩展团体属性：Encapsulate–NRP–ID。该扩展团体属性的格式如图6-45所示。

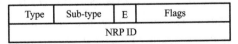

Type	Sub-type	E	Flags
NRP ID			

图 6-45　Encapsulate-NRP-ID 扩展团体属性的格式

Encapsulate–NRP–ID扩展团体属性各字段的说明如表6-33所示。

表 6-33　Encapsulate-NRP-ID 扩展团体属性各字段的说明

字段名	长度	含义
Type	1 Byte	类型，由 IANA 分配
Sub-Type	1 Byte	子类型，由 IANA 分配
Flags	2 Byte	标志位，其中第 1 比特定义为 E bit，设置为 1 时表示需要对报文新封装 NRP ID，设置为 0 时表示修改原报文中的 NRP ID
NRP ID	4 Byte	全局唯一的网络切片 ID

当需要将业务切片中的报文引流到基于Slice ID的资源切片中的最短路径时，通过在BGP FlowSpec消息中携带Encapsulate–NRP–ID扩展团体属性，指示对匹配的数据包封装对应的Slice ID。当需要修改数据包的目的节点时，流转发动作中还需要携带Redirect–to–IPv6扩展团体属性。当需要将业务切片中的报文引流到基于Slice ID的资源切片中的TE路径时，通过在BGP FlowSpec消息中携带Color扩展团体属性和Redirect–to–IPv6扩展团体属性，指示将符合流匹配规则的数据包引流到与特定资源切片关联的SRv6 Policy。对基于Slice ID的跨域网络切片场景，如果网络域的入口节点收到的业务报文携带的不是跨域Slice ID，则需要将报文中的Slice ID修改为本域内的Slice ID。

| 设计背后的故事 |

1. 从多拓扑到灵活算法

IGP多拓扑[1, 2]的标准在2007年、2008年就正式发布了，但并没有得到广泛的使用。IGP多拓扑的一个主要应用是实现组播多拓扑路由，以解决单向MPLS TE隧道接口参与路由计算导致组播RPF检查失败的问题。

IGP多拓扑标准虽然提出了可以通过不同的拓扑提供差异化的QoS服务，但是基于IGP多拓扑的QoS路由并没有发展起来，一是当时没有强烈的应用驱动，二是IPv4报文头中没有合适的位置用来携带拓扑标识，虽然说可以重用DSCP来标识多拓扑，但是这会和DSCP用于DiffServ QoS的功能存在冲突，所以也很难部署和应用。

后来我们发展了LDP（Label Distribution Protocol，标签分发协议）多拓扑技术[36]，在数据平面通过MPLS标签解决了多拓扑所需要的标识问题。当时有两种实现多拓扑标识的方法：一种是使用一层标签来标识<多拓扑, 地址前缀>组合；另一种是使用两层标签来标识，其中一层标签表示多拓扑，另一层标签表示对应拓扑中的地址前缀。后者在实现上较为困难，而且需要升级MPLS转发平面才能支持。LDP多拓扑采用了第一种方法，即只需要对控制平面的LDP进行扩展，转发平面可以直接使用已有的MPLS转发机制，无须扩展和升级。与IPv4和MPLS相比，IPv6可以更加方便地扩展以支持多拓扑，通过在IPv6扩展报文头中携带多拓扑标识就可以实现[37]。从数据平面的多拓扑标识的实现方式也可以看出，MPLS的存在一定程度上也是为了扩展IP功能，但受限于当时的硬件能力，必须尽量采取硬件友好的实现机制。随着硬件能力的发展，可编程芯片的能力大大提升，IPv6的扩展能力也得以"释放"，并且可以采用更为简单直接的办法进行扩展。

LDP多拓扑本来可以有更好的发展前景，当时考虑的一个应用场景是用于解决IP FRR不能实现100%网络覆盖的问题。MRT（Maximum Redundancy Tree，最大冗余树）FRR[38]能够通过不同拓扑（红/蓝拓扑）中的备用路径来保护默认拓扑的主路径，可以实现IP FRR的100%网络覆盖。而要实现MRT FRR，当时的情形必须和LDP MT结合，以解决多拓扑标识的问题。但是这一进程最终被SR中断了，IGP替代了LDP，TI-LFA成了实现IP FRR 100%网络覆盖的方案。

随着5G和网络切片的兴起，不同的业务存在差异化覆盖范围和定制化拓扑的需求，IP网络切片不可避免地需要支持不同的逻辑拓扑。IGP多拓扑技术本来又迎来一次绝佳的发展机会，然而新兴的Flex-Algo技术借助其"轻量化多拓扑"的宣传在产业发展过程中占据了优势。绝大多数设备厂商考虑选择灵活算法作为网络切片的控制平面技术，使得IGP多拓扑大概率不会成为网络切片主流的控制平面技术。

事实上多拓扑和灵活算法之间不是替代关系，从协议的定义来看，它们更应该是派生关系或者叠加关系，即灵活算法能够在不同的多拓扑中应用。但是在定义网络切片的逻辑拓扑的时候，通常在默认拓扑上应用不同的灵活算法就足够了，不需要使用非默认拓扑结合灵活算法的方式。通常来说，网络切片需要的逻辑拓扑只需要一级定制能力，既可以通过基于默认拓扑的灵活算法来定义，也可以通过不同的多拓扑结合固定的算法来定义。这时多拓扑和灵活算法就形成了一定的竞争关系。

IGP 多拓扑技术的命运实在是坎坷。一方面，灵活算法与多拓扑相比更加"简化"，这使其在当下更具有吸引力。但另一方面，多拓扑所具有的一些功能又是灵活算法所不具备的，只是目前来看还没有那么重要。由IGP多拓扑的发展历程可以看到，技术的兴衰不仅取决于技术自身，而且和应用场景、发展时机等因素密切相关。此外，行业领导者的选择也起着至关重要的作用。技术"生不逢时"，也是很无奈的一件事情，不过很多技术的思想会得到保留，本质并没有发生完全的变化，因此也并非不可把握。

2. 逻辑拓扑与基于SR的逻辑拓扑

网络切片可以基于IGP多拓扑和IGP灵活算法来生成逻辑拓扑，而不论是采用IGP多拓扑还是采用IGP灵活算法，都需要和SR结合。事实上，在SR产生之前就有了IGP多拓扑技术，而灵活算法最初是和SR绑定的，后来才发展出了IP灵活算法[39]。从这个协议的发展历程可以看到，IGP多拓扑和IGP灵活算法是可以和SR解耦的。那么为什么在网络切片中，使用IGP多拓扑或IGP灵活算法的时候一定要同时使用SR呢？我们以IGP多拓扑为例说明，IGP灵活算法的原理与其大体类似。

网络切片和SR出现之前，IGP多拓扑有如下两种实现方法。

一种方法是节点使用不同的IP地址和MT进行绑定（例如同一个节点，MT-1中使用IP地址A1，MT-2中使用IP地址A2）。由于IP地址不同，虽然节点分属多个拓扑，但可以使用同一个路由表，因此在不同拓扑中转发的报文只需要携带不同的目的地址。这种实现方法简单，但是需要使用更多的IP地址资源，IGP扩散的信息量大。

另一种方法是节点使用相同的IP地址和MT进行绑定（例如同一个节点，MT-1和MT-2都使用相同的IP地址A，为了进行区分，需要采用<MT-1, A>和<MT-2, A>这样的方式来标识）。因为不同的MT使用相同的IP地址，需要多个路由表进行隔离，也就是说，不同的MT在转发平面上对应不同的转发表。在不同拓扑中转发的报文除了需要目的地址，还需要一个额外的拓扑标识，用于识别不同的路由表。这种实现方法跟MPLS VPN的实现方法类似，因为不同的VPN使用相同的IP地址，所以还需要区分不同VPN实例的标识。MPLS VPN中通常使用私网标签来标识不同VPN的转发表。

本章中介绍的网络切片使用IGP灵活算法或IGP多拓扑作为控制平面协议时采用了第一种方法，这也是IGP多拓扑或IGP灵活算法用于不同的网络切片需要配置不同的SRv6 Locator的原因。采用第二种方法的一个挑战是，需要在转发平面引入一个路由实例的标识，当时IGP多拓扑建议的一种可能的方法是使用DSCP来区分不同拓扑的路由实例，但是DSCP用于DiffServ已经获得普遍的部署和应用，同时因为兼容性的问题很难再用于多拓扑。第10章将介绍在数据平面引入专门的拓扑ID的思路。

网络切片采用IGP多拓扑或IGP灵活算法，只能实现在不同逻辑拓扑中根据不同的路由进行转发，但为了更好地保障SLA，还需要支持如下两个重要的特性。

- 资源隔离：为了支持资源隔离，网络切片需要新的标识来指示资源。在基于Slice ID的网络切片方案中，这个标识可以使用独立的Slice ID。但是在基于SR SID的网络切片方案中，就只能通过SR SID来指示用于实现网络切片隔离的资源。
- 显式路径：为了支持显式路径，需要指定路径经过特定的节点和链路。这些特定的节点和链路通过SR SID来标识。

普通的IP路由转发无法支持上述两种特性，因此IGP多拓扑或IGP灵活算法需要与SR结合才可以实现网络切片的需求。

在实现网络切片时，SRv6依然具有相对SR-MPLS的优势。采用SR-MPLS，需要在多拓扑路由的基础上全网升级，为这些路由分别生成标签转发表才可以使用网络切片。SRv6兼容IPv6转发，基于路由转发表就可以进行报文转发，这样就带来了以下两种优势。

- 采用SRv6支持网络切片时，可以直接使用多拓扑的路由表进行转发，无须分发标签，降低了业务部署和运维的复杂度。
- 采用SRv6支持网络切片可以实现增量演进，也就是可以按需升级网络中的节点来支持网络切片所需的资源隔离和显式路径等特性，不支持的节点可以通过普通的IPv6路由转发实现"穿越"。

由此可以看出，采用SRv6支持网络切片要比采用SR-MPLS简单得多，也灵活得多。如果考虑跨域网络切片，采用SR-MPLS会更加复杂，而采用SRv6还可以进一步简化。

3. BGP SPF

随着大规模数据中心的建设，传统的IGP可扩展性受到挑战，难以支持数据中心所要求的大规模三层网络。为了解决IGP的可扩展性问题，IETF中出现了3个技术方向。

- 优化IGP，通过引入新的算法来减少IGP消息的泛洪，提升可扩展性。这在已有的LSR（Link State Routing，链路状态路由）工作组展开。
- 定义适应数据中心网络架构的新IGP——RIFT（Routing In Fat Trees，胖树路由）[35]，由此产生了RIFT工作组。
- 引入BGP来替代IGP。其中涉及对BGP的一些扩展，分别在IDR（Inter-Domain Routing，域间路由）工作组和LSVR（Link State Vector Routing，链路状态矢量路由）工作组进行。

对于第3个技术方向，我们习惯了将BGP作为Overlay协议支持VPN，反而忽略了BGP作为路由协议其实也可以用于Underlay网络。一些拥有大型数据中心的企业提出使用BGP作为Underlay路由协议来支持大规模数据中心的方法[18]，这虽然有点出乎意料，却又非常合理。普通的BGP作为Underlay协议有以下两个问题。

- 没有链路状态和拓扑属性信息，完全依靠距离矢量路由会带来路由收敛慢等问题。
- 与IGP相比，BGP的配置复杂，运维相对困难。

针对第一个问题，IETF提出了BGP SPF的方案，对BGP引入链路状态路由机制，也就是说，把IGP的优势引入BGP。针对第二个问题，成立了BGP自动配置设计组来定义简化BGP配置的方法和协议扩展。

网络切片也带来了IGP可扩展性问题。与数据中心Spine-Leaf网络架构因不断扩展带来物理网络规模增大而导致的IGP可扩展性问题不同，网络切片在物理网络规模基本不变的基础上，通过网络切片使得逻辑网络的数量增加，从而导致了IGP可扩展性的问题。在基于Slice ID的网络切片方案中，切片与拓扑解耦的方法可以提升IGP可扩展性，减轻控制平面的压力。可扩展性的提高有一个前提假设，就是切片数量多而切片对应的拓扑数量有限。即使采用了切片共享拓扑计算的机制，拓扑的数量依然很多，这意味着IGP还是需要泛洪大量的拓扑属性信息，依然会面临可扩展性的挑战。如果随着网络切片的规模部署出现了这样的场景，可以通过引入BGP SPF解决可扩展性的问题。

| 本章参考文献 |

[1] PSENAK P, MIRTORABI S, ROY A,et al. Multi–Topology (MT) routing in OSPF[EB/OL]. (2007–06)[2022–09–30].RFC 4915.

[2] PRZYGIENDA T, SHEN N, SHETH N, M–ISIS: Multi Topology (MT) routing in intermediate system to intermediate systems (IS–ISs)[EB/OL]. (2008–02)[2022–09–30]. RFC 5120.

[3] LI T, Redback Networks, Inc., SMIT H. IS–IS extensions for traffic engineering [EB/OL]. (2008–10)[2022–09–30]. RFC 5305.

[4] HOPPS C.Routing IPv6 with IS–IS[EB/OL].(2008–10)[2022–09–30].RFC 5308.

[5] PSENAK P, FILSFILS C, Cisco Systems, et al. IS–IS extension to support segment routing over IPv6 dataplane[EB/OL]. (2022–11–21)[2022–11–30]. draft–ietf–lsr–isis–srv6–extensions–19.

[6] FILSFILS C, PREVIDI S, GINSBERG L, et al.Segment routing architecture[EB/OL].(2018–07)[2022–09–30].RFC 8402.

[7] PSENAK P，HEGDE S，FILSFILS C, et al. IGP flexible algorithm[EB/OL]. (2022–10–17)[2022–10–30]. draft–ietf–lsr–flex–algo–26.

[8] GINSBERG L, Cisco Systems, PREVIDI S. IS–IS Traffic Engineering (TE) metric extensions[EB/OL]. (2019–03)[2022–09–30]. RFC 8570.

[9] GINSBERG L, PSENAK P, Cisco Systems. IS–IS application–specific link attributes[EB/OL]. (2020–10)[2022–09–30]. RFC 8919.

[10] PSENAK P, GINSBERG L, HENDERICKX W, et al. OSPF application–specific link attributes[EB/OL]. (2020–10)[2022–09–30]. RFC 8920.

[11] GINSBERG L, Cisco Systems, BASHANDY A. Advertising layer 2 bundle member link attributes in IS–IS[EB/OL]. (2019–12)[2022–09–30]. RFC 8668.

[12] GREDLER H, Individual Contributor, MEDVED J, et al. North–bound distribution of link–state and traffic engineering (TE)information using BGP[EB/OL]. (2016–03)[2022–09–30]. RFC 7752.

[13] DAWRA G, LINKEDIN, FILSFILS C, et al. BGP link state extensions for SRv6[EB/OL].(2022–12–0–15)[2022–12–30].draft–ietf–idr–bgpls–srv6–ext–12.

[14] PREVIDI S, TALAULIKAR K, FILSFILS C. Border Gateway Protocol – Link State (BGP–LS) extensions for segment routing BGP egress peer engineering[EB/OL]. (2021–08)[2022–09–30]. RFC 9086.

[15] PREVIDI S, Huawei Technologies, TALAULIKAR K, et al. Border Gateway Protocol – Link State (BGP–LS) extensions for segment routing[EB/OL].(2021–08)[2022–09–30]. RFC 9085.

[16] KOMPELLA K, REKHTER Y, Juniper Networks. Routing extensions in support of Generalized Multi–Protocol Label Switching (GMPLS)[EB/OL]. (2005–10)[2022–09–30]. RFC 4202.

[17] VASSEUR JP, PREVIDI S, Cisco Systems. Definition of an IS–IS link attribute sub–TLV[EB/OL]. (2007–09)[2022–09–30]. RFC 5029.

[18] LAPUKHOV P, Facebook, PREMJI A, et al. Use of BGP for routing in large–scale data centers[EB/OL]. (2016–08)[2022–09–30]. RFC 7938.

[19] PATEL K, LINDEM A, ZANDI S, et al. BGP link–state Shortest Path First (SPF) routing[EB/OL]. (2022–02)[2022–09–30]. draft–ietf–lsvr–bgp–spf–16.

[20] DONG J, LI Z, WANG H. BGP SPF for network resource partitions[EB/OL]. (2022–10–16)[2022–10–30]. draft–dong–lsvr–bgp–spf–nrp–01.

[21] PREVIDI S, FILSFILS C, TATAULIKAR K, et al. Advertising segment routing policies in BGP[EB/OL]. (2022–07–27)[2022–09–30]. draft–ietf–idr–segment–routing–te–policy–20.

[22] PATEL K, VAN DE VELDE G, SANLI S. The BGP tunnel encapsulation attribute[EB/OL]. (2021–04)[2022–09–30]. RFC 9012.

[23] VASSEUR JP, Cisco Systems, LE ROUX JL, et al. Path Computation Element (PCE) communication protocol (PCEP)[EB/OL]. (2009–03)[2022–09–30]. RFC 5440.

[24] CRABBE E, Oracle, MINEI I, et al. Path Computation Element Communication Protocol (PCEP) extensions for stateful PCE[EB/OL]. (2017–09)[2022–09–30]. RFC 8231.

[25] CRABBE E, Individual Contributor, MINEI I, et al. Path Computation Element Communication Protocol (PCEP) extensions for PCE–initiated LSP setup in a stateful PCE model[EB/OL]. (2017–12)[2022–09–30]. RFC 8281.

[26] SIVABALAN S, FILSFILS C, TANTSURA J, et al. Path Computation Element Communication Protocol (PCEP) extensions for segment routing[EB/OL]. (2019–12)[2022–09–30]. RFC 8664.

[27] LI C, NEGI M, SIVABALAN S, et al. PCEP extensions for segment routing leveraging the IPv6 data plane[EB/OL]. (2022−10−23)[2022−10−30]. draft−ietf−pce−segment−routing−ipv6−15.

[28] KOLDYCHEV M, SIVABALAN S, BARTH C, et al. PCEP extension to support segment routing policy candidate paths[EB/OL]. (2020−06−24)[2022−09−30]. draft−ietf−pce−segment−routing−policy−cp−06.

[29] KOLDYCHEV M, Cisco System, SIVABALAN S, et al. PCEP extensions for signaling multipath information[EB/OL]. (2022−11−14)[2022−09−30]. draft−ietf−pce−multipath−07.

[30] LOIBL C, next layer Telekom GmbH, HARES S, et al. Dissemination of flow specification rules[EB/OL]. (2020−12)[2022−09−30]. RFC 8955.

[31] LOIBL C, next layer Telekom GmbH, RASZUK R, et al. Dissemination of flow specification rules for IPv6[EB/OL]. (2020−12)[2022−09−30]. RFC 8956.

[32] HARES S, EASTLAKE D, YADLAPALLI C, et al. BGP flow specification version 2 [EB/OL]. (2022−10−21)[2022−10−30].draft−ietf−idr−flowspec−v2−01.

[33] DHODY D, Huawei Technologies, FARREL A, et al. Path Computation Element Communication Protocol (PCEP) extension for flow specification[EB/OL]. (2022−01)[2022−09−30]. RFC 9168.

[34] UTTARO J, HAAS J, TEXIER M, et al.BGP Flow−Spec redirect to IP action[EB/OL].(2015−08−09)[2022−09−30].draft−ietf−idr−flowspec−redirect−ip−02.

[35] JIANG W, LIU Y, CHEN S, et al. Traffic steering using BGP flowspec with SRv6 policy[EB/OL].[2022−09−24](2022−09−30).draft−ietf−idr−flowspec−ts−srv6−policy−07.

[36] ZHAO Q，RAZA K，FANG L, et al. LDP extensions for multi−topology[EB/OL]. (2014−07)[2022−09−30].RFC 7307.

[37] LI Z, HU Z, DONG J.Topology identifier in IPv6 extension header[EB/OL].(2022−09−21)[2022−09−30].draft−li−6man−topology−id−00.

[38] ENYEDI G，CSASZAR A，ATLAS A，et al. An algorithm for computing IP/LDP fast reroute using maximally redundant trees (MRT−FRR)[EB/OL].(2016−06)[2022−09−30].RFC 7811.

[39] BRITTO W, HEGDE S, KANERIYA P, et al.IGP flexible algorithms (Flex−Algorithm) in IP networks[EB/OL].(2022−12−19)[2022−12−30].draft−ietf−lsr−ip−flexalgo−08.

[40] PRZYGIENDA A，SHARMA A，THUBERT P, et al. RIFT: routing in fat trees[EB/OL].(2022−09−12)[2022−09−30].draft−ietf−rift−rift−16.

第 7 章
IPv6 网络切片控制器

$\mathbf{IPv6}$ 网络切片控制器具备全局视角，拥有网络拓扑、设备配置和状态等网络信息，是网络切片解决方案中的"功能倍增器"。本章将首先介绍典型的网络控制器架构，然后通过介绍IPv6网络切片控制器的架构、功能和外部接口，全面描述IPv6网络切片控制器的关键技术和工作原理。

|7.1　IPv6 网络切片控制器架构|

7.1.1　典型网络控制器架构

网络运维功能的最早载体是网络管理系统，它承担网络的FCAPS职责，也就是故障（Fault）管理、配置（Configuration）管理、计费（Accounting）管理、性能（Performance）管理和安全（Security）管理。

随着SDN的兴起，网络控制系统出现了，即通过OpenFlow协议完成对网络设备转发行为的控制。后来又逐步引入了PCEP、BGP等协议，通过控制设备控制平面行为来间接控制设备转发行为。但是网络控制系统仅具备单一的控制能力，无法提供对网络的综合管理和服务，从而无法应对IP网络复杂的多业务承载诉求。因此一个全新的管控融合系统越来越多地被提及，并在近几年逐步发展成网络运维管理系统的主流模式。

本书中以"网络控制器"这个名字来称呼这个管控融合系统，本书中介绍的"网络切片"就是这个管控系统的一个重要功能。为了更好地了解网络控制器中网络切片控制器的工作机制，下面先介绍网络控制器。

1. 网络控制器面临的挑战与机遇

在新业务、新需求层出不穷的5G和云时代，IP承载网作为连接各种互联网业务不可或缺的桥梁，不可避免地面临许多新的挑战。

- IP承载网流量剧增，需要频繁扩容。随着4K、VR等应用的快速发展，视频流量几乎呈数倍增长，占用大部分带宽，给骨干网核心路由器的容量、功耗和可扩展性都带来了一定挑战。
- 网络结构复杂，运维复杂。VPN、路由、隧道、QoS等多种网络技术组合，综合业务承载网、接入网、汇聚网、骨干网等多种网络类型组合，环形、星形、网状等多种拓扑结构组合，使业务和网络结构复杂、业务部署时间变长，这些因素都造成了TCO（Total Cost of Ownership，总拥有成本）不断升高。
- 新业务对SLA提出了更多明确的要求。相比于传统IP承载网尽力而为的转发模式，5G技术催生出的多种新业务，对网络的SLA有着更加明确和苛刻的要求，需要在同一张IP承载网上，满足低时延、大带宽、高可靠性等不同类型业务的SLA要求。
- 业务多变，难规划。业务云化已成为趋势，云数据中心成为新的流量集散地。由于云业务的不确定性，流量突发难以预测、流量拥塞不易监测、业务调整困难成为云时代IP承载网面临的新挑战。

在传统的网络运行模式下，通过在设备上运行路由协议来控制数据转发，通过网络管理系统来完成网络的管理与维护的模式，已经不能应对上述挑战。需要基于SDN的理念，引入大数据与人工智能，引入网络级控制能力，在满足网络新业务需求的情况下，有效降低运营商的OPEX（Operating Expense，运营支出）。

2. 网络控制器的部署位置

网络控制器可以利用其在网络解决方案中管理和控制枢纽的位置，向上承接业务需求，向下管理和控制物理网络，其部署位置如图7-1所示。

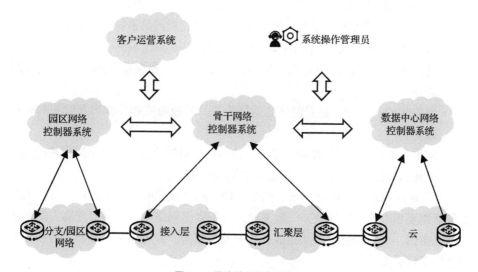

图 7-1　网络控制器部署位置

网络控制器具备如下能力。

- 通过与设备之间的管理与控制通道，获取设备管理平面、控制平面、转发平面的信息，如配置、路由、转发流量信息等；同时给设备下发配置和控制数据，控制设备管理平面、控制平面、转发平面的行为。
- 在横向上，与相邻网络的控制器系统协同工作，完成跨域或者组合业务管理。
- 在纵向上，与客户运营系统协同工作，接收运营系统的业务需求，并向运营系统提供网络信息。
- 通过用户界面提供人机接口，供系统操作管理员完成管理和维护操作。

3. 网络控制器的主要功能

如图7-2所示，为了完成全生命周期的网络服务，网络控制器的功能可分为四大类：网络规划、网络建设、网络维护和网络优化。四大类功能互相协同工作，完成整个网络服务。

图 7-2　网络控制器主要功能

四大类功能介绍如下。

- 网络规划：根据网络承载的容量和业务特征，对网络进行能力设计，例如提供IP地址分配方案、网络IGP域划分方案等。
- 网络建设：根据建设意图，完成网络部署，例如设备开通、专线业务部署等。
- 网络维护：监控和查看网络的运行状态，对故障或错误做出及时的响应和修复。
- 网络优化：通过对网络运行状态、流量和质量的分析，对网络运行状况进行优化和调整，确保网络一直处在健康运行的状态。

要完成网络规划、网络建设、网络维护、网络优化的全生命周期任务，网络控制器需要相应的功能模块。一般来说，具备完整网络生命周期管理能力的网络控制器由图7-3所示的5个模块组成，包括业务服务、管理服务、控制服务、分析服务和平台服务。

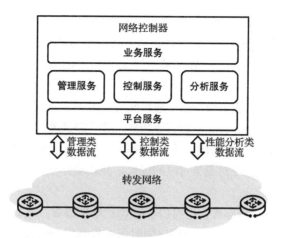

图 7-3　网络控制器的功能模块

5个模块的详细介绍如下。

- 业务服务：业务服务作为管理服务、控制服务与分析服务的协同者，承接上层系统下发的业务请求，根据业务特征分别驱动管理服务、控制服务、分析服务执行对应功能，并对执行结果做出判断，驱动后续的功能执行，完成业务诉求。

- 管理服务：管理服务提供网络管理能力，包括传统网络管理领域的FCAPS功能，通过API（Application Program Interface，应用程序接口），将网元数据、网络数据、拓扑属性信息、物理存量等提供给外部系统，提供意图层次的接口，完成用户意图到网络功能的部署和转换，以及在网络拓扑或配置发生变化后意图状态的维护。在网络规划阶段，管理服务接收到用户的网络设计后，定义网络资源以及业务部署方式，支撑后续的网络建设，比如网络IP地址资源规划、路由域的划分策略等。在网络建设阶段，管理服务负责完成网络部署，比如网络中IGP、BGP、SRv6等的使能配置等；完成业务配置，比如将VPN流量引入SRv6域的引流策略等；在网络维护阶段，管理服务负责呈现各类告警、状态等。

- 控制服务：控制服务作为网络级控制平面，与设备本身的控制平面共存，协同完成对网络流量的控制。在网络建设阶段，控制服务负责完成业务控制，比如通过BGP-LS学习网络路由和拓扑，通过BGP下发SRv6 Policy路由，控制网络设备的转发路径等。在网络优化阶段，控制服务负责完成优化功能，例如针对某些拥塞的网络调整SRv6 Policy的路径。

- 分析服务：分析服务利用各种网络探针获取的网络性能和运行数据，基于大数据与智能化，呈现网络状态，预测网络行为，分析网络故障，并为故障修复闭环提供操作建议。例如，分析服务可以通过Telemetry技术采集网络的流量信息，预测网络流量的波峰和波谷，驱动网络流量优化，还可以通过告警、业务路径、业务流量等信息判断故障根因，并驱动完成故障修复闭环。

- 平台服务：平台服务作为各个应用服务的通用平台，提供统一的服务治理、安全、用户管理、日志、告警等功能，并且提供统一的数据服务，实现管理业务、控制业务、分析业务间的数据流动。管理服务创建业务对象后，可以联动控制服务实现对业务对象的优化，并联动分析服务实现对业务对象的性能采集和分析。

上述模块可以组合部署，也可以根据场景单独部署，比如只部署管理服务模块以提供传统的FCAPS功能，也可以同时部署管理服务模块、控制服务模块、分析服务模块，实现完整的网络管控能力。网络控制器的引入，带来了更多的创新和应用。

7.1.2　IPv6 网络切片控制器架构

如图7-4所示，IPv6网络切片控制器处于中间，连接客户上层管理系统和IP承载网，负责接收来自用户的网络切片请求，并在IPv6网络中完成网络切片的管理功能。下面将展开介绍IPv6网络切片控制器。

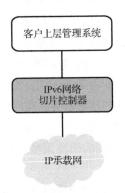

图 7-4　IPv6 网络切片整体架构

IPv6网络切片整体方案分为业务切片和资源切片两大类，业务切片的载体是传统的VPN技术，已经有很多相关的图书和资料对比进行介绍，我们在这里重点围绕资源切片的功能，介绍对应的架构实现。本章后文出现的"网络切片"或"切片"，如无特殊说明，均指网络资源切片。

网络切片作为网络控制器的一个子特性，其功能涵盖规划、建设、维护、优化各阶段，具体可分为切片规划、切片部署、切片运维、切片优化。

- 切片规划：切片规划通过管理员对网络资源划分和网络技术选项的规划信息，形成网络切片资源的使用约束和技术参数的部署模板，并将其作为切片部署和切片优化等后续行为的执行准则。

- 切片部署：切片部署依据切片的部署需求，确定切片业务需要部署的具体网络设备，并且根据设备接口的格式要求，将部署需求转换成对应的配置，部署到各个网络设备上，从而使切片功能在网络上生效。

- 切片运维：切片运维对切片的流量转发性能、切片网络的带宽占用情况等进行实时监控和呈现，确保切片实例的正常运行。在设备、端口或链路发生故障等导致切片无法正常提供服务时，切片运维需要定位和呈现故障根因，通过重新计算切片资源划分，或者触发切片承载的业务做保护切换等方式进行故障规避，并给出故障修复建议，从而指导运维人员完成故障修复和业务恢复。

- 切片优化：切片优化基于切片上部署的业务数量、承载的数据流量、物理网络资源等信息，给出切片扩缩容或切片已占用资源的调整建议，并执行管理员的优化指令，完成切片优化。

如图7-5所示，IPv6网络切片控制器也是由业务服务、管理服务、控制服务、分析服务、平台服务这5个模块构成的。

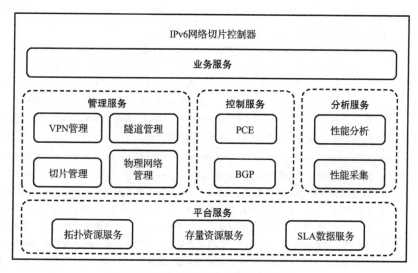

图 7-5 IPv6 网络切片控制器的构成

各个模块所提供的具体服务如表7-1所示。

表 7-1　IPv6 网络切片控制器的模块及其服务类型

模块	服务类型
业务服务	业务服务作为管理服务、控制服务与分析服务的协同者，承接上层系统下发的业务请求。例如，切片规划业务服务根据分析服务对资源切片流量承载情况的分析，以及管理服务提供的业务在切片上的部署信息，对物理网络的建设以及资源切片的划分提供优化推荐方案。切片维护业务服务使用管理服务提供的切片和业务的部署信息、告警信息以及控制服务提供的拓扑、隧道路径信息，完成对故障的定位和诊断
管理服务	管理服务模块可分为物理网络管理、切片管理、VPN 管理、隧道管理共 4 个子模块。 • 物理网络管理子模块负责构建 IP 网络的基础连通性，基于 L2 链路层网络，配置 IP 地址、部署 IGP 等路由协议，使能 SRv6 等基础功能，使 L2 成为具备三层连通性的网络。打通基础网络是 VPN、隧道等业务部署的前置步骤，VPN 等业务可以根据用户需求，在具备基础网络连通性的网络上灵活部署。同时，物理网络管理在整个网络切片解决方案里是不可或缺的一环，切片服务新建的 L2 网络以及 L3 网络，需要通过配置基础网络参数的方式，将增加的逻辑端口加入已有的网络控制平面。 • 切片管理子模块负责资源切片的管理，即实现切片需要的 L2 资源划分，以及把这些资源组成的 L2 的网络打通，比如建立 FlexE 接口、信道化子接口、灵活子通道等，同时驱动物理网络管理，部署切片的控制协议，构造切片的控制平面。切片管理提供的服务还包括现网已经部署的切片的业务还原，以及切片部署后的管理和状态监控。 • VPN 管理子模块提供 L2VPN、L3VPN、EVPN 等 VPN 业务在网络切片上的部署、管理和状态监控等服务。 • 隧道管理子模块提供 SR/SRv6 Policy、RSVP-TE 隧道、静态隧道等多种隧道的部署、管理和状态监控等服务
控制服务	控制服务模块可分为 PCE 和 BGP 这两个子模块。 • PCE 子模块提供路径计算与控制服务，包括：隧道路径的计算与托管服务，支撑基于资源切片的范围建立和优化隧道路径；层次化网络切片的计算与托管服务，支撑层次化网络切片在资源切片的范围内划分资源；响应网络拓扑变化以及带宽、时延等 SLA 变化，为隧道和层次化网络切片计算更优的路径，并驱动计算结果发布到网络设备上。 • BGP 子模块通过和网络设备建立的 BGP-LS、BGP-SRv6 Policy 等地址族的连接，获取网络的 L3 拓扑，下发 PCE 子模块计算的路径等
分析服务	分析服务模块可分为性能采集和性能分析两个子模块。 • 性能采集子模块用于部署 Telemetry、SNMP 等各种数据采集协议，并实时采集网络上物理接口、隧道、资源切片划分的子接口、层次化网络切片等的流量数据、时延等性能数据，把这些多种格式的数据，转换成统一格式（包括数据采集网元、数据对象、数据值、数据时间等）的数据，供网络流量优化、网络健康分析呈现等业务服务使用。 • 性能分析子模块针对网络控制器的管理对象，如业务切片、资源切片、层次化网络切片、基于切片建立的隧道等，基于性能采集子模块的各种性能数据，完成多维度的业务运行状态分析以及运行状态呈现

续表

模块	服务类型
平台服务	平台服务模块可分为拓扑资源服务、存量资源服务、SLA 数据服务共 3 个子模块。 • 拓扑资源服务子模块提供 L1 物理拓扑、L2 链路拓扑、L3 IGP 拓扑以及隧道拓扑、VPN 拓扑等不同层次的拓扑服务，并提供不同拓扑实例、拓扑内的节点和链路的增、删、改、查（以下简称增删改查）服务。 • 存量资源服务子模块提供 L1 的机框、槽、单板、子卡、光模块等 PHY 对象的增删改查服务。此外，还提供 L2 网元、端口等逻辑对象的增删改查服务。上述数据对象作为系统里几乎所有服务都依赖的公共数据，需要统一对象标识来表示。存量资源服务通过统一管理系统内的公共资源对象，提供资源对象的业务 ID（例如接口名称）到统一资源 ID［例如接口的 UUID（Universally Unique Identifier，通用唯一识别码）格式的系统内唯一标识］的 ID-Mapping 服务，满足系统针对同一个对象提供统一对象标识的要求。 • SLA 数据服务子模块提供网络中端口的流量、时延、带宽等 SLA 数据的增删改查服务，供上层管理服务、控制服务、分析服务和业务服务分析与处理

| 7.2　IPv6 网络切片控制器功能 |

7.1 节中提到，IPv6 网络切片控制器的功能包括切片规划、切片部署、切片运维和切片优化。除此之外，IPv6 网络切片控制器还可实现切片还原。下面详细介绍实现这些功能的关键技术和流程。

7.2.1　切片规划

切片规划是整个网络业务规划的一部分，离开了网络以及网络上部署的业务模型，网络切片是无法单独完成规划的。我们将围绕网络切片描述切片规划需要确定的几类主要信息，这些信息也是后续切片部署阶段的必备输入。

- 切片的资源规划信息：也就是切片实例的数量、每个切片实例的 SLA 要求（如带宽、时延等）等信息。基于物理网络的基础信息（如拓扑、单板类型、链路带宽、节点时延、链路时延、节点和链路的 SRLG 等），以及业务信息（如业务类型、每种业务的业务接入点、业务流量、业务可靠性要求、业务带宽相对于网络物理带宽的收敛比等），通过计算或者手动指定的方式，确定切片对网络资源的要求。
- 切片的技术选择：切片技术分为转发平面技术和控制平面技术两大类，前者把物理网络划分成更细粒度资源的虚拟转发网络，是所有转发和控制的基础；后者完成网络控制平面的部署，通过在网络设备上部署IGP、BGP等控制协议，由设备的控制平面完成切片路由的计算以及切片信息的协商和发布。切片规划需要确定以上两类技术的选择。如表7-2所示，选项1至选项8分别是不同的网络切片技术选项，可根据网络设备上单板特性的支持情况以及切片技术的演进情况选择合适的技术方案。其中选项5至选项8可以作为基于大粒度行业切片的层次化网络切片技术方案。

表 7-2 网络切片技术方案

技术选项	控制平面技术		转发平面技术		
	SRv6 SID 方式	Slice ID 方式	FlexE 接口	信道化子接口	灵活子通道
选项 1	√	×	√	×	×
选项 2	×	√	√	×	×
选项 3	√	×	×	√	×
选项 4	×	√	×	√	×
选项 5	√	×	×	×	√
选项 6	×	√	×	×	√
选项 7	√	×	×	√	√
选项 8	×	√	×	√	√

注：√表示选择，×表示不选择。

7.2.2 切片部署

网络切片的配置多种多样。通过网络切片控制器将用户的切片意图转换为网络设备上具体的切片配置，可以大大简化用户的操作，使用户将更多的精力放在切片为业务提供的服务上，从而大大减少配置错误。

切片部署有以下几种驱动方式。

- 系统操作管理员根据需求，直接通过界面输入的方式来驱动某个切片实例的创建。
- 通过网络切片控制器的上层系统，比如端到端网络切片控制器，驱动创建某个切片实例。
- 通过IPv6网络切片控制器内的业务服务来驱动创建网络切片实例。例如，用户创建一个承载智慧电网控制的VPN专线，专线业务服务会创建一个低时延切片来承载这个VPN专线，以确保业务在网络上转发的SLA。

切片部署的具体方式可分为两种：基于Slice ID控制方式的切片部署和基于

SRv6 SID控制方式的切片部署。完成资源切片部署后，可以在资源切片上部署一些典型业务，或是更进一步地部署层次化网络切片业务。无论哪种网络切片，都是围绕着如何让切片功能在网络上顺利运行来部署的。核心工作主要包括以下两个方面。

- 网络设备：在转发平面，将物理接口资源划分成不同的切片资源；在控制平面，将切片资源通过路由协议发布出来，形成转发表，在数据平面完成报文封装以及在切片内的转发。
- 控制器：通过和设备管理平面的交互，把上述设备数据平面和控制平面的要求部署在网络设备上，通过和设备控制平面的交互，让数据包可以在切片内更优的路径上转发。

下面将分别介绍两种切片部署方式及两种业务部署方式。

1. 基于Slice ID控制方式的切片部署

基于Slice ID控制方式的切片部署过程如图7-6所示。

切片部署前需要完成一些前置步骤，前置步骤（如图7-6中的ⓐⓑⓒ所示）的描述如下。

步骤ⓐ　设备纳管。网络设备接入网络后，通过物理网络管理服务，完成网络基础配置的部署，包括构建设备之间的协议邻居关系，构建设备与网络控制器之间的管理通道连接，创建默认网络切片等，使设备具备基础的连通性和进行业务部署的条件。

步骤ⓑ　获取基础网络拓扑。网络控制器上的拓扑资源服务通过NETCONF或者SNMP等通用协议，获取设备的LLDP（Link Layer Discovery Protocol，链路层发现协议）邻居关系，建立L2拓扑，为后续进行切片计算提供拓扑连接关系数据。

步骤ⓒ　获取设备信息。网络设备被网络控制器纳管后，网络控制器的存量资源服务通过读取设备的配置信息，获取设备的名称、Router ID、接口名称、接口类型等信息，为后续进行切片计算提供拓扑节点属性数据。

完成前置步骤后开始切片部署，分为两步（如图7-6中的①②所示），具体描述如下。

步骤①　切片建立意图输入。客户通过网络控制器的界面，或者通过开放的北向接口，输入建立切片的意图，包括切片的站点范围、切片的SLA要求等，网络控制器的切片管理服务保存切片意图并启动切片部署流程。

步骤②　设备转发平面切分。切片管理服务基于L2拓扑属性信息以及物理存量资源等信息，确定切片在网络内经过的设备和接口，并将确定好的FlexE接口或者信道化子接口创建到所有切片相关的节点上，形成切片L2网络。具体的配置包括创建FlexE接口、创建信道化子接口、配置子接口与主接口的对应关系、配置接口的带宽、配置接口所属的Slice ID等。

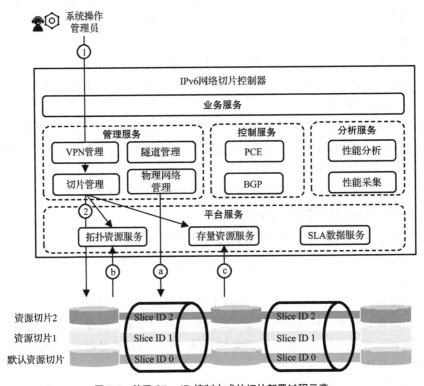

图7-6 基于 Slice ID 控制方式的切片部署过程示意

2. 基于SRv6 SID控制方式的切片部署

如图7-7所示，基于SRv6 SID控制方式的切片部署方式和基于Slice ID的切片部署方式类似。在该部署方式中，网络控制器的基础网络管理服务负责在建立的L2端口上，部署控制平面相关的基础配置，使切片端口加入网络控制平面的协议控制范围里。控制平面相关的基础配置包括接口的IP地址配置、接口下IGP相关的能力配置、接口下SRv6相关的能力配置等。如果采用存在亲和属性的控制平面技术，还需要在链路下配置切片对应的链路管理组。

如图7-7所示，相对基于Slice ID控制方式的切片部署中的配置步骤，基于SRv6 SID控制方式的切片部署增加了步骤③，即切片管理服务将网络切片创建的子接口加入物理网络管理服务的部署范围里，物理网络管理服务按照新增二层链路的流程，在链路两端的切片子接口上部署IP地址、IGP相关的邻居等配置，并把这条新链路加入IGP的链路状态数据库。

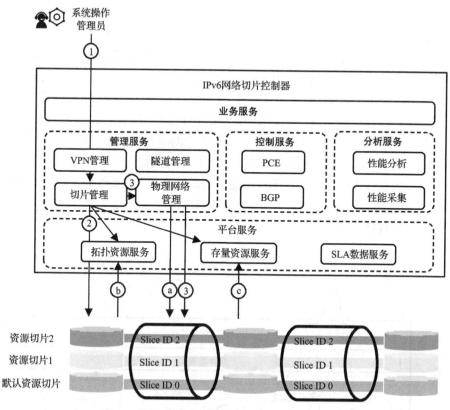

图 7-7　基于 SRv6 SID 控制方式的切片部署过程示意

3. 在资源切片上部署典型业务

资源切片部署完成后，就可以部署多种业务了。典型的业务部署包括以 VPN 为代表的用户侧业务以及以隧道为代表的网络侧业务。通过部署路由或者隧道策略，将 VPN 业务流量引入隧道，完成用户侧业务和网络侧业务的关联。部署过程如图 7-8 所示。

开始正式的业务部署前，IPv6 网络切片控制器需要通过控制服务模块获取 TE 网络拓扑属性信息。控制服务中的 BGP 服务通过和设备的 BGP-LS 连接，获取设备发布的链路状态信息和 TE 属性信息。PCE 服务将这些信息解析成网络的拓扑属性信息以及切片信息，持续维护 TEDB（Traffic Engineering Database，流量工程数据库），为后续业务路径计算提供数据准备。业务部署步骤描述如下。

步骤①　部署网络侧隧道。在切片内部署隧道，指定隧道的源节点、宿节点、SLA 约束等。

步骤②　隧道路径计算。隧道管理服务根据隧道的源节点、宿节点、SLA 约束等，驱动 PCE 服务完成隧道在切片内的转发路径计算。

步骤③　隧道路径下发。PCE 服务通过 SRv6 Policy 协议通道，将计算好的隧道路径下发到隧道头节点，用于在该设备上创建 SRv6 Policy 路径。

步骤④　部署用户侧业务。部署 VPN 业务，确定 VPN 业务需要基于哪个资源切片转发，以及在切片内的转发策略——是使用 BE 的路径转发，还是使用隧道转发。

步骤⑤　用户侧业务配置下发。将 VPN 业务分解为对应业务接入点网元上的配置，通过 NETCONF、SSH（Secure Shell，安全外壳）等配置通道下发给网络设备。

其中，网络侧的部署步骤（①~③）和用户侧的部署步骤（④~⑤）是相对解耦的，网络侧可以选择不同的业务方案，比如通过网络切片控制器来控制隧道的路径，由转发器通过 Flex-Algo 来控制隧道的路径等。上述步骤是以通过网络切片控制器来控制隧道路径为例进行介绍的，如果采用转发器来控制隧道路径，步骤①~③可以省略。

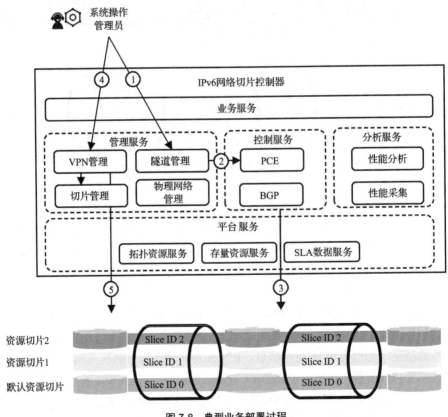

图 7-8　典型业务部署过程

4. 在网络切片上部署层次化网络切片

相对典型业务中大粒度的行业切片，灵活子通道层次化网络切片建立在行业切片基础上，提供更细粒度的资源隔离。切片的建立，更多的是由部署在行业切片上的某个业务实例驱动的，并为这个业务提供更细粒度的SLA保障。下面以VPN业务为例，详细介绍层次化网络切片的部署过程，如图7-9所示。

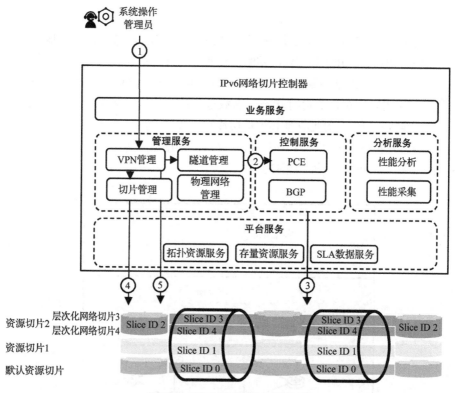

图 7-9　层次化网络切片的部署过程

步骤①　部署层次化网络切片业务。用户选择基于某个网络切片，创建小粒度资源隔离业务VPN，VPN服务驱动各个站点之间建立网络侧隧道，同时设置VPN流量策略为通过隧道转发的方式，确保VPN流量可以通过层次化网络切片转发。

步骤②　计算层次化网络切片路径。隧道管理服务根据隧道的源节点、宿节点、SLA约束等，驱动PCE服务完成隧道路径计算。

步骤③　切片转发路径下发。PCE服务通过SRv6 Policy通道，将计算好的隧道路径下发到隧道头节点上，用于在该设备上创建SRv6 Policy路径。

步骤④　切片路径资源隔离配置下发。隧道管理服务在隧道路径经过的接口下，创建灵活子通道，通过NETCONF通道以配置的方式部署到设备上。数据转发通过Slice ID控制转发资源隔离，通过步骤③下发的路径控制转发，确保层次化网络切片的资源隔离目标。

步骤⑤　用户侧业务配置下发。将VPN业务分解为对应业务接入点网元上的配置，通过NETCONF、SSH等配置通道下发给网络设备。

7.2.3　切片运维

运维的含义很宽泛，包括状态可视、故障处理、割接、升级等维护动作。本节以可视为切入点，介绍如何构建网络切片业务的可视能力。

切片部署后，网络控制器可以通过采集日志、告警、网络流量统计数据等多种信息，完成切片对象的运行状态、承载业务的运行情况等多个维度的信息呈现，让运维人员可以更好地管理和维护切片的正常运行。

网络切片拓扑可视如图7-10所示。在网络控制器上，可以清晰地看到默认切片、网络切片1、网络切片2的拓扑。

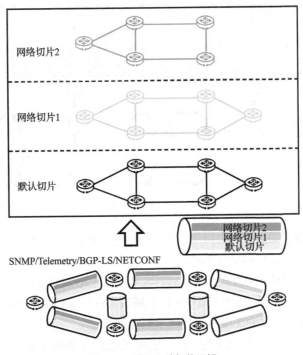

图 7-10　网络切片拓扑可视

切片内隧道路径可视如图7-11所示。在网络控制器上，可以清晰地看到默认切片、网络切片1、网络切片2的隧道路径。

切片内业务质量可视如图7-12所示。在网络控制器上，可以清晰地看到默认切片、网络切片1、网络切片2的业务质量，如VPN性能和业务性能。

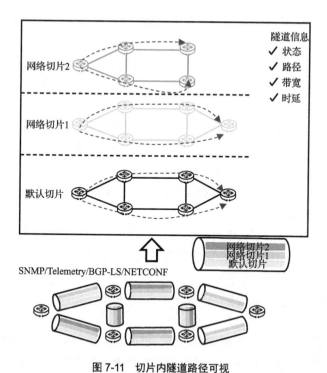

图 7-11　切片内隧道路径可视

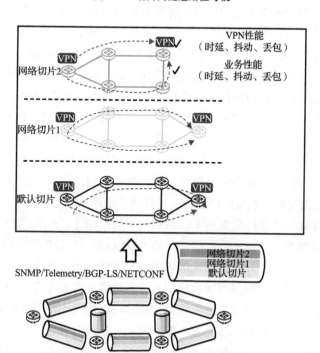

图 7-12　切片内业务质量可视

除了多维度的状态可视能力，整个网络切片运维还包括故障诊断、故障修复闭环、运行状态异常分析、故障预测等多种功能。一方面，这些功能会随着不同用户和网络的变化，不断增强或衍生出新的功能；另一方面，这些功能都具备相似的功能依赖和交互方式。从通用运维功能的角度来看，运维功能主要执行步骤如下。

- 数据采集：网络控制器的性能采集服务通过Telemetry、SNMP等多种数据采集方式，采集设备的原始性能、告警和运行状态数据等。
- 数据分析与决策：不同类型的运维功能根据功能的差别，选择和分析不同的数据，比如读取不同采集时间片的端口和隧道流量，完成数据分析，呈现异常的流量和告警等。
- 维护动作执行：完成数据分析与决策后，通过切片管理服务给设备下发配置，执行连通性测试、故障切换等，完成维护动作。

7.2.4 切片优化

网络上部署的网络切片可能会增加，也可能会被删除。这些变化可能会因为时间先后的关系，使得网络里存量的网络切片不一定都使用着最合适的资源。同时，已经部署的网络切片也同样存在着扩容与缩容的诉求。网络切片控制器可以通过全局计算，调整现有的网络切片资源占用，让网络承载更多的切片业务，并且让新加入的网络切片站点对已经部署的网络切片的影响降到最小。

图7-13呈现了一个因新增站点的网络切片路径$d1$，导致现有网络切片路径$d2$部署路径发生变化的典型场景。网络切片算法可以基于现有网络切片路径的部署情况以及承载流量的变化情况，计算出更优的切片路径，优化资源利用。

网络切片部署过程中，需要通过计算确定网络切片需要的具体资源；网络切片优化过程中，同样需要通过计算确定如何调整网络切片资源。在这两个过程中，承载计算功能的核心算法是整个功能的核心。更优化的算法可以让网络切片的部署和优化能更好地利用网络资源，更好地满足用户需求。

网络切片算法的目标定义如下：给定一个通信网络、一组已经部署的网络切片请求和部署结果、一组新的网络切片请求以及网络切片请求包括的要求，为已经部署的网络切片业务计算出更优的资源切分方式，为新业务计算出新的资源切分方式。约束条件是已经部署的网络切片业务资源预留方案变化最小，尽量少地划分新的切片子接口，尽量少地占用整个通信网络的资源。其中网络切片的要求包括源节点、目的节点和QoS要求（保护方式、端到端时延、带宽及收敛比、接口的资源切分能力等）。保护方式包括无保护、1∶1保护和1＋1保护。收敛比定义切片业务可以占用实际物理带宽的比例。

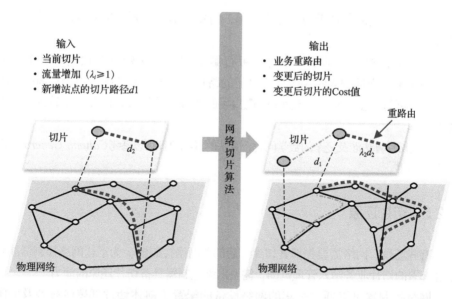

图 7-13　新增站点切片场景

　　网络切片算法问题是MCF（Multi-Commodity Flow，多商品流）里的一个典型问题，而解决MCF问题的通用办法是LP（Linear Programming，线性规划）。在LP中，列生成算法是一种高效求解大规模线性优化问题的常用算法。前面提到的网络切片算法问题同样可以使用列生成算法来解决，具体步骤如下。图7-14所示为列生成算法的工作原理。

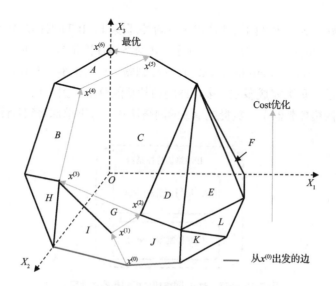

图 7-14　列生成算法的工作原理

第一步，建模。基于切片算法目标，构建最小化资源占用的目标函数以及约束边界方程组。

第二步，求解。基于约束计算可行解空间，沿初始解迭代出最优解。如图7-14所示，坐标轴表示某个业务可能的路径；面表示业务约束组合；面围成的空间表示可行解空间；$x^{(n)}$ 表示 n 次迭代后的业务路径组合，即几个比较优化的切片可行解。

网络切片算法涉及复杂的数学问题，算法的详细原理可以参考 *Column Generation*[1] 等专业图书。

7.2.5 切片还原

有些场景，网络需要先部署切片，后部署网络控制器。为了让网络控制器能将已经部署的切片业务纳入管理范围，需要网络控制器具备切片还原的能力。

网络控制器可以通过采集的网络设备的配置（前述切片部署阶段涉及的配置）、网络拓扑、网络SRv6 Policy路径以及切片的规划策略，将网络设备上分散的切片配置还原成网络切片业务，支持针对这些网络切片业务的修改、运维与优化。

| 7.3 IPv6 网络切片控制器外部接口 |

为了更好地定义IPv6网络切片控制器的外部接口，IETF对网络切片的管控功能分层做了细化的定义[2]。如图7-15所示，IP网络切片控制器由两层组成，一层是NSC（Network Slice Controller，网络切片控制器），对上承接与技术无关的网络切片业务诉求，负责完成多域、多厂商的切片功能分解；另一层是NC（Network Controller，网络控制器），负责把单域的网络切片业务诉求部署到具体网络中。

图 7-15 IETF 对 IP 网络切片控制器的功能定义

如图7-16所示，与IP网络切片控制器相关的主要有以下3类接口。

- 网络切片业务接口：屏蔽网络切片使用的技术细节，将每个网络切片业务视为管理对象，提供管理和维护服务。
- 网络切片功能接口：需要感知具体技术，区分是业务切片还是资源切片，完成对应切片实例的管理与维护功能。
- 网元切片功能接口：也是网络设备提供的配置接口，用来完成网络切片的具体部署与维护。

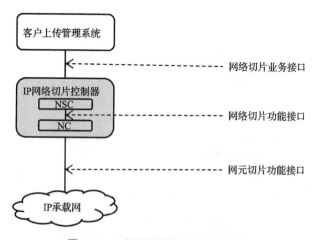

图 7-16　IP 网络切片控制器的外部接口

目前，IETF正讨论和制定网络切片接口相关的标准，各个厂商的实现也不尽相同。本节以实践的方式介绍接口的相关内容，方便读者理解技术实现原理。

7.3.1　网络切片业务接口

IETF草案draft-ietf-teas-ietf-network-slice-nbi-yang对网络切片业务接口定义的描述如下[3]。

```
module: ietf-network-slice
  +--rw network-slices
    +--rw ns-slo-sle-templates
    |  +--rw ns-slo-sle-template* [id]
    |     +--rw id                     string
    |     +--rw template-description?  string
    +--rw network-slice* [ns-id]
      +--rw ns-id                      string
      +--rw ns-description?            string
      +--rw customer-name*             string
```

```
        +--rw ns-connectivity-type?    identityref
        +--rw (ns-slo-sle-policy)?
        |  +--:(standard)
|  |  +--rw slo-sle-template?   leafref
        |  +--:(custom)
        |     +--rw slo-sle-policy
        |        +--rw policy-description?    string
        |        +--rw ns-metric-bounds
        |        |  +--rw ns-metric-bound* [metric-type]
        |        |     +--rw metric-type          identityref
        |        |     +--rw metric-unit          string
        |        |     +--rw value-description?    string
        |        |     +--rw bound?               uint64
        |        +--rw security*            identityref
        |        +--rw isolation?           identityref
        |        +--rw max-occupancy-level?  uint8
        |        +--rw mtu                  uint16
        |        +--rw steering-constraints
        |           +--rw path-constraints
        |           +--rw service-function
        +--rw status
        |  +--rw admin-enabled?  boolean
        |  +--ro oper-status?    operational-type
        +--rw ns-endpoints
        |  +--rw ns-endpoint* [ep-id]
        |     +--rw ep-id                    string
        |     +--rw ep-description?           string
        |     +--rw ep-role?                  identityref
        |     +--rw location
        |     |  +--rw altitude?   int64
        |     |  +--rw latitude?   decimal64
        |     |  +--rw longitude?  decimal64
        |     +--rw node-id?                  string
        |     +--rw ep-ip?                    inet:host
        |     +--rw ns-match-criteria
        |     |  +--rw ns-match-criterion* [match-type]
        |     |     +--rw match-type    identityref
        |     |     +--rw values* [index]
        |     |        +--rw index    uint8
        |     |        +--rw value?   string
        |     +--rw ep-peering
```

```
|    |  +--rw protocol* [protocol-type]
|    |     +--rw protocol-type    identityref
|    |     +--rw attribute* [index]
|    |        +--rw index                  uint8
|    |        +--rw attribute-description?  string
|    |        +--rw value?                 string
|    +--rw ep-network-access-points
|    |  +--rw ep-network-access-point* [network-access-id]
|    |     +--rw network-access-id            string
|    |     +--rw network-access-description?  string
|    |     +--rw network-access-node-id?      string
|    |     +--rw network-access-tp-id?        string
|    |     +--rw network-access-tp-ip?        inet:host
|    |     +--rw mtu                          uint16
|    |     +--rw ep-rate-limit
|    |        +--rw incoming-rate-limit?
|    |        |     te-types:te-bandwidth
|    |        +--rw outgoing-rate-limit?
|    |              te-types:te-bandwidth
|    +--rw ep-rate-limit
|    |  +--rw incoming-rate-limit?    te-types:te-bandwidth
|    |  +--rw outgoing-rate-limit?    te-types:te-bandwidth
|    +--rw status
|    |  +--rw admin-enabled?    boolean
|    |  +--ro oper-status?      operational-type
|    +--ro ep-monitoring
|       +--ro incoming-utilized-bandwidth?
|       |     te-types:te-bandwidth
|       +--ro incoming-bw-utilization          decimal64
|       +--ro outgoing-utilized-bandwidth?
|       |     te-types:te-bandwidth
|       +--ro outgoing-bw-utilization          decimal64
+--rw ns-connections
   +--rw ns-connection* [ns-connection-id]
      +--rw ns-connection-id            uint32
      +--rw ns-connection-description?  string
      +--rw src
      |  +--rw src-ep-id?   leafref
      +--rw dest
      |  +--rw dest-ep-id?  leafref
      +--rw (ns-slo-sle-policy)?
```

```
|   +--:(standard)
|   |   +--rw slo-sle-template?          leafref
|   +--:(custom)
|       +--rw slo-sle-policy
|           +--rw policy-description?       string
|           +--rw ns-metric-bounds
|           |   +--rw ns-metric-bound* [metric-type]
|           |       +--rw metric-type          identityref
|           |       +--rw metric-unit          string
|           |       +--rw value-description?    string
|           |       +--rw bound?               uint64
|           +--rw security*             identityref
|           +--rw isolation?            identityref
|           +--rw max-occupancy-level?   uint8
|           +--rw mtu                   uint16
|           +--rw steering-constraints
|               +--rw path-constraints
|               +--rw service-function
+--rw monitoring-type?              ns-monitoring-type
+--ro ns-connection-monitoring
    +--ro latency?      yang:gauge64
    +--ro jitter?       yang:gauge32
    +--ro loss-ratio?   decimal64
```

模型"ietf-network-slice"包含两种主要的节点：容器对象"ns-slo-sle-templates"和序列对象"ietf-network-slices"。

容器对象"ns-slo-sle-templates"用来定义和维护所有网络切片对象的公共属性，包括SLO和SLE两种类型的属性定义。这些属性可以被应用在特定的网络切片实例上，从而让这些网络切片实例继承ns-slo-sle-templates的属性。

序列对象"ietf-network-slices"定义了在网络里的一组切片实例，每个"ietf-network-slice"数据结构都是对这个切片对象的模型表达。"ietf-network-slice"下的主要子节点对象描述如下。

- ns-id：每个切片业务的唯一标识。
- ns-connectivity-type：用来定义网络切片拓扑内节点的连接方式，可以是any-to-any、Hub-and-Spoke以及custom连接类型。
- ns-slo-sle-policy：用来定义网络切片实例采用的切片SLO和SLE策略，这些策略可以包括ns-slo-bandwidth（切片需要的最小双向带宽保证）、network-slice-slo-latency（切片可以容忍的最大单向/双向时延值）、ns-slo-delay-variation（切片可以容忍的最大单向/双向流量抖动）、ns-slo-

packet-loss（切片可以容忍的最大丢包率）、ns-slo-availability（切片可以容忍的最大链路可用度）等。

- status：用来定义网络切片实例的运行状态和管理状态，用于支撑切片的管理和维护。
- ns-endpoints：用来定义网络切片实例里的流量入节点和出节点，以及这些节点下的属性，包括节点的入/出流量限速、使用的控制平面路由协议、业务接入端口等。
- ns-connections：用来定义网络切片流量入节点和出节点之间的连接关系，以及这些连接关系的属性，包括连接的源节点或宿节点、每个连接上的SLO和SLE策略、连接SLA的监控方式等。

关于模型定义的详细描述，可以参考IETF的网络切片业务接口模型草案[3]。

7.3.2　网络切片功能接口

IETF草案draft-wd-teas-nrp-yang对网络切片功能接口定义的描述如下[4]。

```
module: ietf-nrp
  augment /nw:networks/nw:network/nw:network-types:
    +--rw nrp!
  augment /nw:networks/nw:network:
    +--rw nrp
      +--rw nrp-id?                    uint32
      +--rw nrp-name?                  string
      +--rw bandwidth-reservation
      |  +--rw (bandwidth-type)?
      |     +--:(bandwidth-value)
      |     |  +--rw bandwidth-value?     uint64
      |     +--:(bandwidth-percentage)
      |        +--rw bandwidth-percent?   rt-types:percentage
      +--rw control-plane
      |  +--rw topology-ref
      |     +--rw igp-topology-ref
      |     |  +--rw network-ref?
      |     |        -> /nw:networks/network/network-id
      |     +--rw multi-topology-id?   uint32
      |     +--rw flex-algo-id?        uint32
      |  +--rw te-topology-identifier
      |     +--rw provider-id?   te-global-id
      |     +--rw client-id?     te-global-id
      |     +--rw topology-id?   te-topology-id
+--rw data-plane
```

```
        |   +--rw global-resource-identifier
        |   |   +--rw nrp-dataplane-ipv6-type
        |   |   |   +--rw nrp-dp-value?   inet:ipv6-address
        |   |   +--rw nrp-dataplane-mpls-type
        |   |       +--rw nrp-dp-value?   uint32
        |   +--rw nrp-aware-dp
        |       +--rw nrp-aware-srv6-type!
        |       +--rw nrp-aware-sr-mpls-type!
        +--rw steering-policy
            +--rw color-id*   uint32
 +--rw acl-ref*     -> /acl:acls/acl/name
    augment /nw:networks/nw:network/nw:node:
      +--rw nrp
+--rw nrp-aware-srv6
 |  +--rw nrp-dp-value?   srv6-types:srv6-sid
        +--rw nrp-aware-sr-mpls
            +--rw nrp-dp-value?   rt-types:mpls-label
    augment /nw:networks/nw:network/nt:link:
      +--rw nrp
      |  +--rw link-partition-type?     identityref
      |  +--rw bandwidth-reservation
      |  |  +--rw (bandwidth-type)?
      |  |     +--:(bandwidth-value)
      |  |     |  +--rw bandwidth-value?     uint64
      |  |     +--:(bandwidth-percentage)
      |  |        +--rw bandwidth-percent?   rt-types:percentage
      |  +--rw nrp-aware-srv6
      |  |  +--rw nrp-dp-value?   srv6-types:srv6-sid
      |  +--rw nrp-aware-sr-mpls
      |     +--rw nrp-dp-value?   rt-types:mpls-label
    +--ro statistics
      +--ro admin-status?                te-types:te-admin-status
      +--ro oper-status?                 te-types:te-oper-status
      +--ro one-way-available-bandwidth?
      |        rt-types:bandwidth-ieee-float32
      +--ro one-way-utilized-bandwidth?
      |        rt-types:bandwidth-ieee-float32
      +--ro one-way-min-delay?           uint32
      +--ro one-way-max-delay?           uint32
      +--ro one-way-delay-variation?     uint32
      +--ro one-way-packet-loss?         decimal64
```

此接口模型把每个网络切片定义成一个VTN实例，使用RFC 8345[5]中定义的拓扑模型来表达这个虚拟网络对象。VTN切片模型中定义了一个新的网络类型"vtn"，当一个符合RFC 8345的网络实例的网络类型字段（/nw:networks/nw:

network/nw:network-types）被设置成VTN网络类型时，这个网络对象就代表一个VTN的切片实例。

在模型根节点下定义的VTN数据节点对象用于定义网络切片的全局参数，包括整个切片实例的带宽预留策略、切片控制平面使用的协议和技术选项、切片数据平面使用的协议和技术选项，以及业务流量如何引入切片的引流策略。VTN数据节点的描述如下。

- vtn-id：VTN标识，用于在网络范围内唯一识别VTN实例。
- vtn allocation resources：VTN分配资源。bandwidth-reservation指定分配给VTN网络的带宽；interface-partition-capability指定与VTN实例相关的物理接口的资源分区能力。
- vtn control plane：VTN控制平面。它定义网络切片实例采用何种控制方式，使用Slice ID的控制方式还是使用SRv6 SID的控制方式。切片部署过程中根据这个方式定义，来确定给设备下发的与控制平面相关的具体配置内容。
- vtn data plane：VTN数据平面。它定义了切片数据平面中数据包的封装类型，包括IPv6、MPLS、SR-MPLS、SRv6等。
- vtn steering policy：切片网络引流策略。通过指定切片实例的"vtn-color-id"，将具备同样颜色的VPN流量引流到对应颜色的切片中。

每个VTN实例由一组节点和一组链路组成。每个节点和链路都有不同的属性，分别定义节点和链路对应接口下的切片管理和控制属性，比如某个接口下的带宽预留方式等。

上述模型对节点对象没有进行过多的扩展，而是继承RFC 8345中对节点对象的定义。但模型对链路对象做了如下扩展。

- interface-partition-capability：用来定义接口的转发平面资源切分技术，包括FlexE接口和信道化子接口两种选项。切片部署过程中根据接口的转发平面技术确定设备的转发平面资源切分配置。
- bandwidth-reservation：用来定义切片实例需要在物理链路上预留的带宽值。
- statistics：用来定义切片路径的流量查询接口，用于支撑各种维护功能。

关于模型定义的详细描述，可以参考IETF草案[4]。

上述的网络功能接口用于网络资源切片。网络业务切片一般通过VPN实现，相应地，IPv6网络切片控制器可以直接使用与VPN相关的网络功能接口支持网络业务切片。这些网络功能接口包括RFC 9182中定义的L3NM功能接口，draft-ietf-opsawg-l2nm中定义的L2NM功能接口等。这些网络功能接口之前用于支持普通的L3VPN/L2VPN，后来经过简单的扩展，已经可以支持网络业务切片的功能。感兴趣的读者可以参考相关文档，本书不做赘述。

7.3.3　网络设备切片功能接口

网络控制器的南向接口，同时也是网络设备的北向接口。网络设备的北向接口因厂商的不同有多种实现，但是所有厂商都会围绕对应的配置对象进行相应的接口设计。

完成一个切片的部署，需要如下技术模型。

- 切片部署阶段需要根据特定的资源切分技术，把物理网络切分成不同的切片网络，因此需要对应的物理网络切分技术模型。
- 在物理网络切分完成后，需要在对应的切片网络上部署切片实例的技术模型。
- 基于切分后的切片网络，部署基础的IP地址、IGP等，需要使用传统的接口管理、IGP等相关的模型。
- 配置流量引入切片的策略时，需要修改传统的VPN模型，增加流量引入切片的策略。

网络设备提供以上对象及其对应的模型与切片相关的功能服务，由网络控制器编排后，下发到网络设备上。

| 设计背后的故事 |

1.　网络切片提升了控制器的价值

SDN原本的设计目的是实现控制和转发的分离，通过控制流表编程实现灵活的转发，由此产生了控制器的概念。

SDN控制器在数据中心网络中首先获得了广泛的应用。因为VXLAN的转发相对比较简单，SDN控制器只需要在业务的端点下发转发表项就可以快速打通连接。它大大简化了数据中心网络的业务部署，体现了集中控制的价值。

SDN控制器在运营商广域网的应用一直都很困难，主要原因如下：首先，通过集中控制实现全局流量调优的需求不足；其次，运营商IP网络的业务、拓扑和技术等相较于数据中心网络的要复杂得多，这些都对控制器的设计实现和应用部署带来了极大的困难；最后，运营商IP网络经常涉及多厂商设备的互通，需要实现控制器与设备的第三方对接，这也是一个非常令人头痛的问题。

SDN控制器在广域网的应用探索是从SR[6]、有状态的PCE[7]等技术的出现开始的。Google B4全局调优的实践[8]吸引了人们的注意，然而SDN控制器在广域网真正实现规模商用则经历了10年左右的时间。首先，SR技术简化了路径调优。传统的RSVP-TE实现路径调优比较困难，可扩展性差，而使用SR技术，只需要在头节点编程就可以完成路径调优，部署简单、可扩展性好。相对SR-MPLS，SRv6可以利用其Native IP属性进一步简化网络业务的部署。但是SR和SRv6技术需要强大的可编程芯片能力作为基础，这需要一个产业成熟的过程。其次，控制器的南向协议采用BGP和PCEP等，并且进行了标准化。相对传统的命令行和NETCONF/YANG，使用BGP或PCEP作为控制器南向协议有更好的性能和互通性，这也是控制器在广域网应用的一个重要条件。但无论是BGP和PCEP的技术创新和标准化，还是多厂商互通，都经历了漫长的过程。

即使有了上述技术，解决了控制器在广域网应用的许多难题，但依然无法解决需求和应用驱动力不足这个问题。在运营商网络中，网络拥塞问题可以很方便地通过升级硬件、扩充带宽等方式解决，基于控制器的集中路径调优并不是"刚需"，而且自动化还会带来一定的风险，这使得运营商更加缺乏部署和应用动力。一项新技术应用得越多，在遇到问题时不断优化，技术就会变得越完善。但是如果不应用或很少应用，新技术就会发展缓慢。基于控制器的自动化路径调优虽然具备一定的优势，但是因为需求和技术方面的挑战，发展并不如人意。

网络切片的发展为控制器的应用带来了新的机会。简单设想一下，一个物理网络的管理已经足够复杂，而每增加一个网络切片，就相当于增加一个同等规模网络的管理。当网络切片的数量达到上百个、上千个时，这几乎超出了人的管理能力极限。如果没有自动化的手段，几乎是无法控制和管理的。这就为网络控制器提供了"刚需"。

虽然控制器在IP网络中的应用筚路蓝缕，但是SDN和控制器的理念已经深入人心。因此在过去的10年里，运营商IP网络不同程度地引入了控制器。这些控制器的存在为解决网络切片自动化问题提供了基础，而网络切片也进一步提升了控制器的价值，为控制器的规模部署创造了新的机会。

2. 网络切片给PCECC/BGPCC带来的新机遇

在SDN技术兴起和发展过程中，我们提出了一项新的技术——PCECC[9]（PCE as a Central Controller，PCE中央控制器）。与之类似，后来又发展出了BGPCC[10]（BGP as a Central Controller，BGP中央控制器）技术，其基本思路就是由控制器集中分配标签（MPLS）或SID（SR-MPLS或SRv6 SID），并通告给网络内的设备。经典的SR是在本地设备上配置节点段和链路段，通过IGP泛洪通告给其他网络设备，这些信息可以通过BGP-LS上报给控制器。PCECC和BGPCC的做法相反，即由控制器集中分配SR SID，通告给各个网络设备。采用这种方法，可以减少IGP泛洪通告SR SID信息。控制器向网络设备的南向协议通告SR SID信息可以采用PCEP，也可以采用BGP，因此分别称为PCECC和BGPCC。

对于PCECC和BGPCC，IETF社区的专家认为SR中使用的节点段和链路段是静态的标识信息，一旦分配，很少变化，应该通过命令行、NETCONF、YANG等静态配置的方式生成，而不应该通过PCEP或BGP这样的控制协议来动态生成。而对于Binding SID，需要根据网络路径的状况动态生成，具备一定的动态性，适合用PCEP或BGP来生成。PCECC和BGPCC的发展使其变成了一种通过控制器集中分配标识资源，并通过PCEP或BGP通告给网络设备的通用方法。这里的标识资源不局限于MPLS标签、SR SID，还可以包含网络切片使用的Slice ID。

与命令行和NETCONF或YANG下发配置相比，通过PCECC或BGPCC来分配标识可以有更好的性能。随着网络切片的规模部署，加之需要全网部署网络切片的Slice ID和SR SID与资源的绑定关系，如果采用传统的命令行、NETCONF或YANG方式，配置下发性能根本无法满足要求，因此只能借助更高性能的控制协议PCEP或BGP等。这意味着网络切片不仅需要控制器通过自动化的方式来完成部署，而且需要性能更好的控制协议来完成网络切片资源的分配，所以PCECC和BGPCC迎来了一个新的发展机会。

| 本章参考文献 |

[1] DESAULNIERS G, DESROSIERS J, SOLOMON M M. Column generation[M]. 1. Springer, Vol. 5. 2005.

[2] FARREL A, GRAY E, DRAKE J, et al. A framework for IETF network slices[EB/OL]. (2022−12−21)[2022−12−30].draft−ietf−teas−ietf−network−slices−17.

[3] WU B, DHODY D, ROKUI R, et al. IETF network slice service YANG model[EB/OL]. (2022−11−07)[2022−11−30].draft−ietf−teas−ietf−network−slice−nbi−yang−03.

[4] WU B, DHODY D, CHENG Y. A YANG data model for Network Resource Partition (NRP)[EB/OL]. (2022−09−25)[2022−09−30]. draft−wd−teas−nrp−yang−02.

[5] CLEMM A, MEDVED J, VARGA R, et al. A YANG data model for network topologies[EB/OL]. (2018−03)[2022−09−30]. RFC 8345.

[6] FILSFILS C, PREVIDI S,GINSBERG, et al. Segment routing architecture [EB/OL]. (2018−07)[2022−09−30]. RFC 8402.

[7] CRABBE E, MINEI I, MEDVED J, et al. Path Computation Element Communication Protocol (PCEP) extensions for stateful PCE [EB/OL]. (2017−09) [2022−09−30]. RFC 8231.

[8] JAIN S, KUMAR A, MANDAL S, et al. B4: Experience with a globally–deployed software defined WAN [J]. ACM SIGCOMM Computer Communication Review, 2013, 43（4）: 3–14.

[9] FARREL A, ZHAO Q, LI Z, et al. An architecture for use of PCE and the PCE Communication Protocol (PCEP) in a network with central control [EB/OL]. (2017–12)[2022–09–30]. RFC 8283.

[10] LUO Y, QU L, HUANG X, et al. Architecture for use of BGP as central controller [EB/OL]. (2022–08–15)[2022–09–30]. draft–cth–rtgwg–bgp–control–09.

第 8 章
IPv6 网络跨域切片技术

IPv6 网络切片可以提供5G承载网切片，该切片与无线电接入网切片、移动核心网切片共同组成5G端到端网络切片。随着网络切片业务部署范围的扩大，IPv6网络切片本身也可能跨越多个IP网络域。这些都要求IPv6网络能够提供和支持跨域的网络切片。本章首先介绍5G端到端网络切片映射到IPv6网络切片的架构、流程和功能实现，然后分别介绍IPv6端到端跨域切片和基于SRv6的IPv6网络端到端跨域切片。本章还介绍了基于意图路由的机制，该机制用于通过意图在不同网络域中将流量引导到IPv6网络切片上。

| 8.1　5G 端到端网络切片 |

8.1.1　5G 端到端网络切片映射的架构与流程

5G端到端网络切片由3个主要类型的网络技术域的子网络切片组成：RAN切片、CN切片和TN切片。在5G端到端网络切片中，TN切片起到连接RAN切片与CN切片中网元的作用，并与RAN切片、CN切片共同为5G端到端网络切片业务提供其所要求的差异化服务与安全隔离等保障。5G的TN切片主要通过IETF定义的各种网络技术来实现，因此IETF将TN切片称为IETF网络切片。在IPv6网络中，IETF网络切片对应本书中的IPv6网络切片。

IETF的5G网络切片映射应用草案 IETF Network Slice Application in 5G End-to-End Network Slice[1]对5G端到端网络切片与IPv6网络切片的映射架构和流程进行了描述。本节主要介绍5G端到端网络切片映射到IPv6网络切片的管理平面、控制平面和数据平面的流程及机制。

3GPP中，NSI（Network Slice Instance，网络切片实例）和NSSI（Network Slice Subnet Instance，网络切片子网实例）[2]分别用于描述端到端网络和各技术域

内由一组特定的网络功能和所需资源（例如计算、存储和网络资源等）所组成的网络切片实例和子实例，S–NSSAI则作为5G端到端网络切片业务的标识。

　　5G端到端网络切片与各技术域网络切片的对应关系如图8–1所示。该图包括3个5G端到端网络切片业务，其S–NSSAI分别为01111111、02222222和03333333。3个5G端到端网络切片业务分别映射到RAN子网络切片实例、CN子网络切片实例以及TN子网络切片实例。3GPP的5G端到端网络切片中的TN子网络切片实例与IETF网络切片是对等的概念。例如，5G端到端网络切片业务01111111分别映射到RAN子网络切片实例4、CN子网络切片实例1和TN子网络切片实例6。

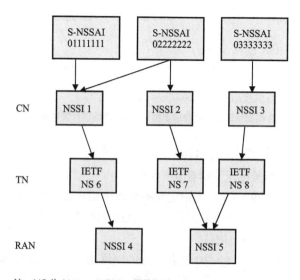

注：NS 为 Network Slice, 网络切片。

图 8-1　5G 端到端网络切片与各技术域网络切片的对应关系

　　图8–2展示了5G端到端网络切片管理架构与IETF网络切片管理架构的对应关系，具体如下。

- 5G端到端网络切片中的NSMF对应IETF网络切片管理架构中的客户上层管理系统。

- 5G端到端网络切片中的TN NSSMF对应IETF网络切片控制器。IETF网络切片控制器可以进一步通过网络控制器进行IETF网络切片的部署和管理。IETF网络切片控制器与网络控制器作为逻辑网元，其功能可以由统一的IPv6网络切片控制器实现。

- 5G端到端网络切片中的NSMF与TN NSSMF之间的管理接口对应IETF网络切片控制器NBI（Northbound Interface，北向接口），该管理接口的实现可以参考7.3节中的内容。

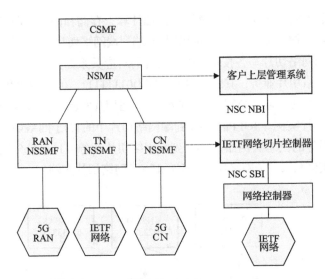

注：SBI 为 Southbound Interface，南向接口。

图 8-2　5G 端到端网络切片管理架构与 IETF 网络切片管理架构的对应关系

在5G端到端网络切片的对接和映射中，管理平面、控制平面和数据（用户）平面中的网络切片相关标识发挥着重要作用。

- S-NSSAI：3GPP TS 23.501中定义的单网络切片选择辅助信息，即5G端到端网络切片标识。S-NSSAI主要在3GPP的网络切片信令过程中使用，承载网通常不感知S-NSSAI信息。

- NSI标识：3GPP TS 23.501中定义的5G网络切片实例标识。网络切片实例由一组网络功能实例和所需的资源（包括计算、存储和网络资源等）构成，用于服务一个或多个5G网络切片业务。

- IETF网络切片标识：管理平面中由IETF网络切片控制器分配的用于唯一指定一个IETF网络切片的标识。在数据平面中，IETF网络切片可以复用现有的数据平面标识（例如SR SID）作为网络切片的标识，也可以定义新的网络切片数据平面标识（例如Slice ID）。

- IETF网络切片对接标识：由RAN网元或CN网元在发给承载网的数据包中封装的标识，用于将5G端到端网络切片流量映射到特定的IETF网络切片上。它可以复用现有的网络切片数据平面标识（例如VLAN ID），也可以根据需要定义新的标识。

这些标识在5G端到端网络切片的映射中发挥重要的作用，它们的关系将在下文中进行详细说明。5G端到端网络切片标识与IETF网络切片标识在管理平面、控制平面和数据平面的映射关系如图8-3所示。

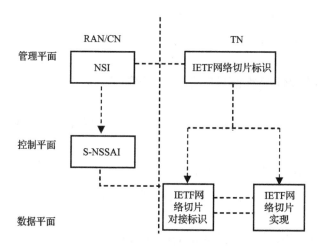

图 8-3　网络切片相关标识的映射关系

5G端到端网络切片映射的总体流程如下。

步骤① NSMF接收来自CSMF的5G端到端网络切片创建或分配请求消息，请求消息包括网络切片业务的需求信息。

步骤② NSMF对网络切片业务需求进行分解，获得RAN、CN和TN的切片子网业务需求，确定各子网络切片的网络功能和所需资源。

步骤③ NSMF确定RAN、CN与TN的网络切片对接标识。

步骤④ NSMF向RAN NSSMF发送创建RAN切片的请求消息。

步骤⑤ NSMF向CN NSSMF发送创建CN切片的请求消息。

步骤⑥ NSMF向NSC发送创建IETF网络切片的请求消息。请求消息包含IETF网络切片所需的属性信息，如端点、业务所需的SLA或SLO以及其他IETF网络切片属性。请求消息还包含IETF网络切片对接标识信息。

步骤⑦ NSC通过网络控制器创建满足指定端点（RAN边缘节点或CN边缘节点）之间需求的IETF网络切片，分配IETF网络切片ID，向NSMF反馈IETF网络切片的创建结果。

步骤⑧ NSMF维护5G端到端网络切片和IETF网络切片的映射关系。

步骤⑨ 5G用户设备使用5G控制信令请求连接到由特定S–NSSAI标识的5G端到端网络切片。

步骤⑩ UE（User Equipment，用户设备）使用特定S–NSSAI标识的5G端到端网络切片中的PDU（Protocol Data Unit，协议数据单元）会话发送数据包。

步骤⑪ RAN节点或CN节点根据UE发送数据包的PDU会话对应的5G端到端网络切片，为数据包封装IETF网络切片对接标识，并将其发送至TN边缘节点。

步骤⑫ TN边缘节点接收IP报文，解析报文中的网络切片对接标识，并将报文映射到相应的IETF网络切片上。根据IETF网络切片的实现方式，在数据包中封装对应的网络切片标识信息。

8.1.2 5G 端到端网络切片映射的功能实现

本节将介绍5G端到端网络切片在管理平面、控制平面、数据平面的映射功能是如何实现的。

1. 5G端到端网络切片的管理平面映射

TN NSSMF——IETF网络切片控制器，向NSMF提供管理接口，用于实现如下功能。

- 保证IPv6网络切片可以满足5G端到端网络切片中RAN与CN所要求的连接和服务质量需求。
- 建立5G端到端网络切片标识与IPv6网络切片标识的映射关系。
- 提供5G端到端网络切片中IPv6网络切片管理与维护相关的功能。

3GPP TS 28.530中定义的业务需求代表了业务或用户对5G端到端网络切片实例的需求。其中业务需求涉及的参数包括延迟、资源共享级别和可用性等。如何从5G端到端网络切片需求中分解得到IPv6网络切片的需求是网络切片需求映射需要解决的关键问题之一。GSMA（Global System for Mobile Communications Association，全球移动通信协会）定义了GNST（Generic Network Slice Template，通用网络切片模板），从运营商的角度定义了对网络切片的需求。网络切片需求参数也是TN切片的北向接口定义所必需的参数。

IPv6网络切片控制器负责维护IPv6网络切片的连接和服务质量等属性。如果已有的IPv6网络切片的属性可以满足5G端到端网络切片对TN切片的要求，则可以选择使用已有的IPv6网络切片完成5G端到端网络切片到IPv6网络切片的映射。如果现有的IPv6网络切片不能满足业务对TN切片的要求，则需要由IPv6网络切片控制器创建新的IPv6网络切片，并进行5G端到端网络切片到新创建的IPv6网络切片的映射。

IPv6网络切片控制器将选择的或新建的IPv6网络切片标识提供给NSMF。NSMF和IPv6网络切片控制器都需要维护5G端到端网络切片标识和IPv6网络切片标识的映射关系。IPv6网络切片的北向接口业务模型可供上一级的端到端切片管理系统使用，以进行5G端到端网络切片中IPv6网络切片的创建和管理。

2. 5G端到端网络切片的控制平面映射

S-NSSAI用于UE向5G端到端网络切片注册，并在指定的5G端到端网络切片内完成PDU会话的建立。IP承载网不直接参与RAN与CN在控制平面的交互。

因此，RAN和CN的5G端到端网络切片与IPv6网络切片的映射主要通过管理平面实现。

3. 5G端到端网络切片的数据平面映射

如果不同的RAN或CN中网络切片通过不同的物理接口接入IP承载网，则可以直接通过物理接口区分不同的5G网络切片，并基于物理接口实现5G端到端网络切片到IPv6网络切片的映射和绑定。如果RAN或CN中的多个5G端到端网络切片使用同一个物理接口接入IP承载网，且需要映射到不同的IPv6网络切片中，则需要使用报文中的某个字段作为IPv6网络切片对接标识，来区分需要映射到不同IPv6网络切片的5G端到端网络切片。

（1）5G端到端网络切片数据平面映射的基本流程

RAN和CN中的网元节点需要维护5G端到端网络切片标识与IPv6网络切片对接标识的映射关系。TN的边缘节点需要维护IPv6网络切片对接标识和IPv6网络切片的映射关系。这样当上行的5G业务报文从RAN进入TN前，由RAN节点使用对应的IPv6网络切片对接标识封装报文。当业务报文到达IP承载网的边缘节点后，该承载网边缘节点根据报文中的IPv6网络切片对接标识，将业务报文映射到相应的IPv6网络切片上。下行的5G业务报文从CN进入TN时的切片映射流程与上行报文的映射流程相似，这里不再赘述。

（2）数据平面网络切片映射标识的可选方式

5G端到端网络切片的数据平面连接关系如图8-4所示。5G端到端网络切片和IPv6网络切片的映射可能发生在RAN网元（例如gNB）和CN的UPF网元上，RAN网元通过对用户的数据包封装IPv6网络切片对接标识，实现从RAN切片映射到IPv6网络切片，UPF网元则通过对用户的数据包封装IPv6网络切片对接标识，实现从CN切片映射到IPv6网络切片。

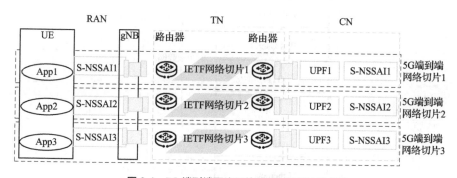

图 8-4　5G 端到端网络切片的数据平面连接关系

5G端到端系统中的用户平面协议栈如图8-5所示。5G业务报文在RAN侧首先进行GTP-U（GPRS Tunnel Protocol for the User Plane，GPRS用户平面隧道协议）报文头封装，然后进行UDP/IP封装，并通过N3接口发送到UPF。TN主要负责提供RAN与UPF之间的N3接口连接，以及UPF之间的N9接口连接。

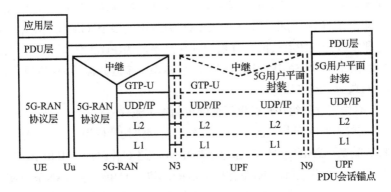

图 8-5　5G 端到端系统中的用户平面协议栈

在PDU层，UE和PDN（Packet Data Network，分组数据网）之间基于PDU会话传输PDU报文。PDU会话的类型包括IP会话、以太网会话等，分别用来传输IP报文和以太网报文。5G CN的N3接口通过隧道来承载不同PDU会话的用户数据包。

图8-6展示了N3接口中典型的数据包封装。IP层以上的协议封装通常对IP承载网设备不可见，因此通常不能用来携带5G端到端网络切片与IPv6网络切片的对接标识。在这种情况下，可以使用IP报文头或以太网报文头来携带RAN切片或CN切片与IPv6网络切片的对接标识信息。

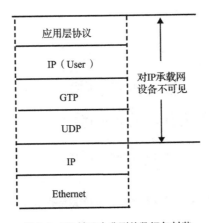

图 8-6　N3 接口中典型的数据包封装

（3）二层封装

以太网报文中可以使用VLAN ID作为IPv6网络切片对接标识。VLAN ID在3G和4G的移动承载网中广泛用于RAN网元、CN网元节点与TN边缘节点的互联，通过不同的VLAN ID将RAN、CN的不同业务接入TN中不同的VPN。在5G端到端网络切片中，VLAN ID可以继续被用于RAN切片、CN切片接入IP承载网中对应的IPv6网络切片。但是，VLAN ID最多只有4096个，可能无法提供与5G端到端网络切片数量相当的标识空间。此外，VLAN ID在三层网络中是一个局部有效的ID，不同的网络设备可能会使用不同的VLAN ID作为与同一个IPv6网络切片对接的标识，这可能会增加IPv6网络切片对接标识的管理复杂度。

（4）三层封装

IP报文头中可能用于网络切片对接标识的内容如下。

- DSCP：通常被用于RAN或CN和TN之间的QoS服务等级映射。虽然可以在DSCP中借用一些值（例如未分配的代码点）用于网络切片的映射，但这样会导致QoS服务等级映射和网络切片映射之间的层次关系变得不清晰，因此并不建议这样使用。

- 目的地址：可以为不同网络切片中的RAN或CN的网元节点分配不同的IP地址，将IP报文中的目的地址用作IPv6网络切片对接标识。但是，这给IP地址规划带来了额外的要求。此外，在某些情况下，不同的RAN切片或CN切片可能要求地址空间相互独立，因此在不同的5G端到端网络切片中可能存在重复的IP地址，这会导致无法通过IP地址来唯一确定一个网络切片。

- IPv6扩展报文头：如果RAN和CN的网元节点都支持IPv6，可以通过IPv6扩展报文头携带IPv6网络切片对接标识，这样做的好处是，可以避免重用现有报文字段作为IPv6网络切片对接标识所带来的冲突和限制问题，而相应的代价是需要在IPv6数据平面引入新的扩展。在IETF draft-li-teas-e2e-ietf-network-slicing[3]中，提出在数据平面引入一个5G端到端网络切片标识，并通过IPv6扩展报文头携带，也可以用来实现5G端到端网络切片到IPv6网络切片的映射。

（5）三层以上封装

如果IP层以上的报文头封装内容可以对IP承载网的边缘节点可见，则该报文头也可能用于携带IPv6网络切片对接标识。例如，UDP报文头有可能用于携带RAN切片或CN切片与IPv6网络切片的对接标识。

可以使用UDP报文头中的UDP源端口号字段携带IPv6网络切片对接标识。UDP源端口号在报文的传输过程中不会变化，通常被用于报文的负载均衡。如果将它用于网络切片的对接和映射，则需要禁用基于UDP源端口号的负载均衡功能，这会给网络的部署和使用带来一些影响，因此不建议使用此方式。

综上所述，尽管面临一些问题，但使用VLAN ID作为IPv6网络切片对接标识仍是目前切实可用的方案。而随着IPv6部署和应用的增多，通过IPv6扩展报文头携带IPv6网络切片对接标识被认为是一种非常有前景的方案。

| 8.2 IPv6 网络端到端跨域切片 |

在网络切片的一些应用场景中，IPv6网络切片可以跨越多个网络管理域。5G端到端网络切片也会由不同的网络技术域组成，为了便于在属于不同网络技术域和网络管理域中的网络切片之间完成映射及对接，可以采用更便捷的方法，即在业务数据包中携带5G端到端网络切片标识、IP网络跨域切片标识以及IP网络单域切片标识。

8.2.1 IPv6 网络端到端切片架构

IETF的端到端网络切片草案draft-li-teas-e2e-ietf-network-slicing[3]中介绍了IP网络端到端切片的架构，包括跨不同网络技术域和网络管理域的网络切片对接框架，并定义了多种网络切片相关的标识及其在报文转发中的作用。

IPv6网络端到端切片的一个典型场景如图8-7所示，包含两个部分。

- 5G端到端网络切片，由三种主要类型的网络技术域的子网络切片组成：RAN切片、TN切片和CN切片。其中TN切片可以通过IPv6网络切片实现。5G端到端网络切片由3GPP定义的S-NSSAI标识，该标识原本只在5G网络的管理平面和控制平面使用。为了实现在5G端到端网络切片中的RAN、CN与TN之间的网络切片的对接和映射，RAN和CN的网元节点需要在发送给IP承载网的数据包中携带IPv6网络切片对接标识，接收数据包的TN边缘节点，根据IPv6网络切片对接标识将数据包映射到对应的IPv6网络切片中。一种典型的方式是使用VLAN ID作为IPv6网络切片的对接标识。IETF草案draft-li-teas-e2e-ietf-network-slicing[3]提出了在数据包中携带S-NSSAI的方式。基于这一方式，RAN和CN的网元节点可以在发送给TN的数据包中直接携带S-NSSAI，接收数据包的TN边缘节点可以根据本地维护的5G端到端网络切片与IPv6网络切片的映射关系，通过S-NSSAI将5G端到端网络切片映射到相应的IPv6网络切片上。

- IP网络跨域切片。在跨多个管理域的IP网络中，IP网络跨域切片可以是跨域的业务切片（VPN+服务）。该业务切片由跨域的网络资源切片承载。跨域网络资源切片则进一步由多个不同区域的单域网络资源切片拼接组成。这种方式与跨域VPN[4]类似。跨域VPN主要有Option A、Option B、Option C等方式。本书中主要介绍基于Option C方式实现的跨域网络切片。IP网络跨域切片可以使用基于Slice ID的网络切片方案，此时数据包在每个区域中转发时需要封装本区域的网络切片标识，以帮助该区域内的网络节点确定为该网络切片分配的网络资源，并使用该资源处理和转发数据包。

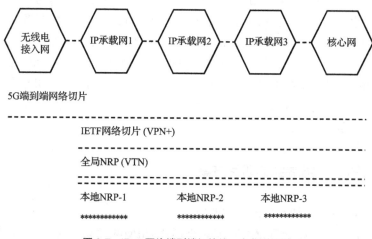

图 8-7　IPv6 网络端到端切片的一个典型场景

为了将多个单域网络资源切片拼接为一个跨域的网络切片，可以在数据包中携带多域的全局网络资源切片ID。在各区域的边界上，域边界网络节点将全局网络资源切片ID映射到每个区域内的本地网络切片ID上。

在类似上述IPv6网络端到端切片的典型场景中，数据平面可以有以下3个网络切片相关的标识。

- 单域网络资源切片ID（Intra-domain Network Resource Partition ID）：网络资源切片标识。每个网络域内的网络节点使用它来确定本节点为该网络切片预留的网络资源集。单域网络资源切片ID由数据包在本域内转发路径上的每个网络节点进行解析和处理。
- 全局网络资源切片ID（Inter-domain Network Resource Partition ID）：唯一标识一个跨域网络资源切片的标识。在每个网络域中，域边界网络节点将全局网络资源切片ID映射到本地的单域网络资源切片ID上，用于指导数据包在本域内的转发。
- 5G端到端网络切片标识S-NSSAI：可以通过IPv6扩展报文头在数据包中携带，用于实现RAN或CN切片与IPv6网络切片的对接与映射。在IP承载网的边缘节点为来自RAN或CN的报文封装穿越IP承载网的隧道信息时，可以将报文对应的5G端到端网络切片标识复制到IPv6扩展报文头中，实现与隧道封装中的IPv6网络切片标识相互关联。这种关联关系可以用于提供5G端到端网络切片粒度的流量监控和服务质量保证。

上述几种网络切片标识中，数据包中必须携带单域网络资源切片ID，是否携带全局网络资源切片ID和5G端到端网络切片标识S-NSSAI则视情况而定。全局网络资源切片ID存在与否取决于IPv6网络切片是否跨越IP承载网中的多个不同的管理域。此外，各区域的网络切片ID采用统一的规划和分配，即同一个跨域网络切片在不同的区域内使用相同的单域网络资源切片ID，那么单域网络资源切片ID和全局网络资源切片ID可以统一，报文中只需要携带统一的网络切片ID，无须在区域边缘节点再映射到各域的网络切片ID上。报文中5G端到端网络切片标识S-NSSAI的存在与否取决于IPv6网络切片是否作为5G端到端网络切片的一部分，提供TN切片的功能，以及IP承载网的边缘节点是否维护5G端到端网络切片与IPv6网络切片之间的映射关系。

8.2.2　IPv6 网络端到端切片方案

IPv6网络端到端切片方案实现如下。

- 数据平面：为了便于5G端到端网络切片与IPv6网络切片的映射，以及IP网络跨域切片与IP网络单域切片的映射，需要在数据包中携带对应的网络切片标识（包括S-NSSAI、全局网络资源切片ID、单域网络资源切片ID）。在IP网络跨域切片场景中，IP网络域边缘节点的数据平面须支持将全局网络资源切片ID映射到本地的单域网络资源切片ID上。在5G端到端数据切片场景中，如果使用S-NSSAI进行网络切片对接，那么IP承载网的边缘节点须支持将S-NSSAI映射到IP网络的全局网络资源切片ID或单域网络资源切片ID上；如果需要使用S-NSSAI与IPv6网络切片关联，那么IP承载网的边缘节点要在封装穿越IP承载网的隧道的时候，将从RAN或CN收到的数据包中的S-NSSAI复制到外层隧道封装中携带，由此形成与隧道封装中的IPv6网络切片标识的关联关系并进行报文转发。
- 管理平面/控制平面：对于IP网络跨域切片，IPv6网络切片控制器负责全局网络资源切片ID和单域网络资源切片ID的分配，以及向不同网络域中的网络边缘节点发布全局网络资源切片ID和单域网络资源切片ID的映射关系。当5G端到端网络切片使用S-NSSAI实现RAN切片或CN切片与IPv6网络切片对接的时候，IPv6网络切片控制器需要在IP网络边缘节点发布S-NSSAI和全局网络资源切片ID或本地网络切片ID的映射关系。此外，网络设备也需要通过控制平面协议分发和上报域内、域间的网络切片拓扑以及TE属性信息，具体的协议机制参见6.2节中的相关描述。

8.2.3　IPv6 网络端到端切片封装

IETF草案draft–li–6man–e2e–ietf–network–slicing[5]定义了在IPv6报文中封装IP网络端到端切片的标识信息的方法，用以实现基于IPv6的端到端网络切片。

一种方法是为全局网络资源切片ID和5G端到端网络切片标识分别定义新的IPv6扩展报文头选项。这样，具有不同网络作用范围的网络切片标识将分别使用独立的IPv6扩展报文头选项携带。

另一种方法是只为IPv6网络切片定义一个IPv6扩展报文头选项，其中不同作用范围的网络切片标识作为不同的TLV或字段在IPv6网络切片的IPv6扩展报文头选项中携带。这要求IPv6网络切片扩展报文头选项的长度可变。

全局网络资源切片ID和5G端到端网络切片标识在数据包中是可选的，取决于IPv6网络切片是否跨越多个网络域，以及是否将IPv6网络切片作为5G端到端网络切片的一部分。

|8.3　基于 SRv6 的 IPv6 网络端到端跨域切片|

8.3.1　实现 IPv6 网络端到端切片的 SRv6 Binding SID

IPv6网络切片可能跨越多个网络管理区域。在每个区域内，IPv6端到端网络切片的流量需要映射到该区域对应的网络切片上进行转发。

- 如果区域内使用基于SRv6 SID的网络切片方案，需要在区域的边界网络节点上将IPv6端到端网络切片的业务流量引导到对应的由本区域网络切片的资源感知SID组成的SRv6转发路径上进行转发。
- 如果区域内使用基于Slice ID的网络切片方案，需要在区域的边界网络节点上确定与IPv6端到端网络切片对应的本区域网络切片ID，为数据包添加本域的网络资源切片ID，并指导报文使用为该网络切片预留的网络资源进行转发。

当使用SRv6技术建立IPv6网络端到端切片中的跨域转发路径时，一种办法是使用SRv6 Binding SID机制，即为各区域网络切片中的SRv6 Policy分配不同的Binding SID。不同区域的Binding SID可以组成SRv6 SID List，用于实现IPv6网络端到端切片中的跨域SRv6路径编程，主要流程如下。

首先，当其他网络域的SRv6报文到达一个网络域的入口节点时，可以通过报文List中携带的该入口节点对应的Binding SID得到区域内的SRv6 Policy对应的SID

List，从而为报文封装外层IPv6报文头并使用SRH封装该区域内SRv6 Policy的SID List，指导报文按照该SID List指定的路径在区域内转发。

然后，当报文到达区域的出口节点时，由于该节点为区域内路径的SID List的尾节点，因此需要将外层的IPv6报文头和SRH去掉，继续按照原有SRv6报文中的SID List进行下一个区域的转发。

6.4节介绍了扩展SRv6 Policy与网络切片的Slice ID的关联机制，这样可以指导数据包按照SRv6 Policy指定的路径转发，并通过Slice ID所指示的切片预留资源获得服务保证。与Slice ID关联的SRv6 Policy同样可以分配Binding SID，分配的Binding SID可以被其他区域用来建立IPv6网络端到端切片的跨域SRv6路径，这样当含有Binding SID的SRv6数据包到达本网络域的入口节点时，入口节点通过Binding SID获得SRv6 Policy对应的SID List及其关联的Slice ID，然后在报文的外层IPv6报文头中封装SID List和Slice ID，用于指示报文在区域内的转发路径和为网络切片预留的资源。

基于与网络切片Slice ID关联的SRv6 Policy，使用Binding SID可以非常方便地编排IPv6网络端到端切片中的跨域SRv6路径，并且与现有的SRv6 Policy保持兼容。但这种方式存在一个限制，即选择切片时不够灵活，这是因为SRv6 Policy直接绑定了区域内的特定网络切片。假设由于网络切片内资源的变化或网络切片对接策略的变化，需要切换到域内的其他网络切片，就需要对区域的边缘节点重新进行配置，生成新的SRv6 Policy，分配新的Binding SID，并将SRv6 Policy与新的网络切片进行关联，之后再将该Binding SID发布出去，用于其他域的网络节点编排IPv6网络端到端切片的跨域路径。这样会导致IPv6网络端到端切片的调整较为复杂，需要在中间节点增加新的状态。

为了提高IPv6网络端到端切片的灵活性，需要SRv6引入特殊类型的SRv6 Binding SID，称为NRP BSID（Network Resource Partition Binding Segment Identifier，网络资源切片绑定段标识）[6]，用于指示每个区域内的网络切片的信息。这样，可以通过在数据包中携带NRP BSID列表来指定报文跨越的多个区域内的网络切片。BSID列表中的每个NRP BSID由对应的区域边缘节点进行解析，该节点为报文封装NRP BSID对应的SID列表和（或）本域的网络切片标识（NRP ID），以引导端到端网络切片的流量在本域指定的网络切片内进行处理和转发。

基于SRv6技术，可以有多种可选的方法将IPv6网络端到端切片的业务流量引导到本区域内的网络切片中，这些方法总体上可以分为两大类。

第一类：通过特定类型的NRP BSID（称为NRP TE BSID），将IPv6网络端到端切片的业务流量引导到本域中与特定网络切片关联的SRv6 Policy。根据报文封装行为的不同，NRP TE BSID又有两种变体。

• 第一种变体：通过一种NRP TE BSID，指示区域边缘节点将流量引导到与域内网络切片相关联的一个SRv6 Policy，该SRv6 Policy的显式路径由一组资源感知SID组成。

- 第二种变体：通过一种NRP TE BSID，指示区域边缘节点将数据包映射到与特定域内网络切片关联的一个SRv6 Policy，该SRv6 Policy指示头节点在为数据包封装SID List的同时，为报文封装该域内网络切片的Slice ID。

第二类：通过特定类型的NRP BSID（称为NRP BE BSID），将IPv6网络端到端切片的业务流量引导到本区域内与特定网络切片关联的最短转发路径。根据报文封装行为的不同，NRP BE BSID也有两种变体。

- 第一种变体：通过一种NRP BE BSID，指示区域边缘节点确定本区域内的网络切片，并将该网络切片对应的Slice ID封装到数据包。
- 第二种变体：通过一种NRP BE BSID，指示区域边缘节点为数据包封装本区域内的特定网络切片对应的Slice ID，其中本区域内的Slice ID由IPv6网络端到端切片的入口节点指定，并通过报文中的特定字段中携带。

NRP TE BSID的第二种变体以及NRP BE BSID的两种变体的作用与现有的SRv6 BSID均不相同，需要定义新的SRv6绑定功能。接下来将对这几种NRP BSID的作用分别进行描述。

8.3.2　SRv6 网络切片绑定功能

1. End.B6.Encaps功能

RFC 8986[7]中定义了SRv6网络编程的概念和架构，并定义了SRv6网络功能的基本集合。其中SRv6 End.B6.Encaps功能可用于提供基于SRv6的绑定段标识（BSID）功能。

NRP TE BSID的第一种变体在处理行为上与SRv6 End.B6.Encaps SID相似，都是根据BSID得到一个SRv6 Policy，将对应的SID List封装到数据包中；二者的不同之处在于该NRP TE BSID与特定的网络切片关联，因而基于End.B6.Encaps实现NRP TE显式路径时，其对应的SID List需要由该域内网络切片对应的资源感知SID组成。

2. End.B6NRP.Encaps功能

End.B6NRP.Encaps是SRv6 End Behavior的一种变体，其含义是绑定到指定的IPv6网络切片中的SRv6 Policy上。这一SRv6功能用于指示SRv6 Endpoint节点，确定该SRv6 BSID对应的IPv6网络切片和SRv6 Policy，并将对应的网络切片ID以及SRv6 Policy的SID列表封装在新的IPv6报文头中。

End.B6NRP.Encaps功能的伪代码定义如下。

```
Any SID instance of this behavior is associated with an SR Policy B,
```

an NRP-ID V and a source address A.

When node N receives a packet whose IPv6 DA is S, and S is a local

End.B6NRP.Encaps SID, N does the following:

```
S01. When an SRH is processed {
S02.    If (Segments Left == 0) {
S03.       Stop processing the SRH, and proceed to process the next
               header in the packet, whose type is identified by
               the Next Header field in the routing header.
S04.    }
S05.    If (IPv6 Hop Limit <= 1) {
S06.       Send an ICMP Time Exceeded message to the Source Address
               with Code 0 (Hop limit exceeded in transit),
               interrupt packet processing, and discard the packet.
S07.    }
S08.    max_LE = (Hdr Ext Len / 2) - 1
S09.    If ((Last Entry > max_LE) or (Segments Left > Last Entry+1)) {
S10.       Send an ICMP Parameter Problem to the Source Address
               with Code 0 (Erroneous header field encountered)
               and Pointer set to the Segments Left field,
               interrupt packet processing, and discard the packet.
S11.    }
S12.    Decrement IPv6 Hop Limit by 1
S13.    Decrement Segments Left by 1
S14.    Update IPv6 DA with Segment List [Segments Left]
S15.    Push a new IPv6 header with its own SRH containing B, and
            set the NRP-ID in the HBH header to V
S16.    Set the outer IPv6 SA to A
S17.    Set the outer IPv6 DA to the first SID of B
S18.    Set the outer Payload Length, Traffic Class, Flow Label,
            Hop Limit, and Next Header fields
S19.    Submit the packet to the egress IPv6 FIB lookup for
            transmission to the new destination
S20. }
```

3. End.BNRP.Encaps功能

End.BNRP.Encaps是SRv6 End Behavior的一种变体，其含义是绑定到指定的基于Slice ID封装的IPv6网络切片上。End.BNRP.Encaps SID所对应的单域网络资源切片ID由SRv6端到端路径的入口节点指定，并通过SRH来携带。End.BNRP.Encaps SID用于指示SRv6 Endpoint节点从报文封装中获取相应的网络切片ID，并将其封装在IPv6 HBH扩展报文头的VTN选项中。

End.BNRP.Encaps与End.NRP.Encaps的不同之处体现在以下几个方面。

- 获取本地的单域网络资源切片 ID 的方式不同。End.NRP.Encaps SID 是由其指定的 SRv6 Endpoint 节点根据本地维护的 SID 和网络切片的映射关系来获取本地的网络切片 ID，而 End.BNRP.Encaps SID 是在跨域 SRv6 路径的入口节点封装该 SID 的时候同时携带 End.BNRP.Encaps SID 指定的 SRv6 Endpoint 节点的单域网络资源切片 ID 的，当报文到达 End.BNRP.Encaps SID 指定的 SRv6 Endpoint 节点时，直接从报文中获取单域网络资源切片信息。
- 建立跨域网络切片中的路径所需的条件不同。当采用 End.NRP.Encaps 建立跨域网络切片中的路径时，其他域节点只要知道 End.NRP.Encaps SID 的信息，无须知道 End.NRP.Encaps SID 对应的 SRv6 Endpoint 节点所在区域内的单域网络资源切片信息；而当采用 End.BNRP.Encaps 建立跨域网络切片中的路径时，SRv6 端到端路径的入口节点不仅要知道 End.NRP.Encaps SID 的信息，还要知道 End.NRP.Encaps SID 对应的 SRv6 Endpoint 节点所在区域的单域网络资源切片信息。
- 映射到单域网络资源切片的方式不同。由 End.NRP.Encaps SID 指定的 SRv6 Endpoint 节点通过 End.NRP.Encaps SID 映射到唯一的单域网络资源切片上；而 SRv6 端到端路径的入口节点在封装 End.BNRP.Encaps SID 的时候，可以根据服务需求在 SRH 中携带不同的网络切片 ID 信息，用于指示 End.BNRP.Encaps BSID 对应的 SRv6 Endpoint 节点获取并封装该节点所在区域的单域网络资源切片 ID。也就是说，通过 End.BNRP.Encaps，跨域网络切片中的 SRv6 端到端路径的入口节点可以灵活地指定报文在网络各区域中需要使用的单域网络资源切片。

与 End.BNRP.Encaps SID 相对应的 SRv6 Endpoint 节点的单域网络资源切片 ID 可以在报文中通过如下几种方式携带。

- End.BNRP.Encaps SID 的 Arguments 字段（当前的标准文稿中推荐采用）。
- SRH 的 TLV 字段。
- SID List 中当前处理的 End.BNRP.Encaps SID 之后的下一个 SID。

当 IPv6 网络端到端切片的跨域 SRv6 端到端路径的入口节点将 End.BNRP.Encaps SID 封装到数据包中时，需要将该数据包映射的域内网络切片 ID 写入该 SRv6 SID 的 Arguments 字段。

End.BNRP.Encaps 功能的伪代码定义如下。

```
Any SID instance of this behavior contains one NRP-ID vinits argument.
When node N receives a packet whose IPv6 DA is S, and S is a local
End.BNRP.Encaps SID, N does the following:
S01. When an SRH is processed {
S02.    If (Segments Left == 0) {
S03.        Stop processing the SRH, and proceed to process the next
```

```
header in the packet, whose type is identified by
the Next Header field in the routing header.
S04.    }
S05.    If (IPv6 Hop Limit <= 1) {
S06.        Send an ICMP Time Exceeded message to the Source Address
with Code 0 (Hop limit exceeded in transit),
interrupt packet processing, and discard the packet.
S07.    }
S08.    max_LE = (Hdr Ext Len / 2) - 1
S09.    If ((Last Entry > max_LE) or (Segments Left > Last Entry+1)) {
S10.        Send an ICMP Parameter Problem to the Source Address
with Code 0 (Erroneous header field encountered)
and Pointer set to the Segments Left field,
interrupt packet processing, and discard the packet.
S11.    }
S12.    Obtain the NRP-ID V from the argument part of the IPv6 DA
S13.    Decrement IPv6 Hop Limit by 1
S14.    Decrement Segments Left by 1
S15.    Update IPv6 DA with Segment List [Segments Left]
S16.    Set the NRP-ID to V in the HBH Ext header
S17.    Submit the packet to the egress IPv6 FIB lookup for
transmission to the new destination
S18. }
```

4. End.NRP.Encaps功能

End.NRP.Encaps是SRv6 End Behavior的一种变体。End.NRP.Encaps SID对应的SRv6 Endpoint节点会维护SID与本地的单域网络资源切片ID的映射关系。当SRv6 Endpoint节点接收到携带有本节点分配的End.NRP.Encaps SID的数据包后，可以根据End.NRP.Encaps SID确定用于转发该数据包的网络切片ID，并将对应的网络切片ID封装在数据包IPv6 HBH（Hop by Hop，逐跳）扩展报文头中的VTN选项中。

End.NRP.Encaps功能的伪代码定义如下。

```
Any SID instance of this behavior is associated with one NRP-ID V.
When node N receives a packet whose IPv6 DA is S, and S is a local
End.NRP.Encaps SID, N does the following:
S01. When an SRH is processed {
S02.    If (Segments Left == 0) {
S03.        Stop processing the SRH, and proceed to process the next
            header in the packet, whose type is identified by
            the Next Header field in the routing header.
S04.    }
S05.    If (IPv6 Hop Limit <= 1) {
S06.        Send an ICMP Time Exceeded message to the Source Address
            with Code 0 (Hop limit exceeded in transit),
            interrupt packet processing, and discard the packet.
```

```
S07.    }
S08.    max_LE = (Hdr Ext Len / 2) - 1
S09.    If ((Last Entry > max_LE) or (Segments Left > Last Entry+1)) {
S10.        Send an ICMP Parameter Problem to the Source Address
                with Code 0 (Erroneous header field encountered)
                and Pointer set to the Segments Left field,
                interrupt packet processing, and discard the packet.
S11.    }
S12.    Decrement IPv6 Hop Limit by 1
S13.    Decrement Segments Left by 1
S14.    Update IPv6 DA with Segment List [Segments Left]
S15.    Set the NRP-ID in the HBH header to V
S16.    Submit the packet to the egress IPv6 FIB lookup for
            transmission to the new destination
S17. }
```

8.4 基于意图路由的 IPv6 网络端到端跨域切片

8.4.1 基于意图路由的原理

IETF中的基于意图的跨域路由问题描述草案[8]中描述了在跨域网络中建立满足特定意图的端到端路径的需求。IETF目前存在多种基于BGP建立满足不同服务等级需求的跨域端到端路径的控制协议机制[9-10]，这需要通过预先建立跨域的端到端路径来满足特定业务的端到端需求。在SR网络中，这些跨域的端到端路径需要根据不同的<Color，Endpoint>组合分别建立不同的SR Policy，这意味着需要在跨域网络中引入大量的SR Policy，从而可能会给网络的可扩展性带来更多挑战。

为了应对满足不同业务需求的域间路由给网络扩展性带来的挑战，IETF草案draft-li-apn-intent-based-wuting[11]中定义了基于意图的路由机制[9]。通过该机制，在数据包中可以携带意图信息，网络节点根据意图信息将指导数据包到对应的SR Policy中，以满足业务需求（即满足特定的意图）。采用基于意图的路由机制后，网络节点无须在控制平面维护到每个目的节点针对不同意图的端到端细粒度连接状态，从而可以显著提高端到端路由的可扩展性。

除了可以指导数据包到SR Policy中，基于意图的路由机制还可用于将业务流量引导到网络切片以满足特定意图，或用于实施满足其他类型意图的策略，如网络测量、安全等。由于在不同的网络域中，相同的意图可以通过不同的技术方案来满足（例如业务的低时延意图可以通过SR Policy来满足，也可以使用网络切片来达成），因此基于意图的路由机制还可以通过对不同区域的技术方案进行组合来满足端到端一致的意图，从而提高跨域网络满足业务需求的灵活性。

基于意图的路由机制需要在数据平面引入意图信息，以表示对到达网络中特定目的地址的数据包的特定服务需求。该意图信息可以与一系列的业务需求相关联，如低时延和高带宽等。数据平面的意图标识可由网络管理员根据业务需求进行分配，在跨域网络中的意图标识的分配需要保持一致。

在IETF的RFC 9256 "SR Policy" 架构中定义了用于SR Policy的颜色（Color）属性[12]。SR Policy的Color是一个长度为32 bit的控制平面标识，用于将SR Policy与特定的意图（例如低时延等）进行关联。为了实现基于意图信息引流到SR Policy，网络设备需要维护Color和意图之间的映射关系。如果数据平面的意图标识和SR Policy的Color可以进行一致的规划和分配，即SR Policy的Color的值与意图标识的取值相同，这样就不需要在数据平面存储意图标识和Color之间的映射信息。

如图8-8所示，在基于意图的跨域路由场景中，到特定端点的对应不同Color的SR Policy只需要在本地的网络域中建立。也就是说，基于意图的路由机制不需要通告和建立对应每个<Color, Endpoint>组合的跨域端到端SR Policy。当携带意图标识的数据包到达网络域的边缘节点时，边缘节点可以根据目的地址查找路由下一跳（Nexthop），然后根据报文中的意图标识和下一跳与SR Policy的<Color, Endpoint>进行匹配，找到对应的域内SR Policy，指导数据包至相应SR Policy上进行转发。

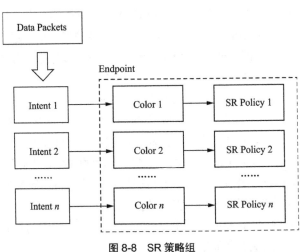

图 8-8 SR 策略组

如图8-9所示，在跨域的网络切片场景中，可以在本地的网络域中建立Color属性与本区域的网络切片之间的映射关系。当携带意图标识的数据包到达网络域的边缘节点时，边缘节点可以根据意图标识与Color属性的映射关系，以及Color与本区域的网络切片的映射关系，指导数据包至本区域内的网络切片中。

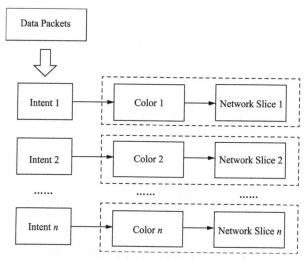

图 8-9　Color 属性与本区域的网络切片之间的映射关系

　　由于 SR Policy 或网络切片可能满足相同的意图，所以在不同的网络域内可以根据意图灵活地选择不同的技术方案，而不需要所有网络域采用的方案保持一致。这样就提高了域间意图路由的灵活性。

　　图 8-10 是由两个自治系统——AS1 和 AS2 组成的运营商网络示例。其中，客户请求从 CSG1（Cell Site Gateway，基站侧网关）到 PE1（Provider Edge，提供商边缘）设备的有带宽保证的专线业务。假设在图 8-10 所示的网络中采用了以下协议部署方案。

- AS1 中部署独立的 IS-IS 实例。
- AS2 中部署独立的 IS-IS 实例。
- ASBR（Autonomous System Boundary Router，自治系统边界路由器）之间部署 BGP 会话。
- PE1 的 SRv6 Locator 为 A3:1::/64，PE1 上部署的 VPN 实例的 SRv6 VPN SID 为 A3:1::B100。
- PE1 的 Locator 路由通过 BGP 从 AS2 发布到 AS1。
- AS1 内的 CSG1 建立 SRv6 Policy，包括两种 SRv6 Policy，其 Endpoint 节点均为 ABSR1，分别对应不同的 Color：10（低时延）和 20（大带宽）。
- AS2 内的 ASBR3 建立 SRv6 Policy，包括两种 SRv6 Policy，其 Endpoint 节点均为 PE1，分别对应不同的 Color：10（低时延）和 20（大带宽）。
- PE1 的 SRv6 Locator A3:1::/64 作为路由前缀通过 BGP 对外通告，在 ASBR 节点修改路由下一跳并继续对外通告。

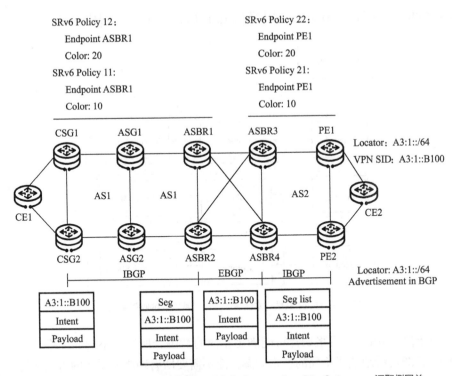

注：CE 为 Customer Edge，用户边缘；ASG 为 Aggregation Site Gateway，汇聚侧网关。

图 8-10　自治系统 AS1 和 AS2 组成的运营商网络示例

PE1向CSG1发布携带Color扩展团体属性为10的VPN路由，其中携带SRv6 VPN SID A3:1::B100。CSG1收到VPN路由后，将Color属性映射到数据平面的意图标识上，并生成VPN SID为A3:1::B100的VPN路由与对应意图的关系。当CSG1收到CE1发送的数据包时，对报文进行VPN路由匹配和封装转发，具体的转发流程如下。

步骤①　CSG1为数据包封装外层的IPv6报文头，将目的IPv6地址设置为VPN路由中的VPN SID A3:1::B100，并在报文中添加对应的意图标识。

步骤②　CSG1根据目的IPv6地址A3:1::B100查找转发表项，匹配到PE1的SRv6 Locator A3:1::/64的路由，其路由下一跳为ASBR1。

步骤③　CSG1根据下一跳ASBR1和意图标识匹配的端点为ASBR1，Color为10的本区域SRv6 Policy 11，在外层的IPv6报文头中封装SRv6 Policy 11对应的SID列表。

步骤④　CSG1以及AS1中的网络节点按照SRv6 Policy 11的SID列表指示将数据包转发到ASBR1，ASBR1解封装外层IPv6报文头和SRv6 Policy 11的SID列表。

步骤⑤　ASBR1查找IPv6路由转发表，将目的IPv6地址为A3:1::B100的数据包发送给ASBR3。

步骤⑥　ASBR3根据数据包的目的IPv6地址A3:1::B100查找IPv6转发表项，匹配找到PE1的Locator A3:1::/64的路由，其路由下一跳为PE1。

步骤⑦　ASBR3根据下一跳PE1和意图标识匹配的端点为PE1，Color为10的本区域SRv6 Policy 21，为报文封装新的IPv6报文头，并在新的IPv6报文头中封装SRv6 Policy 21对应的SID列表。

步骤⑧　ASBR3以及AS2中的网络节点按照SRv6 Policy 21的SID列表指示将数据包转发给PE1，PE1解封装外层IPv6报文头和SRv6 Policy 21的SID列表。

步骤⑨　PE1在VPN SID A3:1::B100所标识的VPN实例中继续进行数据包的查表转发。

8.4.2　基于意图路由的 IPv6 封装

意图标识可以使用不同的数据平面协议进行封装。为了在IPv6中支持基于意图的路由，需要定义一个新的IPv6扩展报文头选项，即意图（Intent）。意图选项的格式如图8-11所示。

意图选项各字段说明如表8-1所示。

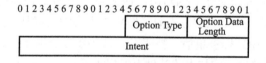

图 8-11　意图选项的格式

表 8-1　意图选项各字段说明

字段名	含义
Option Type	选项类型，8 位无符号整数，IPv6 意图选项的类型值由 IANA 分配
Option Data Length	意图选项数据字段的长度，即意图标识的长度，单位为 Byte，取值为 4
Intent	长度为 32 bit 的意图标识

根据具体的应用场景和实现要求，意图选项可以在IPv6报文头中的如下几个位置中携带。

- 逐跳选项扩展报文头：通过使用该报文头，路径上的每个节点都可以读取数据包中携带的意图信息。

• 目标选项扩展报文头：通过使用该报文头，路径上的目的节点可以读取数据包中携带的意图信息。

| 设计背后的故事 |

1. 跨域网络技术的发展

跨域网络一直是IP技术发展中一个重要的领域。IP最早就是为跨越多个不同网络以实现网间互联而诞生的。随着MPLS技术的发展，这些不同的网络（如ATM网络、帧中继网络、TDM网络等）也都逐渐演变成了基于IP的网络。MPLS的应用虽然很成功，但也带来了跨域复杂度高的问题，不利于端到端的业务部署。

为了实现MPLS跨域，发展了跨域VPN技术，有Option A、Option B、Option C[4]等多种方式。Option A和Option B是较为常用的方式，VPN业务部署复杂，同时还要把边缘的VPN路由通告给AS边界路由器，增加了AS边界路由器的负担。Option C方式的跨域VPN方案建立的是业务边缘路由器之间的连接，这样只需要在边缘路由器上部署和交互VPN路由，而无须AS边界路由器的参与，大大简化了VPN业务的部署。Option C方式的跨域VPN方案的关键技术是BGP-LU（BGP Labeled Unicast，BGP标签单播）技术[13]，即为BGP公网单播路由表分发标签。在Option C方式的跨域VPN技术的基础上发展出了Seamless MPLS网络架构[14]，即在IGP域之间通过BGP为公网单播路由表分发标签，建立端到端的跨域LSP。虽然Option C方式的跨域VPN方案可以简化VPN业务的部署，但是在域内和域间通过专门的BGP信令分发标签并逐段进行拼接，仍然有些复杂。

随着SR技术的兴起，进一步发展出了BGP Prefix Segment[15]，它可以为跨域的路由分配Segment，这种技术和BGP-LU是类似的。为了支持域间选路，还发展了BGP EPE技术[16]，即域间生成不同种类的引导流量的Segment（例如指定域间链路、指定对端AS边界路由器、指定对端AS边界路由器组等），这样在头节点可以使用这些Segment进行网络路径编程，生成端到端跨域的路径，不需要像BGP-LU那样维护每条LSP的状态并逐段进行拼接。

SRv6和SR-MPLS不同，它可以直接利用IPv6路由的可达性实现跨域，也就是说，SRv6无须通过额外的控制信令分发标签就可以实现跨域，不仅如此，跨域的路由还可以通过聚合等方法减少路由表项的数量，提高可扩展性。因为SRv6 SID具有路由属性，所以在协议设计中需要考虑SRv6和SR-MPLS的不同，不能一概而论。跨域就是一个非常好的范例，SRv6大大简化了跨域连接的复杂度，提高了跨域网络连接的可扩展性，极大地方便了端到端的业务部署，赢得了众多运营商的青睐。

传统上通过BGP只能建立一条对特定地址前缀的端到端跨域路径，为业务提供差异化的跨域连接服务的需求驱动运营商为相同目的地址建立不同的跨域路径，这也是最近一段时间跨域技术的一个重要发展方向。目前来看，这个功能可以通过两种方式来实现：一种是通过控制平面的BGP为每<Prefix，Color>组合分发不同的Segment[9,10]，并根据Color和BGP下一跳匹配到不同的域内隧道，这样就形成了多条端到端的路径；另一种就是本章介绍的基于意图路由[11]的机制，为特定的路由下一跳建立一组域内的SR Policy，并通过意图标识和Color的对应关系匹配到相应的SR Policy。

2. 意图路由与APN

要将业务映射到符合意图的SR Policy或网络切片上，可以通过匹配报文中的五元组（源IP地址、目地IP地址、协议号、源端口号、目的端口号）映射来完成。然而，在网络域的边缘将报文映射到SR Policy，加上外层的SR报文头封装后，原始报文中的五元组就不可见了。如果在跨域等场景中还需要进一步映射，那么匹配原始报文的五元组将报文导流到SR Policy或网络切片的策略就无法实施，或者需要通过深度解析报文来实现，这会带来网络安全问题和转发性能的问题。

我们在2019年年初提出的APN（Application-aware Networking，感知应用的网络）机制[17]可以用来解决上述问题。APN的目的是由应用或网络边缘设备将应用相关的信息（APN属性）携带在报文里，并传递给网络，使其可以根据应用相关信息提供更加精细的网络差异化服务。与IPv6网络切片类似，APN也可以利用IPv6扩展机制，通过IPv6扩展报文头来携带APN属性[18]。

通过APN机制可以将原始报文的五元组映射到APN ID和相关参数（APN ID和相关参数统称为APN属性）上，并把APN属性封装在外层隧道中，这样隧道的沿途节点可以根据APN属性继续实施网络服务策略。例如，匹配APN属性将报文导流到相应的SR Policy或网络切片上。

本章介绍的意图路由可以看作APN的一种简化实现，即报文中携带的意图ID可以代表与应用或用户相关联的业务需求参数的一个集合。网络边缘节点可以通过报文中的五元组等信息映射到意图ID上，也可以根据业务路由携带的Color属性以及Color和意图ID的映射关系来建立目的地址和意图ID的映射关系。通过报文的目的地址映射到意图ID，可以看作根据五元组映射到意图ID的一种简化实现。意图ID没有体现应用或用户级的差别，如果需要根据不同应用或用户的意图来实施网络服务策略，还需要更多的APN属性。

| 本章参考文献 |

[1] GENG X, CONTRERAS L, DONG J, et al. IETF network slice application in 5G end–to–end network slice[EB/OL]. (2022–10–24)[2022–10–30].draft–gcdrb–teas–5g–network–slice–application–01.

[2] 3GPP. System architecture for the 5G system (5GS)[EB/OL]. (2022–03–23)[2022–09–30]. 3GPP TS 23.501.

[3] LI Z, DONG J. Framework for end–to–end IETF network slicing[EB/OL]. (2022–09–08)[2022–09–30]. draft–li–teas–e2e–ietf–network–slicing–02.

[4] ROSEN E, REKHTER Y. BGP/MPLS IP Virtual Private Networks (VPNs)[EB/OL]. (2006–02)[2022–09–30]. RFC 4364.

[5] LI Z, DONG J. Encapsulation of end–to–end IETF network slice information in IPv6[EB/OL]. (2021–10–16)[2022–09–30]. draft–li–6man–e2e–ietf–network–slicing–00.

[6] LI Z, DONG J, PANG R, et al. Segment routing for end–to–end IETF network slicing[EB/OL]. (2022–10–24)[2022–10–30]. draft–li–spring–sr–e2e–ietf–network–slicing–05.

[7] FILSFILS C, CAMARILLO P, LI Z, et al. Segment routing over IPv6 (SRv6) network programming[EB/OL].(2021–02)[2022–09–30].RFC 8986.

[8] HEGDE S, RAO D, SANGLI S R, et al. Problem statement for inter–domain intent–aware routing using color[EB/OL]. (2022–07–15)[2022–09–30]. draft–hr–spring–intentaware–routing–using–color–00.

[9] VAIRAVAKKALAI K, VENKATARAMAN N. BGP classful transport planes [EB/OL]. (2022–09–06)[2022–09–30]. draft–ietf–idr–bgp–ct–00.

[10] RAO D, AGRAWA S. BGP color–aware routing (CAR) [EB/OL]. (2022–09–06)[2022–09–30]. draft–ietf–idr–bgp–car–05.

[11] LI Z, HU Z, DONG J. Intent–based routing[EB/OL]. (2022–09–06)[2022–09–30]. draft–li–apn–intent–based–routing–00.

[12] FILSFILS C, TALAULIKAR K, VOYER D. Segment routing policy architecture [EB/OL]. (2022–07–24)[2022–09–30]. RFC 9256.

[13] ROSEN E. Using BGP to bind MPLS labels to address prefixes[EB/OL].(2017–10)[2022–09–30].RFC 8277.

[14] LEYMANN N, DECRAENE B, FILSFILS C, et al. Seamless MPLS architecture [EB/OL].(2014–06–28)[2022–09–30].draft–ietf–mpls–seamless–mpls–07.

[15] FILSFILS C, PREVIDI S, LINDEM A, et al. Segment routing prefix segment identifier extensions for BGP[EB/OL].(2019–12)[2022–09–30].RFC 8669.

[16] FILSFILS C, PREVIDI S, TALAULIKAR K, et al. Border Gateway Protocol – Link State (BGP–LS) extensions for segment routing BGP egress peer engineering[EB/OL]. (2021–08)[2022–09–30]. RFC 9086.

[17] LI Z, PENG S, et al. Application–aware Networking (APN) framework [EB/OL]. (2022–09–30)[2022–10–30]. draft–li–apn–framework–06.

[18] LI Z, PENG S, XIE C. Application–aware IPv6 Networking (APN6) encapsulation [EB/OL]. (2022–12–09)[2022–12–30]. draft–li–apn–ipv6–encap–06.

第 9 章
IPv6 网络切片的部署

本章将介绍IPv6网络切片部署的相关内容，首先分析智慧医疗、智慧政务、智慧港口、智慧电网和智慧企业场景的网络切片解决方案设计，然后介绍网络切片方案中的资源切分配置方法、基于SRv6 SID的网络切片方案与基于Slice ID的网络切片方案的部署，最后介绍如何通过IPv6网络切片控制器部署单层网络切片、层次化网络切片和跨域网络切片方案。

| 9.1　IPv6 网络切片解决方案设计 |

为满足5G和云时代网络业务的差异化SLA要求，运营商需要通过网络切片为不同业务提供定制化服务，助力行业和企业成功实现数字化转型。下面从智慧医疗、智慧政务、智慧港口、智慧电网和智慧企业5个具体场景介绍网络切片方案的设计。

9.1.1　智慧医疗

1. 需求介绍

智慧医疗是指借助网络技术实现预防、咨询、诊疗、康复、保健等全流程的医疗卫生服务体系。在推进智慧医疗的过程中，覆盖城乡医疗卫生机构的高速宽带网络和互联网专线对支撑智慧医疗体系至关重要。

为满足城乡各级医院业务上云、互联以及随时随地开展远程医疗的需求，医疗行业专网需要具备三大能力。

- 任意连接：以地市级三甲医院为中心，与县级医院构建Hub-spoke型网络互联，在任意医疗卫生机构之间快速打通业务通道。
- 大带宽：村卫生室、社区卫生服务站接入带宽可至300 Mbit/s；乡镇卫生院、社区卫生服务中心接入带宽可至500 Mbit/s；县级及以上卫生健康委员会和二、三级医院接入带宽可至1 Gbit/s。

- 超低时延：医疗核心系统上云，PACS（Picture Archiving and Communication System，影像归档和通信系统）、HIS（Hospital Information System，医院信息系统）等业务时延小于20 ms，并且保持稳定，提供与本地服务一致的业务体验。

2. 基于网络切片的智慧医疗

通过网络切片提供的"医疗健康云网"，可以实现一网多用，如图9-1所示。

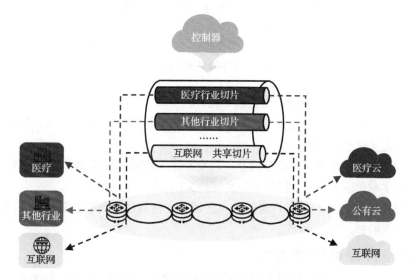

图 9-1　基于网络切片的 "医疗健康云网"

基于网络切片的智慧医疗方案具有如下特点。

- 网络切片、刚性隔离：不同网络切片之间资源独立，在其他网络切片业务拥塞的情况下，仍然能够严格保障本网络切片内的业务SLA，如PACS业务的大带宽要求、HIS业务的超低时延要求等。
- 快速开通、敏捷运维：通过网络切片控制器实现端到端网络切片生命周期管理，以及网络切片及业务的SLA可视、可控。
- 一网多用：一张医疗网络切片可以再进一步划分切片，以支持提供层次化的子网络切片，从而实现一网多用，投资收益高。

9.1.2　智慧政务

1. 需求介绍

5G网络可以帮助政务系统实现应急救援、视频监控等智慧政务，如图9-2所示。智慧政务能在辖区范围内实现地空一体，立体巡防，提升应急救援、政务办公效率。

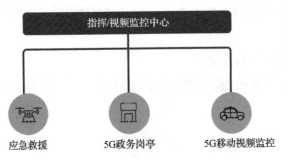

图 9-2　智慧政务的应用示例

实现智慧政务，需要网络提供以下能力。

- 安全隔离：政务系统回传的监控数据对安全性要求高，要求与公众数据传输通道实现绝对隔离。
- 大带宽：应急救援、政务岗亭、高空摄像头均需要4K高清监控，4K视频需要实时传输（单路上行带宽为20～40 Mbit/s）。
- 时延可保障：在2C用户流量热点区域，支持通过端到端资源预留保障政务业务时延。

2. 基于网络切片的智慧政务

如图9-3所示，端到端网络切片可以提供政务业务专网，实现一网多用，满足政务业务和公众用户业务安全隔离的要求。

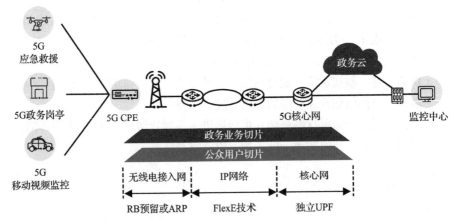

注：CPE 为 Customer Premises Equipment，用户驻地设备，业界常称客户终端设备；RB 为 Resource Block，资源块。

图 9-3　基于网络切片的智慧政务

基于网络切片的智慧政务方案具有如下特点。

- 安全可靠：端到端部署政务业务切片。无线电接入网部署RB（Radio Bearer，无线承载）或ARP（Allocation and Retention Priority，分配和保持优先级）实现资源预留，IP网络部署FlexE技术实现切片资源预留，核心网部署独立UPF，实现政务业务与公众业务隔离，保障政务回传监控数据的安全性。
- 大带宽：为政务业务网络切片分配充足带宽资源。为接入层分配带宽10 Gbit/s，为汇聚层分配带宽50 Gbit/s，为骨干核心层分配带宽100 Gbit/s，满足政务监控视频上行带宽要求，实现多路高清视频实时回传。
- 端到端网络切片：部署"无线网+承载网+核心网"端到端网络切片，无线网和核心网通过VLAN子接口区分不同的网络切片，为政务业务规划独立的子接口，IP承载网通过VLAN子接口识别政务业务切片。
- 时延保障：通过FlexE技术，实现切片间硬隔离，保障政务业务要求的稳定时延。
- 网络切片SLA可视：部署IFIT技术、网络切片业务SLA可视，实现网络故障快速定位。

9.1.3　智慧港口

1. 需求介绍

重型机械行业中港口的主要作业场地为室外堆场，遍布集装箱、吊车和集卡，占地面积广。港口的龙门吊负责把集装箱放到堆场指定位置。传统的龙门吊远程控制系统通过光纤或者Wi-Fi实现中控室和龙门吊的连接，在远程控制系统改造前，港口的现有网络存在光纤成本高、Wi-Fi覆盖范围小、生产网络隔离难、人力成本高等问题。

随着5G时代和新型基础设施建设"大潮"的来临，港口迫切需要升级为智慧港口，需要对龙门吊进行改造。若能在每台龙门吊上部署高清摄像头，将高清视频回传至中控室，工作人员就能通过高清视频查看现场，并通过低时延网络连接进行远程操控，从而解决龙门吊无法远程作业的困境，加快智慧港口建设。

实现智慧港口的远程控制和远程监控，需要网络提供以下能力。

- 大带宽：每台龙门吊上安装18路1080P摄像头，上行带宽需求为30 Mbit/s。
- 低时延：远程控制要求端到端时延小于18 ms。其中，要求IP网络时延小于3 ms。
- 高可靠性：达到99.999%的可靠性，停机次数＜1次/月。

2. 基于网络切片的智慧港口

如图9-4所示，远程控制和远程监控对网络的要求不同，通过网络切片管理系统分别部署低时延网络切片专网和大带宽网络切片专网，提供不同服务等级的端到端SLA保障，能有效满足龙门吊的远程作业需求。

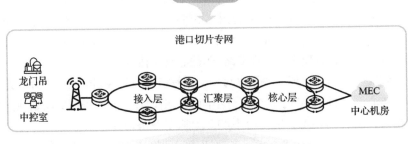

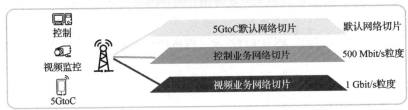

图 9-4　基于网络切片的智慧港口

基于网络切片的智慧港口方案具有如下特点。

- 低时延：部署低时延网络切片承载控制类业务，采用FlexE接口作为资源切分技术，实现硬隔离，满足超低时延要求。
- 大带宽：部署大带宽网络切片来承载视频类业务，满足上行带宽要求且不影响控制类业务的要求。
- 高可靠性：支持网络切片内的FRR，实现故障时业务的50 ms保护切换。
- 网络切片SLA可视：部署IFIT技术，实现网络切片业务SLA可视、分钟级故障定位。

相比传统的港口，采用远程控制和远程监控的智慧港口能降低约75%的人力成本，使龙门吊实现灵活移动、现场无人作业，从而减少安全隐患。

9.1.4　智慧电网

1. 需求介绍

智慧电网建立在通信网络的基础上，通过传感和测量技术、设备技术、控制方法以及决策支持系统等的应用，实现电网可靠、安全、经济、高效、环境友好的目标。

智慧电网的业务类型总体上可分为控制和采集两大类业务。其中,控制类业务包括智能分布式配电自动化、用电负荷需求侧响应、分布式能源调控等;采集类业务包括高级计量和智慧电网大视频应用等。

智慧电网业务类型及典型场景如表9-1所示。

表 9-1　智慧电网业务类型及典型场景

业务类型	典型场景	场景介绍
控制类	智能分布式配电自动化	实现对配电网的保护控制,通过继电保护自动装置检测配电网线路或设备状态信息,快速实现配网线路区段或配网设备的故障判断及准确定位,快速隔离配网线路故障区段或故障设备,随后恢复正常区域供电。该场景要求超低时延、高可靠性
	用电负荷需求侧响应	当电力系统可靠性受到威胁时,通过及时减少或者推移某时段的用电负荷,保障电网运行的稳定性。该场景要求超低时延、高可靠性
	分布式能源调控	分布式能源调控包括太阳能利用、风能利用、燃料电池和燃气冷热电三联供等多种方式。分布式能源分散布置在用户或负荷现场以及邻近地点,不仅位置灵活、分散,而且数量庞大。该场景具有海量连接、实时统计的特点
采集类	高级计量	高级计量主要针对智能电表进行用电信息的深度采集,满足智能用电和个性化客户服务需求。该场景采集的数据数量大且采集频率高,具有海量连接、实时统计的特点
	智慧电网大视频应用	包括变电站巡检机器人、输电线路无人机巡检、配电房视频综合监控、移动式现场施工作业管控等,需要实时传输视频、图片,对通信带宽要求高

智慧电网对网络的关键需求如下。

- 超低时延:智能分布式配电自动化业务和用电负荷需求侧响应业务需要精准控制,要求毫秒级响应。
- 海量连接:配电网络覆盖广,智能电表、分布式能源的数量巨大,要求海量连接。
- 大带宽:监控和巡检类业务,需要大带宽。
- 高可靠性:视频类业务可靠性要求达到99.9%,控制类业务可靠性要求达到99.999%,生产类和管理类业务需要实现隔离。

2. 基于网络切片的智慧电网

智慧电网业务需求广泛,通过不同的网络切片服务可更有针对性地满足智慧电网的通信传输需求。如图9-5所示,不同业务场景对应不同网络切片类型。

- URLLC切片主要承载智能分布式配电自动化业务、用电负荷需求侧响应业务。
- mMTC切片主要承载高级计量及分布式能源调控两大业务。
- eMBB切片主要承载智慧电网大视频应用业务，包括变电站巡检机器人、输电线路无人机巡检等。

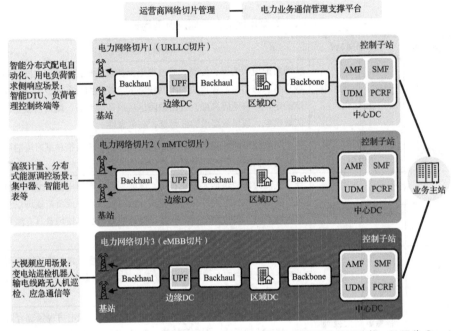

注：AMF 为 Access and Mobility management Function，接入和移动性管理功能；SMF 为 Session Management Function，会话管理功能；UDM 为 Unified Data Management，统一数据管理；PCRF 为 Policy and Charging Rules Function，策略和计费规则功能。

图 9-5　基于网络切片的智慧电网

　　每类切片可按需构建多个网络切片实例，电网企业可根据不同的电力业务需求，提供差异化的电力业务网络切片服务。

　　基于网络切片的智慧电网方案具有如下特点。

- 确定性时延保障：通过MEC按需下沉以及在IP网络引入FlexE技术，确保IP网络时延小于2 ms。
- 安全隔离：IP网络通过FlexE技术实现资源预留，为电网不同分区业务提供物理资源、逻辑资源等不同层次的安全隔离能力，满足生产类电网业务和管理类电网业务不同的安全隔离要求。
- 高可靠性：通过在网络切片内部署FRR等完善的保护机制，保障电网业务高质量运行。

9.1.5　智慧企业

1. 需求介绍

随着企业信息化多年的发展，企业的高效运营已高度依赖信息化基础设施，构建安全可靠、高性能的网络基础设施来支持企业信息智能化几乎是各类大型企业的战略目标。纵观大型企业或组织的主流网络情况，典型的大型企业或组织的网络架构如图9-6所示。

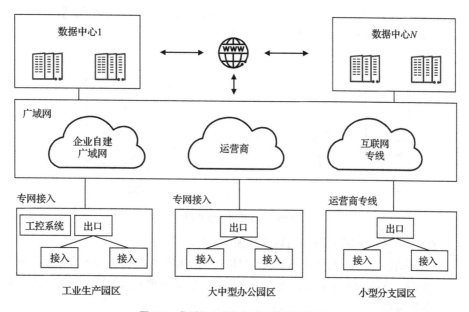

图 9-6　典型的大型企业或组织的网络架构

新一代的智慧企业对网络的需求可以总结如下。

- 多地多中心：大型企业的数据中心架构一般包括同城双中心和异地灾备数据中心，构成两地三中心的高可靠架构，部分行业（如金融业）的数据中心架构开始向多地多中心演进。数据中心同时部署企业内部基础应用系统以及对外门户网站等公众服务，涉及外部互联网对接、内部广域网对接、数据中心间互联及数据中心内部网络等模块。

- 多分支灵活接入：企业或组织的下属单位或子公司通常分布广泛，工业生产园区、办公园区网络规模不一。一般企业分支在本地会同时接入企业广域专网以及互联网，对互联网访问安全管理较严格的企业通常会采用统一互联网出口，对统一互联网出口进行安全防护和访问控制，通常，统一的互联网出口会部署在数据中心。

- 广域网业务保障：企业各分支园区需要通过广域网接入内部的数据中心服

务，需要广域网针对其中的重点业务提供有保障的服务。

2. 基于网络切片的智慧企业

通过将网络资源划分为不同的网络切片，可以满足企业不同业务的要求，为企业重点业务提供按需的SLA保障。每个网络切片可视作单独的网络，通过规划业务引流策略，将业务引入不同切片，既能更进一步地实现业务隔离，又能为对时延、抖动有严格要求的关键业务（如视频、工业生产网络等）提供SLA保障。

根据企业业务特点，可以为企业部署一个网络切片，企业的所有业务运行在同一个网络切片中，也可以为企业部署多个网络切片，企业不同的业务运行在各自的切片中。企业网络切片部署如图9-7所示。

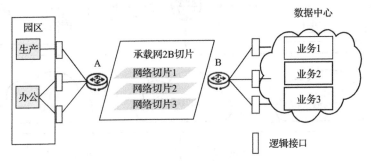

图 9-7　企业网络切片部署

通过部署企业网络切片，可以实现如下目标。

- 按需资源分配：根据业务诉求，可以为网络切片按需提供共享或专用的网络资源，支持1000个以上的企业网络切片，满足各种业务灵活、精细化的资源保障要求。
- 确定性时延：针对部分业务的确定性时延需求，分配专用网络切片资源，实现时延可承诺。
- 高可靠性：通过在网络切片内部署快速重路由等技术实现高可靠性。
- 智能切片管理：提供网络切片管理接口与切片用户对接，实现从用户意图到业务开通的全流程打通，支持切片规划、部署和灵活切片映射、业务SLA可视，实现对资源的最优分配，提升网络利用率。

| 9.2　IPv6 网络切片的资源切分配置 |

对物理网络资源的精细化管理是IPv6网络切片的基础。具体来说，就是基于企业应用场景和业务诉求，采用多种资源切分技术对资源进行合理规划和分配，满足不同业务的隔离和SLA诉求。例如，对于一张在接入层采用10 Gbit/s链路、在汇聚层和核心层采用100 Gbit/s链路的物理网络，为了保障特定业务对隔离和确定性时延的诉求，采用FlexE技术实现一个全网1 Gbit/s带宽的网络切片，提供隔离和确定性时延保障，同时网络切片内可以采用QoS技术，针对不同优先级的业务提供差异化调度，在切片内保留统计复用功能。

从整体上来看，网络切片资源预留可以隔离不同业务流之间的微突发干扰，确保平稳流的确定性时延，为网络管理者提供丰富的差异化SLA能力。但实际应用中，为了更好地平衡统计复用和业务SLA保障，需要对业务需求和资源分配之间的映射进行合理规划，具体如下。

- 对有隔离诉求和确定性时延诉求的业务，需要分配独立的网络资源，例如电力差动保护这种生产类业务，建议采用FlexE技术提供严格独立的资源保障。
- 对于大突发类业务，可以将其规划到一个大带宽网络切片中，同时结合不同的QoS优先级，对网络切片内的不同业务提供差异化服务。

在网络实际部署时，可基于不同的业务诉求采用FlexE接口、信道化子接口、灵活子通道等不同的资源切分技术。基于业务诉求确定好资源切分技术后，需要进行相应的资源切分部署配置。接下来具体介绍几种典型的资源切分配置。

9.2.1　FlexE 接口的配置

FlexE技术通过FlexE Shim把物理接口资源按时隙池化，在大带宽物理接口上通过时隙资源池灵活划分出若干FlexE接口，实现对接口资源的灵活、精细化管理。不同FlexE接口之间的带宽资源被严格隔离，效果等同于物理接口之间的隔离。因此，FlexE Client接口之间的时延干扰极小，可提供时延保障。FlexE接口的这一特性使其可用于承载对时延SLA要求极高的URLLC业务，如电网差动保护业务。

下面介绍FlexE接口的配置。首先配置设备的FlexE子卡的子时隙粒度，默认为5 Gbit/s，可配置的最小时隙粒度为1 Gbit/s，可配置的最大时隙粒度为5 Gbit/s。同时还需要使能接口的FlexE模式，配置样例如下。

```
<HUAWEI> system-view
[~HUAWEI] set flexe sub-time-slot granula slot 1 card 0 1G    //设置子卡的子时隙粒度
[*HUAWEI] flexe enable port 1/0/1
[*HUAWEI] commit
```

为保证对接的两端设备能够通过FlexE接口能正常通信，需要在两端设备的FlexE接口上分别配置相同的PHY Number参数，配置样例如下。

```
<HUAWEI> system-view
[~HUAWEI] interface FlexE-50G 1/0/1
[~HUAWEI-FlexE-50G1/0/1] phy-number 5    //配置FlexE接口的phy number参数
[*HUAWEI-FlexE-50G1/0/1] commit
```

FlexE接口需要绑定到一个FlexE Group上。首先创建FlexE Group，然后将FlexE接口绑定到FlexE Group上。FlexE Group的带宽为所有绑定到该Group的FlexE接口带宽总和。为保证对接的两端设备能够正常通信，需要为两端设备对接的FlexE接口加入的FlexE Group配置相同的Group ID参数，配置样例如下。

```
<HUAWEI> system-view
[~HUAWEI] flexe group 1
[*HUAWEI-flexe-group-1] binding interface FlexE-50G 1/0/1
[*HUAWEI-flexe-group-1] flexe-groupid 1      //配置FlexE Group的group id参数
[*HUAWEI-flexe-group-1] commit
```

FlexE接口的功能与普通以太接口相同，可以运行网络协议。每个FlexE接口可以灵活地从FlexE Group中分配带宽，还可以进行带宽调整。通过创建FlexE Client实例可以生成FlexE接口，配置flexe-type为full-function，port-id为选配。在FlexE Client实例视图下配置Client ID和带宽值，带宽单位为Gbit/s，配置样例如下。

```
<HUAWEI> system-view
[~HUAWEI] flexe client-instance 129 flexe-group 1 flexe-type full-function port-id 129
[*HUAWEI-flexe-client-129] flexe-clientid 129
[*HUAWEI-flexe-client-129] flexe-bandwidth 4
[*HUAWEI-flexe-client-129] commit
```

在完成上述FlexE Client实例配置后，会生成FlexE接口：FlexE 1/0/129，进入FlexE接口视图，即可进行接口下的相关配置，命令格式与普通以太接口相同。

```
<HUAWEI> system-view
[~HUAWEI] interface FlexE 1/0/129
[*HUAWEI-FlexE1/0/129] ipv6 enable
[*HUAWEI-FlexE1/0/129] commit
```

9.2.2 信道化子接口的配置

信道化子接口采用子接口模型，结合HQoS机制，通过为网络切片配置独立的子接口实现带宽的灵活分配。每个信道化子接口独占带宽和调度树，为切片业务提供资源预留。同时，在每个信道化子接口内还可以基于报文优先级进行差异化调度。

信道化子接口在物理接口下有独立的逻辑接口形态，适合进行逻辑组网，通常用于提供组网型的带宽保障网络切片业务。使用信道化子接口技术来做切片资源预留具有以下特点。

- 资源隔离：基于子接口模型，为切片预留专门的资源，避免流量突发时切片业务之间的资源抢占。
- 灵活的带宽粒度：支持设置切片带宽最小粒度为10 Mbit/s，步长为1 Mbit/s。

信道化子接口的配置方式是在以太接口下创建子接口，指定子接口封装方式为Dot1q，使能子接口信道化功能并按照切片的需求配置带宽，带宽单位为Mbit/s，配置样例如下。

```
<HUAWEI> system-view
[~HUAWEI] interface GigabitEthernet0/1/7.1
[*HUAWEI-GigabitEthernet0/1/7.1] vlan-type dot1q 1
[*HUAWEI-GigabitEthernet0/1/7.1] mode channel enable        //使能子接口信道化功能
[*HUAWEI-GigabitEthernet0/1/7.1] mode channel bandwidth 100 //配置信道化接口的带宽
[*HUAWEI-GigabitEthernet0/1/7.1] commit
```

9.2.3　灵活子通道的配置

在层次化网络切片方案中，一级网络切片（又称主切片）可以采用FlexE接口或信道化子接口进行资源划分，二级网络切片（又称子切片）进一步采用灵活子通道。

灵活子通道提供了一种灵活和细粒度的接口资源预留方式。与信道化子接口相比，灵活子通道没有子接口模型，配置更为简单，因此，更适用于按需快速创建网络切片的场景。

灵活子通道技术用于切片资源切分具有以下特点。

- 随用随切：基于业务的网络切片需求，通过控制器在下发业务的同时联动切片下发，实现随用随切。
- 灵活海量切片：灵活子通道最小支持1 Mbit/s的带宽粒度，可以支持k级的网络切片数量，以满足企业用户对网络切片带宽和数量的需求。

主切片采用FlexE接口时，子切片采用灵活子通道的配置样例如下。

```
<HUAWEI> system-view
[~HUAWEI] interface FlexE1/0/129
[~HUAWEI-FlexE1/0/129] network-slice 101 data-plane        //101表示主切片
[*HUAWEI-FlexE1/0/129] network-slice 10001 flex-channel 800    //为子切片10001预留
800 Mbit/s带宽
[*HUAWEI-FlexE1/0/129] network-slice 10002 flex-channel 500    //为子切片10002预留
500 Mbit/s带宽
[*HUAWEI-FlexE1/0/129] commit
```

主切片采用信道化子接口时，子切片采用灵活子通道的配置样例如下。

```
<HUAWEI> system-view
[~HUAWEI] interface GigabitEthernet0/1/7.1
[*HUAWEI-GigabitEthernet0/1/7.1] network-slice 102 data-plane    //102表示主切片
[*HUAWEI-GigabitEthernet0/1/7.1] network-slice 20001 flex-channel 800    //为子切片
20001预留800 Mbit/s带宽
[*HUAWEI-GigabitEthernet0/1/7.1] network-slice 20002 flex-channel 500    //为子切片
20002预留500 Mbit/s带宽
[*HUAWEI-GigabitEthernet0/1/7.1] commit
```

| 9.3　基于 SRv6 SID 的网络切片方案部署 |

9.3.1　控制平面基于亲和属性的 SRv6 SID 网络切片方案部署

1. 方案简述及其特点

对于控制平面基于亲和属性的SRv6 SID网络切片方案，首先为网络切片创建逻辑接口和分配带宽资源，并为逻辑接口配置IP地址、链路管理组等属性[1]。网络切片控制器以亲和属性和其他属性作为算路约束，计算网络切片中的SRv6 Policy显式路径，并将业务切片的VPN实例与资源切片的SRv6 Policy进行绑定，约束业务切片流量使用网络切片的预留资源进行转发。在网络中，通常还需要创建默认的网络切片，用于承载不属于专属网络切片的业务流量。为避免默认网络切片中的流量在选路时选中其他网络切片的逻辑链路，抢占其他网络切片的带宽资源，非默认网络切片的逻辑链路的链路Metric值可以规划得大一些。

控制平面基于亲和属性的SRv6 SID网络切片方案具有如下特点。

- 使用链路Color作为网络切片的控制平面标识，每个Color对应一个网络切片。
- 使用Color标识不同网络切片对应的资源接口或子接口，每个资源接口或子接口均需为三层接口。
- 在控制平面，基于亲和属性计算每个网络切片中的SRv6 Policy显式路径，用于承载网络切片中的业务流量。
- 在数据平面，在SRv6 SRH中封装网络切片的SRv6 Policy的SID List，逐跳转发业务报文，确保报文使用网络切片的资源接口转发以保障业务的SLA。

基于亲和属性的SRv6 SID网络切片方案的优点是采用了技术成熟的亲和属性机制定义网络切片的算路约束，在网络切片内计算SRv6 Policy显式路径，使业务报文使用网络切片的拓扑和资源进行转发，确保切片业务的SLA。基于亲和属性的SRv6 SID网络切片需要为每个网络切片的资源接口或子接口配置IP地址和使能IGP，以便控制平面将每个网络切片的拓扑和链路属性信息分发和上报，用于网络切片控制器的计算，这导致这一方案支持的网络切片数量规模不会太大，一般在10个以内。

2. 网络切片方案部署实例

控制平面基于亲和属性的SRv6 SID网络切片方案可以参照以下方式进行部署，如图9-8所示，具体说明如下。

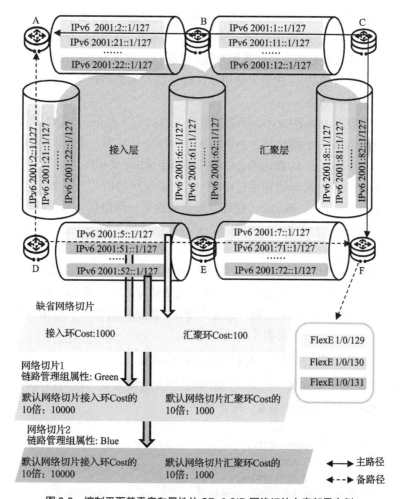

图 9-8　控制平面基于亲和属性的 SRv6 SID 网络切片方案部署实例

- 网络切片的资源采用不同的 FlexE 接口进行切分，默认网络切片采用 FlexE 1/0/129，网络切片 1 采用 FlexE 1/0/130，网络切片 2 采用 FlexE 1/0/131，为网络切片接口配置 IP 地址并使能 IGP，接口 IP 地址的规划如图 9-8 所示。接入层网络、汇聚层网络通过 IGP 打通全网基础路由。

- 为非默认的网络切片的 FlexE 接口配置不同的链路管理组属性，例如网络切片 1 的 FlexE 接口配置为 Green，网络切片 2 的 FlexE 接口配置为 Blue。

- 为了避免默认网络切片中的 BE 流量使用其他网络切片的链路进行转发，各网络切片中链路的 IGP Cost 值建议设置成默认网络切片中链路 IGP Cost 值的 10 倍。例如：在接入层网络中默认网络切片的链路 Cost 均为 1000，网络切片

1和网络切片2的链路Cost均为10000；在汇聚层网络中默认网络切片的链路Cost均为100，网络切片1和网络切片2的链路Cost均为1000。这样能保证网络设备在进行最短路径计算的时候总是会选中默认网络切片的链路，保证默认网络切片中的BE流量只使用默认网络切片的链路转发，而不会占用其他网络切片的链路。

- 在网络设备上部署SRv6，配置网络设备的SRv6 Locator，控制平面基于亲和属性的SRv6 SID网络切片方案中所有网络切片共用一个Locator，设备会自动为每个使能IS-IS IPv6的接口或子接口生成End.X SID。

IGP域内的链路状态信息通过BGP-LS上报给网络切片控制器，包括链路的End.X SID、时延、TE Metric、链路管理组属性等。网络切片控制器通过网络切片的亲和属性来划分对应不同链路Color属性的网络切片拓扑，在网络切片拓扑内完成SRv6 Policy显式路径的计算。网络切片控制器指示SRv6 Policy的头节点根据VPN业务的Color属性来关联网络切片中的SRv6 Policy，以使用网络切片内的SRv6 Policy显式路径进行业务报文转发。为确保网络切片对业务进行逐跳的SLA保障，网络切片内的SRv6 Policy仅支持严格显式路径。默认网络切片中的SRv6 BE路径可以作为其他网络切片中业务报文的逃生路径。

3. 网络切片方案部署——拓扑创建和链路添加

控制平面基于亲和属性的SRv6 SID网络切片方案需要为网络切片的资源接口配置IPv6地址、IGP和链路带宽，配置样例如下。

```
<HUAWEI> system-view
[~HUAWEI] interface FlexE1/0/129
[~HUAWEI-FlexE1/0/129] ipv6 enable
[*HUAWEI-FlexE1/0/129] ipv6 address 2001:6::1 127
[*HUAWEI-FlexE1/0/129] isis ipv6 enable 1
[*HUAWEI-FlexE1/0/129] isis circuit-type p2p
[*HUAWEI-FlexE1/0/129] isis ipv6 cost 100
[*HUAWEI-FlexE1/0/129] commit
[~HUAWEI-FlexE1/0/129] quit

[~HUAWEI] interface FlexE1/0/130
[~HUAWEI-FlexE1/0/130] ipv6 enable
[*HUAWEI-FlexE1/0/130] ipv6 address 2001:61::1 127
[*HUAWEI-FlexE1/0/130] isis ipv6 enable 1
[*HUAWEI-FlexE1/0/130] isis circuit-type p2p
[*HUAWEI-FlexE1/0/130] isis ipv6 cost 1000
[*HUAWEI-FlexE1/0/130] commit
[~HUAWEI-FlexE1/0/130] quit
```

```
[~HUAWEI] interface FlexE1/0/131
[~HUAWEI-FlexE1/0/131] ipv6 enable
[*HUAWEI-FlexE1/0/131] ipv6 address 2001:62::1 127
[*HUAWEI-FlexE1/0/131] isis ipv6 enable 1
[*HUAWEI-FlexE1/0/131] isis circuit-type p2p
[*HUAWEI-FlexE1/0/131] isis ipv6 cost 1000
[*HUAWEI-FlexE1/0/131] commit
```

为网络切片的资源接口配置链路管理组属性，链路管理组属性是一个32 bit的位向量，其中每1 bit代表一种链路颜色，从而可以通过设置链路管理组中的每1 bit的值为接口配置不同的Color。配置样例如下。

```
<HUAWEI> system-view
[~HUAWEI] interface FlexE1/0/130
[~HUAWEI-FlexE1/0/130] te link administrative group 80000000    //配置接口的链路管理
组属性的第0比特为1，表示链路Color为Green
[*HUAWEI-FlexE1/0/130] commit
[~HUAWEI-FlexE1/0/130] quit
[~HUAWEI] interface FlexE1/0/131
[~HUAWEI-FlexE1/0/131] te link administrative group 40000000    //配置接口的链路管理
组属性的第1比特为1，表示链路Color为Blue
[*HUAWEI-FlexE1/0/131] commit
```

当多个网络切片共享链路资源时，需要为接口或子接口配置多个网络切片对应的链路管理组位向量取值。例如亲和属性分别为Green和Blue的网络切片共用一条链路，则需要将该链路管理组属性的第0比特和第1比特都设为1，即链路管理组属性值为0XC0000000。

4. 网络切片方案部署——SRv6的配置

控制平面基于亲和属性的SRv6 SID网络切片方案的数据平面采用SRv6技术，下面举例介绍其中的SRv6数据平面部署。通过SRv6路径可编程能力，约束业务报文沿着特定网络切片中的显式路径，并使用该网络切片的预留资源进行转发。

网络管理者需要配置设备使能SRv6、指定封装源地址和SRv6 Locator。控制平面基于亲和属性的SRv6 SID网络切片方案中所有网络切片共用一个Locator，Locator的配置包括指定IPv6前缀、静态Function ID长度和Args长度。配置样例如下。

```
[~HUAWEI] segment-routing ipv6
[*HUAWEI-segment-routing-ipv6] encapsulation source-address 1::6
[*HUAWEI-segment-routing-ipv6] locator SRv6_locator ipv6-prefix A6:: 64 static 8
args 16
[*HUAWEI-segment-routing-ipv6] commit
```

在上述的样例中，IPv6报文头中封装的源地址配置为1::6，Locator的名称为SRv6_locator，对应的IPv6前缀为A6::/64，static 8是指为静态Function ID预留的长度为8 bit，args 16是指为Args预留的长度为16 bit。

在配置完成之后，可以使用如下命令查看SRv6 Locator信息。

```
[~HUAWEI] display segment-routing ipv6 locator verbose

Locator Configuration Table
---------------------------

LocatorName   : SRv6_locator                LocatorID   : 1
IPv6Prefix    : A6::                         PrefixLength : 64
StaticLength  : 8                            Reference   : 4
Default       : N                            ArgsLength  : 16
AutoSIDBegin  : A6::1:0
AutoSIDEnd    : A6::FFFF:FFFF:FFFF:0
Total Locator(s): 1
```

从上述显示信息中可以看到配置的Locator名称、IPv6前缀、静态Function ID长度以及动态SID的起止范围。

在配置SRv6的Locator之后，设备会动态分配End SID，所有网络切片共用End SID。使用以下命令查看设备的End SID。

```
<HUAWEI> display segment-routing ipv6 local-sid end forwarding

          My Local-SID End Forwarding Table
          ---------------------------------

SID        : A6::1:0/128              FuncType    : End
Flavor     : PSP
LocatorName : SRv6_locator            LocatorID   : 1
ProtocolType: ISIS                    ProcessID   : 1
UpdateTime  : 2022-02-26 10:42:24.216

Total SID(s): 1
```

在配置设备的SRv6 Locator之后，设备还会为开启了IGP功能的接口或子接口分配动态End.X SID。使用以下命令查看各链路的End.X SID。

```
[~HUAWEI] display segment-routing ipv6 local-sid end-x forwarding

                My Local-SID End.X Forwarding Table
                -----------------------------------

SID        : A6::61:0/128                        FuncType : End.X
Flavor     : PSP
LocatorName : SRv6_locator                       LocatorID: 1
ProtocolType: ISIS                               ProcessID: 1
UpdateTime  : 2022-02-26 10:42:24.217
NextHop    :                 Interface  :        ExitIndex:
FE80::3AD5:E4FF:FE21:100     FlexE1/0/129         0x00000001

SID        : A6::62:0/128                        FuncType : End.X
Flavor     : PSP
LocatorName : SRv6_locator                       LocatorID: 1
```

```
ProtocolType: ISIS                                              ProcessID: 1
UpdateTime  : 2022-02-26 10:42:24.217
NextHop     :                      Interface :                 ExitIndex:
FE80::3AD5:E4FF:FE21:200           FlexE1/0/130                0x00000002

SID         : A6::63:0/128                                      FuncType : End.X
Flavor      : PSP
LocatorName : SRv6_locator                                      LocatorID: 1
ProtocolType: ISIS
UpdateTime  : 2022-02-26 10:42:24.217
NextHop     :                      Interface :                 ExitIndex:
FE80::3AD5:E4FF:FE21:300           FlexE1/0/131                0x00000003

Total SID(s): 3
```

5. 网络切片方案部署——网络切片路径的建立

网络切片中链路的链路管理组属性信息会通过BGP-LS上报给网络切片控制器，网络切片控制器配置网络切片的亲和属性，选择相应的网络切片的链路形成网络切片拓扑。网络切片控制器可以基于不同网络切片的拓扑，计算满足业务需求的SRv6 Policy显式路径，该路径由网络切片拓扑中指定路径上的逐跳链路的End.X SID组成，使业务报文能够沿着网络切片拓扑内的SRv6 Policy显式路径进行转发。

如图9-8所示，网络切片控制器为网络切片1计算从A到F的SRv6 Policy显式路径，其SRv6 Policy信息如表9-2所示。

表 9-2　网络切片控制器为网络切片 1 计算的从 A 到 F 的 SRv6 Policy 信息

项目	详细信息
Color	100
Endpoint	1::6
候选路径和 Segment List	Path Preference 110 BindSid:A1::1:0:100:0 Segment List: A1::1:0:11:0（A End.X） A2::1:0:21:0（B End.X） A3::1:0:31:0（C End.X） A6::1:0:1:0（F End） Path Preference 100 BindSid:A1:1:0:100:0 Segment List: A1::1:0:12:0（A End.X） A4::1:0:42:0（D End.X） A5::1:0:52:0（E End.X） A6::1:0:1:0（F End）

通过执行命令**display srv6-te policy**可以查看控制器下发的SRv6 Policy信息。

```
<HUAWEI> display srv6-te policy endpoint 1::6 color 100
PolicyName                : Policy1
Color                     : 100              Endpoint            : 1::6
TunnelId                  : 1                Binding SID         : A1::1:0:100:0
TunnelType                : SRv6-TE Policy   DelayTimerRemain    : -
Policy State              : Up               State Change Time   : 2022-02-2109:39:52
Admin State               : Up               Traffic Statistics  : Disable
Backup Hot-Standby        : Disable          BFD                 : Disable
Interface Index           : 87               Interface Name      : SRv6TE-Policy-1
Interface State           : Up               Encapsulation Mode  : Encaps
Candidate-path Count      : 2

Candidate-path Preference : 110
Path State                : Active           Path Type           : Primary
Protocol-Origin           : Configuration(30)Originator          : 0, 0.0.0.0
Discriminator             : 200              Binding SID         : -
GroupId                   : 2                Policy Name         : 1
Template ID               : 0                Path Verification   : Disable
DelayTimerRemain          : -                Network Slice ID    : -
Segment-List Count        : 1
Segment-List              : 1
Segment-List ID           : 2                XcIndex             : 2
List State                : Up               DelayTimerRemain    : -
Verification State        : -                SuppressTimeRemain  : -
PMTU                      : 9600             Active PMTU         : 9600
Weight                    : 1                BFD State           : -
Network Slice ID          : -
SID                       :
                            A1::1:0:11:0
                            A2::1:0:21:0
                            A3::1:0:31:0
                            A6::1:0:1:0

Candidate-path Preference : 100
Path State                : Inactive (Valid)Path Type           : -
Protocol-Origin           : Configuration(30)Originator          : 0,0.0.0.0
Discriminator             : 100              Binding SID         : -
GroupId                   : 1                Policy Name         : 1
```

```
Template ID              : 0                Path Verification    : Disable
DelayTimerRemain         : -                Network Slice ID     : -
Segment-List Count       : 1
Segment-List             : 1
Segment-List ID          : 1                XcIndex              : -
List State               : Down(Valid)      DelayTimerRemain     : -
Verification State       : -                SuppressTimeRemain   : -
PMTU                     : 9600             Active PMTU          : 9600
Weight                   : 1                BFD State            : -
Network Slice ID         : -
SID                      :
                         A1::1:0:12:0
                         A4::1:0:42:0
                         A5::1:0:52:0
                         A6::1:0:1:0
```

6. 网络切片方案部署——业务切片映射到资源切片

控制平面基于亲和属性的SRv6 SID网络切片方案可以为VPN实例配置SRv6 Policy隧道策略，同时为VPN实例配置Color属性，并通过Color属性将绑定到VPN实例的业务切片与资源切片中的SRv6 Policy进行关联。网络切片控制器通过<Headend, Color, Endpoint>来唯一确定一个SRv6 Policy，并将计算出的SRv6 SID List信息下发给头端设备。网络管理者可以直接在头端PE节点为VPN实例配置default-Color值，使VPN业务可以根据该default-Color关联到相应的SRv6 Policy上，配置样例如下。

```
//配置SRv6 Policy隧道策略
<HUAWEI> system-view
[~HUAWEI] tunnel-policy SRv6-policy
[*HUAWEI-tunnel-policy-SRv6-policy] tunnel select-seq ipv6 srv6-te-policy load-
balance-number 1
[*HUAWEI-tunnel-policy-SRv6-policy] commit
//为VPWS模式的EVPN实例配置EVPN VPWS业务使用的默认Color值为100
<HUAWEI> system-view
[~HUAWEI] evpn vpn-instance evrf1 vpws
[*HUAWEI-vpws-evpn-instance-evrf1] tnl-policy-SRv6-policy //配置VPN业务关联隧道策略
[*HUAWEI-vpws-evpn-instance-evrf1] default-color 100 //配置evrf1实例使用的Color值为100
[*HUAWEI-vpws-evpn-instance-evrf1] commit

//为VPN实例IPv4地址簇配置EVPN L3VPN业务使用的默认Color值为100
<HUAWEI> system-view
[~HUAWEI] ip vpn-instance vrf1
[*HUAWEI-vpn-instance-vrf1] ipv4-family
[*HUAWEI-vpn-instance-vrf1-ipv4] tnl-policy-SRv6-policy evpn //配置VPN业务关联隧道策略
[*HUAWEI-vpn-instance-vrf1-ipv4] default-color 100 evpn //配置vrf1实例使用的Color值为100
[*HUAWEI-vpn-instance-vrf1-ipv4] commit
```

9.3.2 控制平面基于 IGP 灵活算法的 SRv6 SID 网络切片方案部署

1. 方案简述及其特点

IPv6网络切片方案可以使用灵活算法作为控制平面技术[2]，以提供基于网络切片拓扑的分布式路由计算。灵活算法可以在物理网络或逻辑网络上基于链路Color属性定义不同的算路拓扑约束，并使用灵活算法指定的Metric值/类型和路由计算算法进行分布式约束路由计算。灵活算法可以基于IGP Cost、链路时延、TE Metric等参数作为Metric参数进行计算。在基于SRv6 SID的网络切片方案中，每个网络切片可以对应一个灵活算法，这样每个网络切片在控制平面可以通过独立的灵活算法ID进行标识，无须引入新的控制平面标识。使用灵活算法可以带来以下好处。

- 支持基于SRv6的最短路径算路与转发，而且不仅可以基于最小的IGP Cost进行算路转发，还可以基于最小的链路时延或TE Metric计算转发路径，满足不同业务的服务需求。
- 可以在网络切片对应的三层接口或子接口上配置链路管理组属性。通过在网络切片对应的灵活算法中指定包含该Color属性，从而将网络切片的资源接口或子接口纳入对应的灵活算法的约束拓扑中，使得采用灵活算法算路时只使用包含网络切片资源接口的特定拓扑计算转发路径。这样不同网络切片中使用最短路径转发的业务也能够使用为不同网络切片预留的资源转发，达到业务资源隔离的效果。
- 灵活算法可以通过配置SRLG约束，在计算保护路径时，排除风险链路，提高业务可靠性。

灵活算法用于算路的拓扑可分为以下两种。

- 灵活算法基于物理拓扑定义约束，即在物理接口上配置灵活算法对应的Color属性，当同一物理接口属于多个灵活算法时，关联不同灵活算法的网络切片共用该物理接口下的资源，这种方式可以为不同网络切片的业务提供差异化的转发路径，但不能提供网络切片之间的资源隔离，因此无法实现SLA保障。
- 每个灵活算法使用独立的逻辑拓扑，即在不同的FlexE接口或信道化子接口上配置灵活算法对应的Color。这种方式下，每个网络切片所关联的灵活算法独立的逻辑拓扑和接口资源，可以为不同网络切片中的业务更好地提供资源隔离和SLA保障。

控制平面基于IGP灵活算法的SRv6 SID网络切片方案的算路模式支持SRv6 BE和SRv6 Policy。SRv6 BE模式下，设备可以根据灵活算法对应的拓扑约束，在相应的拓扑中进行分布式路由计算；SRv6 Policy模式通过网络切片控制器计算SRv6显式路径。网络切片控制器根据网络设备通过BGP-LS上报的网络切片拓扑属性信息，在相应的网络切片拓扑内进行路径计算。

相比控制平面基于亲和属性的SRv6 SID网络切片方案，控制平面基于IGP灵活算法的SRv6 SID网络切片方案有如下优势。

- 网络切片内的算路模式可以支持SRv6 BE和SRv6 Policy两种路径计算和转发模式。
- 不需要给网络切片的接口或子接口配置较大的Cost值就可以实现和默认网络切片内的SRv6 BE流量的隔离。
- 确保网络切片内的SRv6 Policy发生故障后采用的SRv6 BE逃生路径仍然在该网络切片内。

2. 网络切片方案部署实例

控制平面基于IGP灵活算法的SRv6 SID网络切片方案可以参照以下方式进行部署，如图9-9所示，具体说明如下。

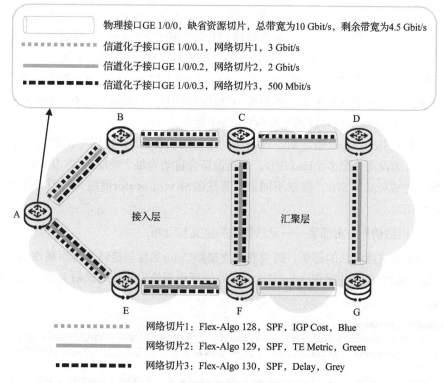

图 9-9　控制平面基于 IGP 灵活算法的 SRv6 SID 网络切片方案部署实例

网络切片的资源采用信道化子接口切分，信道化子接口的带宽从物理接口的总带宽中进行分配和扣除，物理接口的剩余带宽作为默认网络切片的带宽。如图9-9所示，物理接口GE 1/0/0，接口总带宽为10 Gbit/s；网络切片1采用信道化子接口GE 1/0/0.1，分配带宽为3 Gbit/s；网络切片2采用信道化子接口GE 1/0/0.2，分配带宽为2 Gbit/s；网络切片3采用信道化子接口GE 1/0/0.3，分配带宽为500 Mbit/s；默认网络切片剩余带宽为10 Gbit/s−3 Gbit/s−2 Gbit/s−500 Mbit/s = 4.5 Gbit/s。

为默认网络切片对应的物理接口和各网络切片的信道化子接口分别配置IP地址并使能IGP，接入层网络、汇聚层网络通过IGP打通全网基础路由。此外，为各网络切片的信道化接口配置链路管理组属性、Metric类型等。

为3个网络切片创建对应的灵活算法定义，如表9-3所示。

表 9-3　控制平面基于 IGP 灵活算法的 SRv6 SID 网络切片的灵活算法定义

网络切片	灵活算法 ID	算法类型	Metric 类型	Color 属性	拓扑范围
网络切片 1	128	SPF	IGP Cost	Blue	全网拓扑
网络切片 2	129	SPF	TE Metric	Green	全网拓扑
网络切片 3	130	SPF	Delay	Grey	接入层网络拓扑

在网络设备上部署SRv6，配置网络设备的SRv6 Locator，基于IGP灵活算法的SRv6 SID网络切片方案中，每个网络切片需要独立的Locator，即需要为网络切片1对应的Flex-Algo 128创建Locator_128，为网络切片2对应的Flex-Algo 129创建Locator_129，为网络切片3对应的Flex-Algo 130创建Locator_130。如果希望部分业务使用默认网络切片承载，还需要为默认网络切片创建Locator_0。不同网络切片的SRv6 Locator信息可以通过IGP在网络中发布。

在配置SRv6 Locator之后，设备会动态分配End SID，根据不同的Locator前缀，可以为设备分配多个End SID，并且设备会自动为每个使能IS-IS IPv6的接口/子接口生成End.X SID，根据不同灵活算法的SRv6 Locator前缀为链路分配多个End.X SID。

3. 网络切片方案部署——灵活算法的定义与发布

为方便灵活算法的部署，需要先建立链路Color名称与链路管理组属性的位向量值的映射模板，并配置Color名称与链路管理组属性中比特的映射关系，配置样例如下。

```
<HUAWEI> system-view
[~HUAWEI] path-constraint affinity-mapping    //配置Color名称与管理组属性值的映射模板
[*HUAWEI-pc-af-map] attribute blue bit-sequence 5    //配置Color属性blue与管理组属性第5比特的映射关系
[*HUAWEI-pc-af-map] attribute green bit-sequence 6    //配置Color属性green与管理组属性第6比特的映射关系
[*HUAWEI-pc-af-map] attribute grey bit-sequence 7    //配置Color属性grey与管理组属性第7比特的映射关系
[*HUAWEI-pc-af-map] commit
```

为了部署控制平面基于IGP灵活算法的网络切片，需要分配灵活算法ID，并指定灵活算法对应的Metric-type、Calc-type和Constraints。

创建3个控制平面基于IGP灵活算法的SRv6 SID网络切片的配置样例如下。

```
<HUAWEI> system-view
[~HUAWEI] flex-algo identifier 128    //配置Flex-Algo ID为128
[~HUAWEI-flex-algo-128] metric-type igp    //配置Flex-Algo 128采用IGP Cost算路
[*HUAWEI-flex-algo-128] affinity include-any blue    //配置Flex-Algo 128包含所有Color
属性为blue的链路
[*HUAWEI-flex-algo-128] commit
[~HUAWEI-flex-algo-128] quit
[~HUAWEI] flex-algo identifier 129    //配置Flex-Algo ID为129
[~HUAWEI-flex-algo-129] metric-type te    //配置Flex-Algo 129采用TE metric算路
[*HUAWEI-flex-algo-129] affinity include-any green    //配置Flex-Algo 129包含所有Color
属性为green的链路
[*HUAWEI-flex-algo-129] commit
[~HUAWEI-flex-algo-129] quit
[~HUAWEI] flex-algo identifier 130    //配置Flex-Algo ID为130
[~HUAWEI-flex-algo-130] metric-type delay    //配置Flex-Algo 130采用Delay算路
[*HUAWEI-flex-algo-130] affinity include-any grey    //配置Flex-Algo 130包含所有Color
属性为grey的链路
[*HUAWEI-flex-algo-130] commit
[~HUAWEI-flex-algo-130] quit
```

在IGP中配置灵活算法能力，以IS-IS为例，需要在IS-IS进程下配置IS-IS发布灵活算法的能力，配置样例如下。

```
<HUAWEI> system-view
[~HUAWEI] isis 1
[*HUAWEI-isis-1] flex-algo 128    //使能IS-IS发布Flex-Algo 128能力
[*HUAWEI-isis-1] flex-algo 129    //使能IS-IS发布Flex-Algo 129能力
[*HUAWEI-isis-1] flex-algo 130    //使能IS-IS发布Flex-Algo 130能力
[*HUAWEI-isis-1] ipv6 traffic-eng    //使能IS-IS的TE功能
[*HUAWEI-isis-1] ipv6 metric-delay advertisement enable    //使能IS-IS IPv6链路的时
延发布功能
[*HUAWEI-isis-1] commit
```

4. 网络切片方案部署——拓扑创建和链路添加

按照部署实例为网络切片部署独立的信道化子接口，为这些信道化子接口配置灵活算法使用的链路属性，如链路管理组属性、TE Metric、链路时延等。

- 链路管理组属性：每个网络切片对应的信道化子接口上都需要配置链路管理组属性。如图9-9所示，网络切片1对应的信道化子接口的Color属性配置为Blue，网络切片2对应的信道化子接口的Color属性配置为Green，网络切片3对应的信道化子接口的Color属性配置为Grey。
- TE Metric：根据部署实例，需要在网络切片2对应的信道化子接口上配置TE Metric值，供Flex-Algo 129用于算路。

- 链路时延：通常，链路时延可以通过开启动态链路时延检测特性来获得，如TWAMP（Two-Way Active Measurement Protocol，双向主动测量协议）等。通过动态链路时延检测特性获得的时延数据准确，并且设备可以根据链路时延的变化进行动态的链路状态更新。对于一些不支持动态链路时延检测特性或无法开启动态链路时延检测特性的场景，也可以为链路配置一个静态的时延值。根据部署实例，需要在网络切片3对应的信道化子接口上配置时延值。

为信道化子接口配置灵活算法使用的链路属性的配置样例如下。

```
<HUAWEI> system-view
[~HUAWEI] interface GigabitEthernet 1/0/0.1
[~HUAWEI-GigabitEthernet1/0/0.1] te link-attribute-application flex-algo
[*HUAWEI-GigabitEthernet1/0/0.1-te-link-attribute-application] link
administrative group name blue    //配置链路为blue
[*HUAWEI-GigabitEthernet1/0/0.1-te-link-attribute-application] commit
[~HUAWEI-GigabitEthernet1/0/0.1-te-link-attribute-application] quit
[~HUAWEI-GigabitEthernet1/0/0.1] quit
[~HUAWEI] interface GigabitEthernet 1/0/0.2
[~HUAWEI-GigabitEthernet1/0/0.2] te link-attribute-application flex-algo
[*HUAWEI-GigabitEthernet1/0/0.2-te-link-attribute-application] link
administrative group name green    //配置链路为green
[*HUAWEI-GigabitEthernet1/0/0.2-te-link-attribute-application] metric 200000  //配
置链路的TE Metric值
[*HUAWEI-GigabitEthernet1/0/0.2-te-link-attribute-application] commit
[~HUAWEI-GigabitEthernet1/0/0.2-te-link-attribute-application] quit
[~HUAWEI-GigabitEthernet1/0/0.2] quit
[~HUAWEI] interface GigabitEthernet 1/0/0.3
[~HUAWEI-GigabitEthernet1/0/0.3] te link-attribute-application flex-algo
[*HUAWEI-GigabitEthernet1/0/0.3-te-link-attribute-application] link
administrative group name grey    //配置链路为grey
[*HUAWEI-GigabitEthernet1/0/0.3-te-link-attribute-application] delay 20    //配置链
路的时延为20 μs
[*HUAWEI-GigabitEthernet1/0/0.3-te-link-attribute-application] commit
[~HUAWEI-GigabitEthernet1/0/0.3-te-link-attribute-application] quit
[~HUAWEI-GigabitEthernet1/0/0.3] quit
```

5. 网络切片方案部署——SRv6的配置

控制平面基于IGP灵活算法的SRv6 SID网络切片方案需要为每个灵活算法配置SRv6 Locator。SRv6 Locator包括Locator名称、IPv6地址前缀、为静态配置的SID中的Function ID预留的Args的长度和灵活算法ID。控制平面基于IGP灵活算法的SRv6 SID网络切片方案还需要在IS-IS进程下使能灵活算法的IS-IS SRv6能力，配置样例如下。

```
<HUAWEI> system-view
[~HUAWEI] segment-routing ipv6
[*HUAWEI-segment-routing-ipv6] locator locator_128 ipv6-prefix 2001:DB8:111:1:: 64
static 8 args 16 flex-algo 128    //配置Flex-Algo 128使用的Locator
[*HUAWEI-segment-routing-ipv6] locator locator_129 ipv6-prefix 2001:DB8:111:2:: 64
static 8 args 16 flex-algo 129    //配置Flex-Algo 129使用的Locator
[*HUAWEI-segment-routing-ipv6] locator locator_130 ipv6-prefix 2001:DB8:111:3:: 64
static 8 args 16 flex-algo 130    //配置Flex-Algo 130使用的Locator
[*HUAWEI-segment-routing-ipv6] quit
[*HUAWEI] isis 1
[*HUAWEI-isis-1] segment-routing ipv6 locator locator_128    //使能Flex-Algo 128的
IS-IS SRv6能力
[*HUAWEI-isis-1] segment-routing ipv6 locator locator_129    //使能Flex-Algo 129的
IS-IS SRv6能力
[*HUAWEI-isis-1] segment-routing ipv6 locator locator_130    //使能Flex-Algo 130的
IS-IS SRv6能力
[*HUAWEI-isis-1] commit
[~HUAWEI-isis-1] quit
```

在配置SRv6 Locator之后，设备会动态分配End SID。由于部署实例配置了3个 Locator，因此设备会动态生成3个End SID。使用以下命令查看设备的End SID。

```
[~HUAWEI] display segment-routing ipv6 local-sid end forwarding

             My Local-SID End Forwarding Table
             ---------------------------------

SID          : 2001:DB8:111:1::1:0/128         FuncType    : End
Flavor       : PSP
LocatorName : locator_128                      LocatorID   : 1
ProtocolType: ISIS                             ProcessID   : 1
UpdateTime   : 2022-02-26 10:42:24.216

SID          : 2001:DB8:111:2::1:0/128         FuncType    : End
Flavor       : PSP
LocatorName : locator_129                      LocatorID   : 1
ProtocolType: ISIS                             ProcessID   : 1
UpdateTime   : 2022-02-26 10:42:24.216

SID          : 2001:DB8:111:3::1:0/128         FuncType    : End
Flavor       : PSP
LocatorName : locator_130                      LocatorID   : 1
ProtocolType: ISIS                             ProcessID   : 1
UpdateTime   : 2022-02-26 10:42:24.217

Total SID(s): 3
```

设备还会为开启了IGP功能的接口或子接口分配动态End.X SID。由于部署实例配置了3个Locator，因此设备会为每个信道化子接口动态生成3个End.X SID。使用以下命令查看设备各链路的End.X SID。

```
[~HUAWEI] display segment-routing ipv6 local-sid end-x forwarding

                    My Local-SID End.X Forwarding Table
                    -----------------------------------

SID        : 2001:DB8:111:1::101:0/128        FuncType   : End.X
Flavor     : PSP
LocatorName : locator_128                     LocatorID  : 1
ProtocolType: ISIS                            ProcessID  : 1
UpdateTime  : 2022-02-26 10:42:24.217
NextHop     :                   Interface :   ExitIndex:
FE80::3AD5:E4FF:FE21:101        GE1/0/0.1     0x00000001


SID        : 2001:DB8:111:1::102:0/128        FuncType   : End.X
Flavor     : PSP
LocatorName : locator_129                     LocatorID  : 2
ProtocolType: ISIS                            ProcessID  : 1
UpdateTime  : 2022-02-26 10:42:24.217
NextHop     :                   Interface :   ExitIndex:
FE80::3AD5:E4FF:FE21:102        GE1/0/0.1     0x00000001


SID        : 2001:DB8:111:1::103:0/128        FuncType   : End.X
Flavor     : PSP
LocatorName : locator_130                     LocatorID  : 3
ProtocolType: ISIS                            ProcessID  : 1
UpdateTime  : 2022-02-26 10:42:24.217
NextHop     :                   Interface :   ExitIndex:
FE80::3AD5:E4FF:FE21:103        GE1/0/0.1     0x00000001


SID        : 2001:DB8:111:2::101:0/128        FuncType   : End.X
Flavor     : PSP
LocatorName : locator_128                     LocatorID  : 1
ProtocolType: ISIS                            ProcessID  : 1
UpdateTime  : 2022-02-26 10:42:24.217
NextHop     :                   Interface :   ExitIndex:
FE80::3AD5:E4FF:FE21:111        GE1/0/0.2     0x00000002


SID        : 2001:DB8:111:2::102:0/128        FuncType   : End.X
Flavor     : PSP
LocatorName : locator_129                     LocatorID  : 2
ProtocolType: ISIS                            ProcessID  : 1
```

```
UpdateTime   : 2022-02-26 10:42:24.217
NextHop      :                          Interface :       ExitIndex:
FE80::3AD5:E4FF:FE21:112                 GE1/0/0.2         0x00000002

SID          : 2001:DB8:111:2::103:0/128                   FuncType  : End.X
Flavor       : PSP
LocatorName : locator_130                                  LocatorID : 3
ProtocolType: ISIS                                         ProcessID : 1
UpdateTime   : 2022-02-26 10:42:24.217
NextHop      :                          Interface :       ExitIndex:
FE80::3AD5:E4FF:FE21:113                 GE1/0/0.2         0x00000002

SID          : 2001:DB8:111:3::101:0/128                   FuncType  : End.X
Flavor       : PSP
LocatorName : locator_128                                  LocatorID : 1
ProtocolType: ISIS                                         ProcessID : 1
UpdateTime   : 2022-02-26 10:42:24.217
NextHop      :                          Interface :       ExitIndex:
FE80::3AD5:E4FF:FE21:121                 GE1/0/0.3         0x00000003

SID          : 2001:DB8:111:3::102:0/128                   FuncType  : End.X
Flavor       : PSP
LocatorName : locator_129                                  LocatorID : 2
ProtocolType: ISIS                                         ProcessID : 1
UpdateTime   : 2022-02-26 10:42:24.217
NextHop      :                          Interface :       ExitIndex:
FE80::3AD5:E4FF:FE21:122                 GE1/0/0.3         0x00000003

SID          : 2001:DB8:111:3::103:0/128                   FuncType  : End.X
Flavor       : PSP
LocatorName : locator_130                                  LocatorID : 3
ProtocolType: ISIS                                         ProcessID : 1
UpdateTime   : 2022-02-26 10:42:24.217
NextHop      :                          Interface :       ExitIndex:
FE80::3AD5:E4FF:FE21:123                 GE1/0/0.3         0x00000003

Total SID(s): 9
```

6. 网络切片方案部署——网络切片路径的计算与建立

控制平面基于IGP灵活算法的SRv6 SID网络切片方案中可以采用SRv6 BE和SRv6 Policy在网络切片内的计算路径。

对于网络切片内的SRv6 BE的计算方式，网络设备通过IGP收集网络中各网络设备发布的与灵活算法关联的SRv6 Locator路由，并根据网络切片对应的灵活算法定义中的Metlic类型、算法类型和拓扑约束计算到其他网络设备的路径。

在设备上执行**display isis route ipv6 flex-algo 128**命令，可以查看IS–IS Flex–Algo 128的路由信息。

```
[~HUAWEI] display isis route ipv6 flex-algo 128
                    Route information for ISIS(1)
                 ------------------------------

            ISIS(1) Level-1 Flex-Algo Forwarding Table
            -------------------------------------------

 IPV6 Dest.         ExitInterface     NextHop                    Cost     Flags
 ----------------------------------------------------------------------------------
 2001:DB8:111:1::/64 NULL0            -                          0        A/-/-/-
 2001:DB8:222:1::/64 GE1/0/0          FE80::3A5D:67FF:FE31:307   1000     A/-/-/-
 2001:DB8:333:1::/64 GE1/0/0          FE80::3A5D:67FF:FE31:307   1100     A/-/-/-
 2001:DB8:444:1::/64 GE2/0/0          FE80::3A5D:67FF:FE41:305   2000     A/-/-/-
 2001:DB8:555:1::/64 GE1/0/0          FE80::3A5D:67FF:FE31:307   2000     A/-/-/-
 2001:DB8:666:1::/64 GE1/0/0          FE80::3A5D:67FF:FE31:307   1200     A/-/-/-
 2001:DB8:777:1::/64 GE2/0/0          FE80::3A5D:67FF:FE41:305   1000     A/-/-/-

   Flags: D-Direct, A-Added to URT, L-Advertised in LSPs, S-IGP Shortcut,
          U-Up/Down Bit Set, LP-Local Prefix-Sid
   Protect Type: L-Link Protect, N-Node Protect
```

网络切片内的SRv6 Policy显式路径需要依赖网络切片控制器进行计算，网络设备将网络切片接口或子接口的链路管理组属性信息通过BGP-LS上报给控制器，结合网络切片控制器上网络切片与灵活算法的配置，在网络切片控制器上基于灵活算法定义形成网络切片拓扑。网络切片控制器可以基于特定网络切片拓扑中的链路计算满足业务需求的SRv6 Policy显式路径，该路径包含网络切片拓扑中逐跳的SRv6 End.X SID，使业务报文能够沿着网络切片中的SRv6 Policy显式路径进行转发。例如图9-9中，网络切片1中的SRv6 Policy主用路径为A—B—C—D，备用路径为A—E—F—G—D。执行命令**display srv6-te policy endpoint color**可以查看控制器下发的SRv6 Policy信息。

```
<HUAWEI> display srv6-te policy endpoint 2001:DB8:666:1::1 color 100
PolicyName             : Policy1
Color                  : 100        Endpoint              :2001:DB8:666:1::1
TunnelId               : 1          Binding SID           : 2001:D138:111:1::100:0000
TunnelType             : SRv6-TE Policy DelayTimerRemain : -
Policy State           : Up         State Change Time     : 2022-02-21 09:39:52
Admin State            : Up         Traffic Statistics    : Disable
Backup Hot-Standby     : Disable    BFD                   : Disable
Interface Index        : 87         Interface Name        : SRv6TE-Policy-1
Interface State        : Up         Encapsulation Mode    : Encaps
Candidate-path Count   : 2
```

```
Candidate-path Preference : 110
Path State                : Active          Path Type          : Primary
Protocol-Origin           : Configuration(30) Originator        : 0,0.0.0.0
Discriminator             : 200             Binding SID        : -
GroupId                   : 2               Policy Name        : 1
Template ID               : 0               Path Verification  : Disable
DelayTimerRemain          : -               Network Slice ID   : -
Segment-List Count        : 1
Segment-List              : 1
Segment-List ID           : 2               XcIndex            : 2
List State                : Up              DelayTimerRemain   : -
Verification State        : -               SuppressTimeRemain : -
PMTU                      : 9600            Active PMTU        : 9600
Weight                    : 1               BFD State          : -
Network Slice ID          : -
SID                       :
                            2001:DB8:111:1::11:0
                            2001:DB8:222:1::11:0
                            2001:DB8:333:1::11:0
                            2001:DB8:666:1::1:0

Candidate-path Preference : 100
Path State                : Inactive (Valid) Path Type         : -
Protocol-Origin           : Configuration(30) Originator        : 0,0.0.0.0
Discriminator             : 100             Binding SID        : -
GroupId                   : 1               Policy Name        : 1
Template ID               : 0               Path Verification  : Disable
DelayTimerRemain          : -               Network Slice ID   : 1
Segment-List Count        : 1
Segment-List              : 1
Segment-List ID           : 1               XcIndex            : -
List State                : Down (Valid)    DelayTimerRemain   : -
Verification State        : -               SuppressTimeRemain : -
PMTU                      : 9600            Active PMTU        : 9600
Weight                    : 1               BFD State          : -
Network Slice ID          : 1
SID                       :
                            2001:DB8:111:1::21:0
                            2001:DB8:777:1::21:0
                            2001:DB8:444:1::21:0
                            2001:DB8:555:1::21:0
                            2001:DB8:666:1::1:0
```

7. 网络切片方案部署——业务切片映射到资源切片

控制平面基于IGP灵活算法的SRv6 SID网络切片方案部署中，要将业务切片映射到资源切片，需要配置VPN业务关联网络切片的SRv6 Locator，使VPN业务关联特定的灵活算法，从而让VPN对应的业务切片流量使用灵活算法对应的资源切片进行转发。配置样例如下。

```
<HUAWEI> system-view
[~HUAWEI] bgp 300
[cHUAWEI-bgp] ipv4-family vpn-instance flexalgo_128
[*HUAWEI-bgp-flexalgo_128] segment-routing ipv6 locator locator_128 evpn        //配置
VPN实例flexalgo_128关联的Locator为locator_128
[*HUAWEI-bgp-flexalgo_128] ipv4-family vpn-instance flexalgo_129
[*HUAWEI-bgp-flexalgo_129] segment-routing ipv6 locator locator_129 evpn        //配置
VPN实例flexalgo_129关联的Locator为locator_129
[*HUAWEI-bgp-flexalgo_129] ipv4-family vpn-instance flexalgo_130
[*HUAWEI-bgp-flexalgo_130] segment-routing ipv6 locator locator_130 evpn        //配置
VPN实例flexalgo_130关联的Locator为locator_130
[*HUAWEI-bgp-flexalgo_130] commit
[~HUAWEI-bgp-flexalgo_130] quit
[~HUAWEI-bgp] quit
```

控制平面基于IGP灵活算法的SRv6 SID网络切片方案，采用SRv6 Policy显式路径的场景中，除了要配置上述VPN业务关联网络切片的SRv6 Locator地址外，还需要为VPN实例配置SRv6 Policy隧道策略，同时为VPN实例配置Color属性，并通过Color属性将业务切片与资源切片中的SRv6 Policy进行关联。详细的配置可以参考9.3.1节，这里不再赘述。

| 9.4 基于 Slice ID 的网络切片方案部署 |

基于Slice ID的网络切片方案可以支持单层网络切片，也支持层次化网络切片。本节将分别介绍基于Slice ID的网络切片方案的单层网络切片部署和层次化网络切片部署。

9.4.1 单层网络切片部署

1. 单层网络切片方案简述及其特点

基于Slice ID的单层网络切片方案提供了更大的灵活性及可扩展性。这种方案使具有相同拓扑的网络切片可以共享拓扑属性信息的分发和路由计算，减小了控制协议消息分发的开销和路由计算量，可扩展性强。当前的一种典型实现是在默认网络切片的基础上派生出其他网络切片，派生出的网络切片和默认网络切片具有相同的拓扑，可以共享拓扑计算。

基于Slice ID的单层网络切片方案具有如下特点。

- 使用Slice ID作为数据平面切片标识，每个Slice ID对应一个网络切片。
- Slice ID可以标识不同网络切片的转发资源、子接口或子通道，默认网络切片采用的Slice ID为0。默认网络切片的接口需要配置IP地址，其他网络切片的资源接口不需要配置IP地址三层协议，直接复用默认网络切片接口IP地址。
- 基于Slice ID的单层网络切片方案，支持网络切片内的SRv6 BE和SRv6 Policy路径计算和转发。
  - 在网络切片内采用SRv6 BE算路和转发时，在头端PE设备上需要配置VPN实例的Color属性和Slice ID的映射关系，然后根据VPN业务的Color属性映射到Slice ID对应的网络切片上。转发报文时，根据VPN路由确定SRv6 BE路径，为业务报文封装外层IPv6报文头，同时外层IPv6报文头中封装HBH扩展报文头，其中携带Slice ID对应的HBH扩展报文头选项。
  - 在网络切片内采用SRv6 Policy算路和转发时，控制器通过BGP-LS等协议收集各网络切片的拓扑和属性信息，然后在网络切片拓扑内计算SRv6显式路径，在向路径的头端PE节点下发SRv6 Policy候选路径时，与网络切片的Slice ID进行关联；头端PE节点在转发业务报文时，根据业务切片绑定的VPN实例的Color属性，迭代对应的SRv6 Policy，为业务报文封装外层IPv6报文头和SRv6扩展报文头，同时外层IPv6报文头中封装HBH扩展报文头，其中携带Slice ID对应的HBH扩展报文头选项。
- 在数据平面，报文通过HBH扩展报文头携带Slice ID，转发报文时设备先根据目的IPv6地址查找对应的三层出接口，然后根据报文中携带的Slice ID查找三层出接口对应该Slice ID的FlexE接口或信道化子接口，将报文从Slice ID对应的接口或子接口发出，从而保证数据包可以使用对应的网络切片的预留资源进行转发，以提供网络切片业务的SLA保障。

有一种典型的部署场景，是基于Slice ID的单层网络切片方案在全网范围内部署网络切片，如图9-10所示。这种部署方式下，需要在全网所有链路上都为网络切片进行资源切分和预留。

2. 单层网络切片方案部署实例

基于Slice ID的单层网络切片方案可以参照以下方式进行部署，如图9-11所示，具体说明如下。

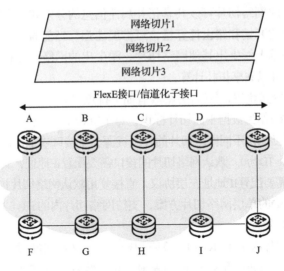

图 9-10　全网切片示意

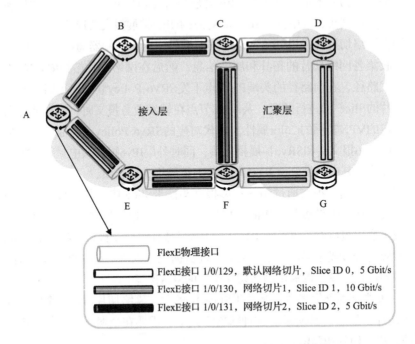

图 9-11　基于 Slice ID 的单层网络切片方案部署实例

- 网络切片的资源采用FlexE接口进行切片。如图9-11所示，对某个物理接口
  划分网络切片时，默认网络切片采用FlexE 1/0/129，网络切片1采用FlexE

1/0/130，网络切片2采用FlexE 1/0/131，为默认网络切片接口配置IP地址并使能IGP，其他网络切片接口不需要配置IP地址，直接复用默认网络切片接口IP地址。

- 基于全网拓扑创建网络切片1和网络切片2，为默认网络切片和其他网络切片的FlexE接口配置相应的Slice ID。
- 在各网络设备上部署SRv6，配置网络设备的SRv6 Locator，设备会动态分配全局的End SID，并自动为每个使能IS–IS IPv6的默认网络切片的FlexE接口生成End.X SID。

3. 单层网络切片方案部署——创建切片实例

基于Slice ID的单层网络切片方案需要在设备上创建网络切片实例，包括默认网络切片实例和其他网络切片实例。首先创建默认网络切片实例，配置样例如下。

```
<HUAWEI> system-view
[~HUAWEI] network-slice instance 0     //配置默认网络切片实例的Slice ID为0
[*HUAWEI] commit
```

然后创建资源切片实例，配置样例如下。

```
<HUAWEI> system-view
[~HUAWEI] network-slice instance 1     //配置网络切片实例的Slice ID为非0的值
[*HUAWEI] commit
```

4. 单层网络切片方案部署——拓扑创建和链路添加

基于Slice ID的单层网络切片方案的接口包括默认网络切片接口和非默认网络切片接口。

- 默认网络切片接口：默认网络切片接口需要配置为三层接口，该接口下配置IP地址并开启IGP功能。配置的Slice ID为0。
- 非默认网络切片接口：在默认网络切片的物理接口下，使用FlexE接口或信道化子接口为网络切片预留资源，每个网络切片对应的FlexE接口或信道化子接口为网络切片接口。网络切片接口下无须配置IP地址和开启IGP功能，直接复用默认网络切片接口IP地址。网络切片接口不可以配置带宽值，表示为网络切片业务预留的带宽资源。网络切片接口需要配置该网络切片采用的Slice ID。

（1）默认网络切片接口部署

根据网络切片实例，部署FlexE 129接口为默认网络切片接口，Slice ID为0，配置样例如下。

```
<HUAWEI> system-view
[~HUAWEI] interface FlexE1/0/129
[~HUAWEI-FlexE1/0/129] network-slice 0 data-plane   //配置FlexE接口为默认网络切片接口
[*HUAWEI-FlexE1/0/129] commit
[~HUAWEI-FlexE1/0/129] quit
```

配置默认网络切片的FlexE接口的IP地址和使能IGP，配置样例如下。

```
[~HUAWEI] interface FlexE1/0/129
[~HUAWEI-FlexE1/0/129] ipv6 enable
[*HUAWEI-FlexE1/0/129] ipv6 address 2001:db8::1 127
[*HUAWEI-FlexE1/0/129] isis ipv6 enable 2
[*HUAWEI-FlexE1/0/129] isis ipv6 cost 1000
[*HUAWEI-FlexE1/0/129] commit
```

（2）非默认网络切片接口部署

创建网络切片对应的FlexE接口，并配置接口带宽资源，配置样例如下。

```
<HUAWEI> system-view
[~HUAWEI] flexe client-instance 130 flexe-group 1 flexe-type full-function port-id
130   //创建FlexE 1/0/130
[*HUAWEI-flexe-client-130] flexe-clientid 130
[*HUAWEI-flexe-client-130] flexe-bandwidth 5   //配置FlexE接口带宽为5 Gbit/s
[*HUAWEI-flexe-client-130] commit
```

配置FlexE 1/0/130为网络切片接口，配置对应的网络切片Slice ID，并通过绑定默认网络切片接口的Slice ID 0进行IP地址和IGP的复用，配置样例如下。

```
<HUAWEI> system-view
[~HUAWEI] interface FlexE1/0/130
[~HUAWEI-FlexE1/0/130] basic-slice 0      //绑定默认网络切片，复用默认网络切片的IPv6地
址、IGP等配置
[*HUAWEI-FlexE1/0/130] network-slice 101 data-plane   //配置网络切片Slice ID
[*HUAWEI-FlexE1/0/130] commit
```

5. 单层网络切片方案部署——SRv6的部署

用户需要配置设备使能SRv6、指定报文封装源地址和SRv6 Locator，Locator的配置中会指定IPv6前缀、静态Function ID长度和Args长度等参数，配置样例如下。

```
[~HUAWEI] segment-routing ipv6
[*HUAWEI-segment-routing-ipv6] encapsulation source-address 1::1
[*HUAWEI-segment-routing-ipv6] locator SRv6_locator ipv6-prefix A1:: 64 static 8
args 16
[*HUAWEI-segment-routing-ipv6] commit
```

在上面的样例中，IPv6报文头的源地址配置为1::1，Locator的名称是SRv6_locator，对应的IPv6前缀为A1::/64，static 8是指为静态Function ID预留的长度为8 bit，args 16是指为Args预留的长度为16 bit。

在配置完成之后，可以使用如下命令查看SRv6 Locator信息。

```
[~HUAWEI] display segment-routing ipv6 locator verbose

Locator Configuration Table
---------------------------

LocatorName      : SRv6_locator              LocatorID    : 1
IPv6Prefix       : A1::                      PrefixLength : 64
StaticLength     : 8                         Reference    : 4
Default          : N                         ArgsLength   : 16
AutoSIDBegin     : A1::100:0
AutoSIDEnd       : A1::FFFF:FFFF:FFFF:0
Total Locator(s): 1
```

从上述显示信息中可以看到配置的Locator名称、IPv6前缀、静态Function ID长度以及动态SID的起止范围。

在配置设备的SRv6 Locator之后，设备会动态分配End SID，所有网络切片共用End SID。使用以下命令查看设备的End SID。

```
<HUAWEI> display segment-routing ipv6 local-sid end forwarding

                My Local-SID End Forwarding Table
                ----------------------------------

SID          : A1::1:0/128                   FuncType   : End
Flavor       : PSP
LocatorName  : SRv6_locator                  LocatorID  : 1
ProtocolType : ISIS                          ProcessID  : 1
UpdateTime   : 2022-02-26 10:42:24.216

Total SID(s): 1
```

在配置设备的SRv6 Locator之后，设备会为使能IGP功能的接口或子接口动态分配End.X SID。使用以下命令查看各链路的End.X SID。

```
[~HUAWEI] display segment-routing ipv6 local-sid end-x forwarding

                My Local-SID End.X Forwarding Table
                ------------------------------------

SID          : A1::1:0/128                   FuncType   : End.X
Flavor       : PSP
LocatorName  : SRv6_locator                  LocatorID  : 1
ProtocolType : ISIS                          ProcessID  : 1
UpdateTime   : 2022-02-26 10:42:24.217
NextHop      :                 Interface :   ExitIndex  :
```

```
FE80::3AD5:E4FF:FE21:100          FlexE1/0/129          0x00000001

SID        : A1::12:0/128                       FuncType    : End.X
Flavor     : PSP
LocatorName : SRv6_locator                      LocatorID   : 1
ProtocolType: ISIS                              ProcessID   : 1
UpdateTime  : 2022-02-26 10:42:24.217
NextHop    :                    Interface :      ExitIndex:
FE80::3AD5:E4FF:FE21:200         FlexE2/0/130     0x00000002

Total SID(s): 2
```

6. 单层网络切片方案部署——网络切片路径的建立

对于网络切片内的SRv6 BE路径计算方式，网络设备会根据网络切片的拓扑属性信息计算转发路径和生成对应的路由转发表项，不需要特殊的配置。本节将重点介绍网络切片内的SRv6 Policy路径计算与建立方式的配置。

对于网络切片内的SRv6 Policy显式路径计算方式，网络切片控制器可以根据网络切片的拓扑属性和TE属性进行SRv6 Policy的候选路径计算。网络切片控制器可以通过BGP SRv6 Policy等方式向路径头节点设备发布SRv6 Policy的候选路径信息，并在协议消息中携带SRv6 Policy所关联的Slice ID信息。

通过执行命令`display srv6-te policy endpoint color`可以查看控制器下发的SRv6 Policy状态以及对应的Slice ID信息等。

```
<HUAWEI> display srv6-te policy endpoint 1::6 color 100
PolicyName            : Policy1
Color                : 100           Endpoint           : 1::6
TunnelId             : 1             Binding SID        : A1::1:0:101:0
TunnelType           : SRv6-TE Policy DelayTimerRemain  : -
Policy State         : Up            State Change Time : 2022-02-21 09:39:52
Admin State          : Up            Traffic Statistics : Disable
Backup Hot-Standby   : Disable       BFD                : Disable
Interface Index      : 87            Interface Name     : SRv6TE-Policy-1
Interface State      : Up            Encapsulation Mode: Encaps
Candidate-path Count : 2

Candidate-path Preference : 110
Path State           : Active        Path Type          : Primary
Protocol-Origin      : Configuration(30)Originator      : 0,0.0.0.0
Discriminator        : 200           Binding SID        : -
GroupId              : 2             Policy Name        : 1
Template ID          : 0             Path Verification : Disable
DelayTimerRemain     : -             Network Slice ID  : -
```

```
Segment-List Count       : 1
Segment-List             : 1
Segment-List ID          : 2                 XcIndex                 : 2
List State               : Up                DelayTimerRemain        : -
Verification State       : -                 uppressTimeRemain       : -
PMTU                     : 9600              Active PMTU             : 9600
Weight                   : 1                 BFD State               : -
Network Slice ID         : 1 (data-plane)    //候选路径所关联的网络切片的Slice ID
SID                      :
                           A1::1:0:11:0
                           A2::1:0:21:0
                           A3::1:0:31:0
                           A6::1:0:1:0

Candidate-path Preference : 100
Path State               : Inactive (Valid)  Path Type               : -
Protocol-Origin          : Configuration(30) Originator              :0,0.0.0.0
Discriminator            : 100               Binding SID             : -
GroupId                  : 1                 Policy Name             : 1
Template ID              : 0                 Path Verification       :Disable
DelayTimerRemain         : -                 Network Slice ID        : -
Segment-List Count       : 1
Segment-List             : 1
Segment-List ID          : 1                 XcIndex                 : -
List State               : Down (Valid)      DelayTimerRemain        : -
Verification State       : -                 SuppressTimeRemain      : -
PMTU                     : 9600              Active PMTU             : 9600
Weight                   : 1                 BFD State               : -
Network Slice ID         : 1 (data-plane)    //候选路径所关联的网络切片的Slice ID
SID                      :
                           A1::1:0:12:0
                           A4::1:0:42:0
                           A5::1:0:52:0
                           A6::1:0:1:0
```

9.4.2 层次化网络切片部署

1. 层次化网络切片方案简述及其特点

层次化网络切片的实现可以采用如下方式：采用SRv6 Policy在主切片拓扑内计算和建立子切片的显式路径。子切片的资源基于主切片接口或子接口创建，使得子切片资源在主切片内进行分配，高价值业务在子业务切片内转发[3]。

- 行业或企业中的普通业务可以部署在主切片中。如果这类业务没有特别严格的SLA诉求，可以采用SRv6 BE路径承载；如果这类业务还有低时延等特殊的SLA诉求，则需要采用SRv6 Policy承载。使用主切片承接的业务报文，需要封装主切片对应的Slice ID。

- 行业或企业中的重点业务可以部署在子切片中，子切片的资源在主切片中进行分配。这类业务通常采用SRv6 Policy承载，根据网络切片控制器计算满足业务需求的SRv6 Policy候选路径，再沿着候选路径指定的显式路径进行子切片资源分配。使用子切片承载的业务报文需要封装子切片对应的Slice ID。

2. 层次化网络切片方案部署实例

基于Slice ID的层次化网络切片方案可以按照以下方式进行部署，如图9-12所示。

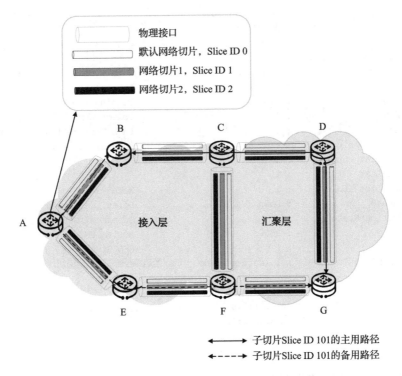

图 9-12　基于 Slice ID 的层次化网络切片方案部署实例

基于Slice ID的层次化网络切片方案部署实例说明如下。

- 在完成单层网络切片部署的基础上，可进一步完成层次化网络切片方案的部署。将网络切片1（Slice ID为1）作为主切片，在该切片内通过灵活子通道部署子切片，对应的Slice ID为101。
- 网络切片控制器为子切片（Slice ID 101）计算SRv6 Policy候选路径时需要关联主切片Slice ID 1，以保证网络切片控制器根据主切片的拓扑计算子切片路径。同时，为了保证子切片资源的部署一致性，子切片的SRv6 Policy需要采用严格显式路径的方式。

- 网络切片控制器将计算出的子切片路径信息通过BGP SRv6 Policy等方式下发到路径头节点设备，下发的消息中会携带子切片的Slice ID 101。网络切片控制器还需要通过NETCONF/YANG等接口协议向SRv6 Policy路径途经的网络设备下发子切片对应的灵活子通道配置，为子切片分配转发资源。

3. 层次化网络切片方案部署——网络切片资源的分配

基于Slice ID的层次化网络切片方案需要在主切片资源接口内为子切片分配资源。主切片的资源接口可以是FlexE接口或信道化子接口，相应地，子切片的资源可以通过在FlexE接口下或信道化子接口下配置灵活子通道来分配。

主切片采用FlexE接口、子切片使用灵活子通道的配置样例如下。

```
<HUAWEI> system-view
[~HUAWEI] interface FlexE1/0/129
[~HUAWEI-FlexE1/0/129] network-slice 1 data-plane      //设置接口加入主切片
[*HUAWEI-FlexE1/0/129] network-slice 101 flex-channel 100      //指定为子切片101分配的
带宽为100 Mbit/s
[*HUAWEI-FlexE1/0/129] commit
```

4. 层次化网络切片方案部署——网络切片路径的建立

基于Slice ID的层次化网络切片方案通常使用网络切片控制器为子切片计算SRv6 Policy路径，然后沿着指定的路径进行网络切片资源部署。网络切片控制器会根据主切片的拓扑进行路径计算，并将计算出的显式路径通过BGP SRv6 Policy等方式下发到路径头节点设备，下发信息中会携带子切片的Slice ID。在一个部署实例中，在主切片中创建SRv6 Policy，SRv6 Policy的带宽资源要求是100 Mbit/s，子切片Slice ID为101。网络切片控制器为其计算的主用路径是B—C—D—G，备用路径是B—A—E—F—G。

执行命令**display srv6-te policy endpoint color**可以查看网络切片控制器下发的SRv6 Policy状态以及对应的Slice ID信息等。

```
<HUAWEI> display srv6-te policy endpoint 1::6 color 101
PolicyName         : Policy1
Color              : 101              Endpoint            : 1::6
TunnelId           : 1                Binding SID         : A1::1:0:102:0
TunnelType         : SRv6-TE Policy   DelayTimerRemain    : -
Policy State       : Up               State Change Time   : 2022-02-21 09:39:52
Admin State        : Up               Traffic Statistics  : Disable
Backup Hot-Standby : Disable          BFD                 : Disable
Interface Index    : 87               Interface Name      : SRv6TE-Policy-1
Interface State    : Up               Encapsulation Mode  : Encaps
Candidate-path Count : 2
```

```
Candidate-path Preference : 110
Path State              : Active           Path Type          : Primary
Protocol-Origin         : Configuration(30) Originator        : 0.0.0.0.0
Discriminator           : 200              Binding SID        : -
GroupId                 : 2                Policy Name        : 1
Template ID             : 0                Path Verification  : Disable
DelayTimerRemain        : -                Network Slice ID   : -
Segment-List Count      : 1
Segment-List            : 1
Segment-List ID         : 2                XcIndex            : 2
List State              : Up               DelayTimerRemain   : -
Verification State      : -                SuppressTimeRemain : -
PMTU                    : 9600             Active PMTU        : 9600
Weight                  : 1                BFD State          : -
Network Slice ID        : 101 (data-plane)  //SRv6 Policy关联子切片Slice ID 101
SID                     :
                          A1::1:0:11:0
                          A2::1:0:21:0
                          A3::1:0:31:0
                          A6::1:0:1:0

Candidate-path Preference : 100
Path State              : Inactive (Valid)  Path Type          : -
Protocol-Origin         : Configuration(30) Originator        : 0.0.0.0.0
Discriminator           : 100              Binding SID        : -
GroupId                 : 1                Policy Name        : 1
Template ID             : 0                Path Verification  : Disable
DelayTimerRemain        : -                Network Slice ID   : -
Segment-List Count      : 1
Segment-List            : 1
Segment-List ID         : 1                XcIndex            : -
List State              : Down (Valid)     DelayTimerRemain   : -
Verification State      : -                SuppressTimeRemain : -
PMTU                    : 9600             Active PMTU        : 9600
Weight                  : 1                BFD State          : -
Network Slice ID        : 101 (data-plane)  //SRv6 Policy关联子切片Slice ID 101
SID                     :
                          A1::1:0:12:0
                          A4::1:0:42:0
                          A5::1:0:52:0
                          A6::1:0:1:0
```

9.4.3 业务切片映射到资源切片的部署

基于Slice ID的网络切片方案通过业务路由的Color属性与网络资源切片进行关联，完成业务切片到资源切片的映射。对于网络切片内基于SRv6 BE路径承载业务的场景，需要在设备上配置业务路由的Color属性与网络切片Slice ID的映射关系，使网络设备可以根据业务路由的Color属性关联到指定的网络切片上，在基于SRv6 BE的路由转发表转发网络业务切片的报文时，为报文封装HBH扩展报文头并携带Slice ID；对基于SRv6 Policy承载业务的场景，则可以直接通过业务路由的Color属性关联SRv6 Policy，在基于SRv6 Policy转发网络切片的业务报文时，为报文封装SRH扩展报文头以携带SRv6 SID list，同时封装HBH扩展报文头以携带Slice ID。

在网络切片内使用SRv6 BE路径承载业务的场景下，需要在头端PE设备配置业务路由Color属性和Slice ID的关联关系，通常用于单层网络切片场景，配置样例如下。

```
<HUAWEI> system-view
[~HUAWEI] network-slice color-mapping
[*HUAWEI-network-slice-color-mapping] color 100 network-slice 1    //配置网络切片1与
color 100关联
[*HUAWEI-network-slice-color-mapping] color 200 network-slice 2    //配置网络切片2与
color 200关联
[*HUAWEI-network-slice-color-mapping] commit
```

在网络切片内使用SRv6 Policy承载业务的场景下，需要为VPN实例配置SRv6 Policy隧道策略以及Color属性，通过Color属性将业务切片与资源切片进行关联。该配置对单层网络切片和层次化网络切片都适用。用户可以直接在头端PE设备为VPN实例配置default-Color值，配置样例如下。

```
//配置SRv6 Policy隧道策略
<HUAWEI> system-view
[~HUAWEI] tunnel-policy SRv6-policy
[*HUAWEI-tunnel-policy-SRv6-policy] tunnel select-seq ipv6 srv6-te-policy load-
balance-number 1
[*HUAWEI-tunnel-policy-SRv6-policy] commit

//为VPWS模式的EVPN实例配置EVPN VPWS业务使用的默认Color为100
<HUAWEI> system-view
[~HUAWEI] evpn vpn-instance evrf1 vpws

[*HUAWEI-vpws-evpn-instance-evrf1] tnl-policy SRv6-policy  //配置VPN业务关联隧道策略
[*HUAWEI-vpws-evpn-instance-evrf1] default-color 100    //配置evrf1实例使用的Color为
100
[*HUAWEI-vpws-evpn-instance-evrf1] commit

//为VPN实例IPv4地址族配置EVPN L3VPN业务使用的默认Color值为101
<HUAWEI> system-view
[~HUAWEI] ip vpn-instance vrf1
[*HUAWEI-vpn-instance-vrf1] ipv4-family
[*HUAWEI-vpn-instance-vrf1-ipv4] tnl-policy SRv6-policy evpn     //配置VPN业务关联隧
道策略
[*HUAWEI-vpn-instance-vrf1-ipv4] default-color 101 evpn    //配置vrf1实例使用的Color
为101 [*HUAWEI-vpn-instance-vrf1-ipv4] commit
```

| 9.5 网络切片控制器的部署 |

9.5.1 IPv6 网络切片控制器界面

本节对华为IPv6网络切片控制器的首页及网络切片界面进行介绍。

1. 首页界面

网络切片控制器的首页界面主要由两部分组成：网络切片类型统计和网络切片管理模块，如图9–13所示，说明如下。

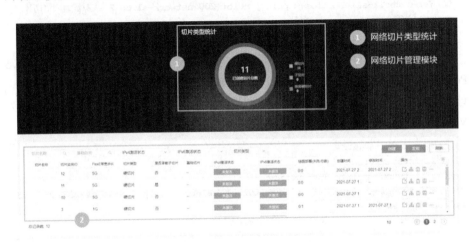

图 9-13　网络切片控制器首页界面

- 网络切片类型统计：查看当前网络中的网络切片创建情况。
- 网络切片管理模块：查看网络切片的详细状态信息，并能根据需要对网络切片进行创建、修改、删除等操作。

2. 网络切片界面

网络切片界面主要由4个功能模块组成，如图9–14所示。

- 网络资源模块：呈现切片网络中的设备列表，方便操作时快速选择某个具体设备。
- 切片详细信息管理模块：呈现切片管理信息，包括预选链路管理、切片链路管理、激活管理和任务管理。
- 网络切片及操作模块：呈现网络切片拓扑属性信息和主要操作模块，包括网络切片内的设备和切片链路连接关系等。

・切片概览模块：呈现网络切片链路部署结果统计信息，包括部署成功和失败的链路数量等。

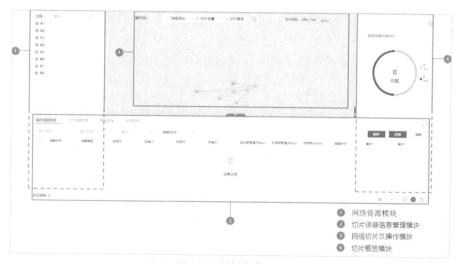

图 9-14　网络切片界面

9.5.2　网络切片控制器部署 IPv6 单层网络切片

使用控制器部署网络切片功能可快速完成大规模网络的切片创建，相比手动在网元上配置的方案，大幅提高了创建网络切片的效率，降低了配置出错概率。本节从以下几个方面介绍网络切片部署。

・切片创建：创建一个网络切片并设置网络切片的基本属性，是创建网络切片的基础。

・链路添加：选择在哪些链路上创建网络切片分配资源，为后续网络切片的实例化提供基础。

・切片部署：将网络切片的带宽等参数下发到设备上，生成网络切片的逻辑链路。

・切片激活：配置网络切片逻辑链路两端接口的IP地址，并使能IGP等协议，使网络切片在网络层实现互通。

・查看切片链路：可在拓扑上显示切片链路。

1.　切片创建

创建一个网络切片的操作步骤如下。

步骤①　单击"网络切片"App，然后单击"创建"。

步骤② 在弹出的"创建切片"窗口中配置图9–15所示的参数，参数说明如表9–4所示。

图 9-15　创建切片时配置的参数

表 9-4　创建切片时配置的参数说明

参数名称	描述
切片类型	硬切片表示采用 FlexE 接口或信道化子接口进行切片资源保障
切片名称	根据规划设置网络切片的名称
FlexE 带宽步长	设置 FlexE 接口的带宽步长。 • 5 Gbit/s：设置 FlexE 接口的带宽步长为 5 Gbit/s，最终网络切片的带宽将会是 5 Gbit/s 的倍数。例如设置或通过计算规划网络切片的带宽为 6.5 Gbit/s，最终该网络切片中 FlexE 接口的带宽为 10 Gbit/s。 • 1 Gbit/s：设置 FlexE 接口的带宽步长为 1 Gbit/s。当设置的带宽不大于 5 Gbit/s 时，最终网络切片的带宽将会是 1 Gbit/s 的倍数。当设置的带宽大于 5 Gbit/s 时，最终网络切片的带宽将会是 5 Gbit/s 的倍数。例如设置的带宽为 2.5 Gbit/s，最终该网络切片中 FlexE 接口的带宽为 3 Gbit/s。又如，设置的带宽为 6.5 Gbit/s，最终该网络切片中 FlexE 接口的带宽为 10 Gbit/s
切片实例 ID	配置 Slice ID，用于标识实例
信道化带宽步长	信道化子接口的步长，固定为 1 Mbit/s
切片描述	描述该网络切片的用途，方便对网络切片的管理

2. 链路添加

链路添加的操作步骤如下。

步骤① 单击"网络切片"App，在网络切片管理模块中单击操作列中的按钮，进入切片管理页面。

步骤② 单击"链路添加",设置带宽,选择链路,如图9-16所示。链路添加时主要参数说明如表9-5所示。

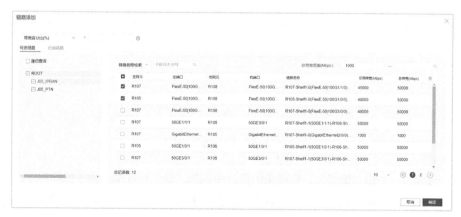

图 9-16　链路添加时配置的参数

表 9-5　链路添加时主要参数说明

参数名称	描述
带宽百分比	按链路总带宽的百分比设置带宽
带宽值	设置链路带宽值,一般设置为带宽步长的倍数。带宽值与带宽百分比参数是二选一的关系
按收敛方式	按链路按网络层次收敛方式设置带宽。控制器分配带宽时,会根据网元角色判断链路属于接入层、汇聚层还是核心层。 需设置"接入带宽值""汇聚带宽值""核心带宽值"
按独占方式	当前网络切片将独占所选链路。因此,需要选择没有被其他网络切片占用或部分占用的链路
按共享方式	当前切片与其他切片共享所选链路

步骤③ 单击"确定",即可查看链路的详细信息,确认无误后单击"确定",在弹出的窗口中单击"确认"。

说明:添加完链路后可在下方的"预选链路管理"中查看链路的详细信息,进行修改或删除。

3. 切片部署

切片部署操作步骤如下。

步骤① 单击"网络切片"App,在网络切片管理模块页面单击操作列中的按钮品,进入切片管理页面。

步骤② 单击"切片部署"，在弹出的部署界面可查看切片链路的详细信息，如图9-17所示。

图 9-17　切片部署示意

步骤③ 单击"确定"，在弹出的窗口中勾选"我已经仔细阅读了操作提示，并充分了解此操作的风险"，单击"确定"，在弹出的"提示"窗口中单击"确认"。

说明

- 获取链路状态会有延迟，需在切片链路管理页面手动刷新。
- 部署状态为"成功"表示切片链路部署成功。

4. 切片激活

在进行网络切片激活时，需要选择网络切片方案类型和对应的模板，可选的网络切片方案类型和模板如表9-6所示。

表9-6　网络切片方案类型和模板

网络切片方案类型	模板	下发到设备的参数
基于 SRv6 SID 的网络切片方案	亲和属性控制平面模板	SRv6 基础配置、切片链路创建信息、链路 IPv6 地址、链路使能 IGP IPv6、链路管理组（Color）属性、切片链路 Cost 相对默认切片的倍数
	IGP Flex-Algo 控制平面模板	SRv6 Flex-Algo 基础配置、切片链路创建信息、链路 IP 地址、链路使能 IGP IPv6、Flex-Algo 对应的链路管理组属性、切片链路 Cost 相对默认切片的倍数
基于 Slice ID 的网络切片方案	单层网络切片模板	Slice ID 切片实例创建信息、切片链路创建信息、链路 Slice ID、链路 basic-slice

下面以基于Slice ID的网络切片方案为例介绍控制器部署网络切片的流程。配置链路Slice ID等参数，使网络切片在网络层实现端到端的转发隔离，操作步骤如下。

步骤① 单击"网络切片"App，在网络切片管理模块页面单击操作列中的按钮，进入切片管理页面。

步骤② 单击"切片激活"，在弹出的切片激活页面配置详细的激活信息，如图9-18所示。

图 9-18　切片激活时配置的参数

步骤③　单击"激活"，再单击"确定"，在弹出的窗口中勾选"我已经仔细阅读了操作提示，并充分了解此操作的风险"，单击"确定"，在弹出的窗口中单击"确认"。

5. 查看切片链路

查看切片链路的操作步骤如下。

步骤①　单击"网络切片"App，在网络切片页面，如果网络切片的状态为激活且链路部署无失败时，表示该网络切片状态正常。

步骤②　单击操作列中的按钮品，进入切片管理页面。

步骤③　打开该网络切片所在的子网，单击拓扑右侧的按钮C，可在网络拓扑上显示切片链路。

步骤④　双击链路，链路展开后，可查看网元之间的链路详细信息。

9.5.3　网络切片控制器部署 IPv6 层次化网络切片

在层次化网络切片方案中，主切片需要网络管理者进行预部署，子切片可以由业务驱动创建。具体来说，可以通过业务驱动在主切片创建SRv6 Policy隧道，再由隧道驱动路径上的网络设备基于灵活子通道创建子切片。以医疗行业切片为例，具体部署流程如图9-19所示。网络中为医疗行业部署了主切片，用于与其他业务隔离，针对医疗行业中重要的远程B超业务和远程会诊业务，需要进一步通过子切片来保证业务质量，即在医疗行业切片内部署远程B超切片和远程会诊切片。首先根据业务需求创建对应的EVPN业务，然后由业务驱动在主切片中创建SRv6 Policy，最后由SRv6 Policy触发路径上的网络设备为子切片分配资源并进行子切片相关参数部署。

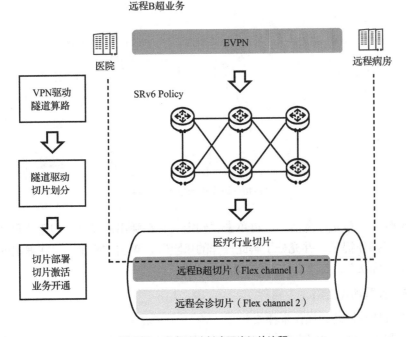

图 9-19　业务驱动创建网络切片流程

业务驱动创建按需网络切片的操作步骤如下。

步骤① 单击"网络管理"App，在主菜单中选择"业务"→"业务创建"→"L2 EVPN业务"，如图9-20所示。

步骤② 配置子切片参数。

设置图9-21中所示的子切片参数。"业务名称"设置为"Remote_B_ultrasonic"，"业务类型"和"拓扑类型"均设置为"P2P"，"切片

图 9-20　业务创建

名称"设置为"Medical_Slicing"。

图 9-21　配置子切片基本属性

如图9-22所示，使能"SLA配置："，设置"带宽（kbit/s）"为"100000"，"时延（μs）"为"100"。

图 9-22　SLA 配置

如图9-23所示，使能"SLA共享组配置："，使网络切片控制器可以按照子切片的隧道路径为途经的网络设备下发子切片对应的灵活子通道等参数配置。

图 9-23　SLA 共享组配置

步骤③ 单击"应用"，下发子切片的配置信息。

9.5.4 网络切片控制器部署 IPv6 跨域网络切片

通过网络切片控制器部署IPv6跨域网络切片主要包括单域网络资源切片的部署和跨域链路的网络切片部署。其中单域网络资源切片的部署在前文已经做了介绍，本节主要介绍跨域链路的网络切片部署。

1. 5G端到端网络切片

在5G端到端网络切片场景中，无线电接入网、承载网和核心网之间需要进行网络切片的对接和映射。一种典型的对接方式是在跨域链路上采用VLAN子接口对不同的网络切片进行区分，如图9-24所示。无线电接入网和核心网对不同的5G网络切片业务进行区分，并通过映射到不同的VLAN子接口传送给承载网。承载网边缘节点根据不同的VLAN子接口绑定到VPN实例上，并将VPN实例映射到对应的资源切片。

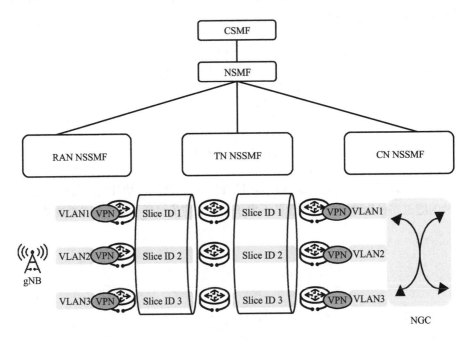

注：NGC 为 Next Generation Core，下一代核心网。

图 9-24 5G 端到端网络切片

2. 基于分层控制器的端到端网络切片

在较大规模的网络中，可以基于分层控制器来部署端到端的跨域网络切片，如图9-25所示。域控制器1负责管理网络域1，域控制器2负责管理网络域2，在上层，由Super控制器负责协调域控制器1和域控制器2，从而实现端到端网络切片的部署。Super控制器将端到端网络切片参数通过南向接口下发给各域控制器，由各域控制器负责域内网络切片的部署。

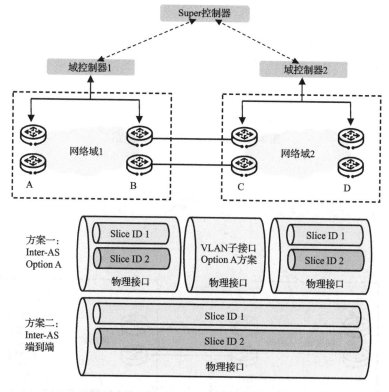

图 9-25　基于分层控制器的端到端网络切片示意

目前主要有两种跨域网络切片方案，一是Inter-AS Option A方案，二是Inter-AS端到端方案。在方案一中，AS的域间链路不为网络切片预留资源，跟普通的Option A跨域VPN相似。在方案二中，AS域间链路需要为不同的网络切片预留资源并配置对应的Slice ID。

在Super控制器上部署跨域网络切片后，可以在控制器界面上查看域间切片链路信息。域间链路使用实线连接，表示域间有切片链路，域间使用虚线连接，表示域间有物理链路，但未部署切片链路，如图9-26所示。

3. 基于单层控制器的端到端网络切片

在基于单层控制器的端到端网络切片部署场景中，网络中的多个AS由统一的控制器管理，如图9-27所示。

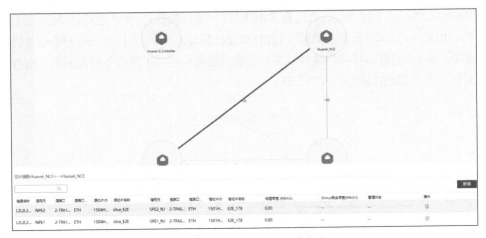

图 9-26　Super 控制器跨域链路

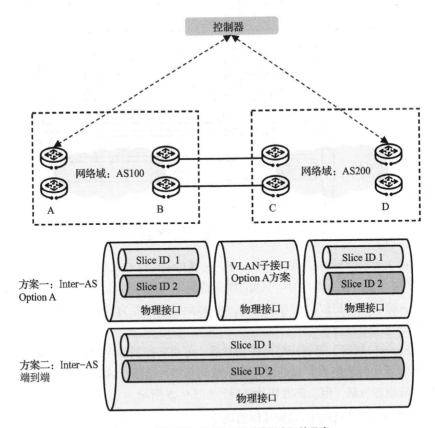

图 9-27　基于单层控制器的端到端网络切片示意

　　基于单层控制器的端到端网络切片通常可以采用以下两种方式进行部署，相应的部署建议如下。

- Inter-AS Option A方案：建议在各网络域中创建相同粒度的网络切片，并为各域内的网络切片规划统一的Slice ID。如果受网络条件限制，也可以在不同的网络域中规划不同粒度的网络切片，采用不同的Slice ID，这样就需要网络切片控制器为不同的网络域下发不同的网络切片参数。
- Inter-AS VPN端到端方案：建议在不同的网络域采用相同的网络切片粒度，并为各域内的网络切片和域间链路规划统一的Slice ID。网络切片控制器为不同的网络域下发相同的网络切片参数，同时给域间链路配置对应的网络切片参数。

| 设计背后的故事 |

　　网络切片部署中一个鲜明的特征是控制器的应用。这给传统IP网络工程师的运维习惯带来了很大的影响。

　　IP网络工程师使用命令行进行网络操作和维护是一个长久以来形成的习惯，就像一些Linux工程师"鄙视"图形化界面一样。因为这样的习惯，曾经的IP网络管理做得并不成功。随着IP技术的发展，IP从最开始的互联网应用逐渐扩展到了电信网络应用，而电信网络人员对网络管理有一种天然的倾向，即使电信网络已经IP化了，他们依然要维持已有的用户习惯。"电信基因"的引入促进了IP网络管理的发展。特别是在移动承载领域中构建SDH-Like服务时，IP网络管理发挥了重要的作用，并且实现了传统IP领域和传送领域技术人员的深度融合。

　　网络切片也是电信运营商业务发展的产物，它进一步促进了IP和电信的融合。网络控制器的出现，实现了网络控制、管理、分析等多种功能的融合，这对网络切片这样大量的全网级的管控尤为必要。这种管控不仅有相对简单的业务部署，还涉及复杂的资源分配和计算，这是原先的IP难以承接的，也是人力所不能及的。这会使得IP网络工程师依赖命令行进行网络操作和维护更加力不从心，通过网络控制器来实现IP业务的部署会逐渐成为一种新的运维习惯。

| 本章参考文献 |

[1] DONG J,BRYANT S,MIYASAKA T, et al. Segment routing based Virtual Transport Network (VTN) for enhanced VPN[EB/OL]. (2022–03–06)[2022–09–30]. draft–ietf–spring–sr–for–enhanced–vpn–02.

[2] DONG J,LI Z,HU Z, et al. IGP extensions for scalable segment routing based enhanced VPN[EB/OL]. (2022–01–22)[2022–09–30]. draft–dong–lsr–sr–enhanced–vpn–07.

[3] DONG J,LI Z. Considerations about hierarchical IETF network slices[EB/OL]. (2022–03–07)[2022–09–30]. draft–dong–teas–hierarchical–ietf–network–slice–01.

第 10 章
IP 网络切片产业的发展与未来

随着5G的规模部署和云业务的蓬勃发展，IP网络切片在标准化与产业化方面也取得了显著进展。本章将介绍IP网络切片标准化的进展、IP网络切片相关的产业活动以及商业部署情况，并对IP网络切片未来的技术发展进行展望。

| 10.1　IP 网络切片产业的发展 |

10.1.1　IP 网络切片标准化的进展

IP网络切片相关的标准化工作主要在IETF进行，大致上可分为IP网络切片架构相关草案和IP网络切片实现相关标准草案。

IP网络切片架构和管理模型相关的标准化工作主要由IETF TEAS工作组负责，基于SR的网络切片方案的标准化工作主要由SPRING（Source Packet Routing in Networking）工作组制定。基于IPv6和MPLS等协议的IP网络切片数据平面封装的标准化工作则分别由6MAN工作组和MPLS工作组制定，与网络切片相关的控制协议（包括IGP、BGP、PCEP、VPN等）扩展的标准化工作分别由LSR、IDR、PCE、BESS（BGP Enabled Services，BGP使能服务）等工作组制定。

1. IP网络切片架构相关草案

如表10–1所示，IP网络切片架构的相关草案包括IP网络切片的概念与通用架构、IP网络切片的实现架构、IP网络切片在5G端到端网络切片的应用架构等相关草案。

表 10-1　IP 网络切片架构的相关草案

领域	主题	文稿
IP 网络切片的概念与通用架构	IETF 网络切片术语与通用架构	draft-ietf-teas-ietf-network-slices-05[1]
IP 网络切片的实现架构	VPN+ 架构	draft-ietf-teas-enhanced-vpn[2]
IP 网络切片在 5G 端到端网络切片的应用架构	5G 端到端网络切片与 IP 网络切片的映射	draft-gcdrb-teas-5g-network-slice-application[3]

IETF草案draft-ietf-teas-enhanced-vpn[2]中定义了VPN+架构。这篇文稿中包括实现VPN+业务的分层网络架构以及各层中的关键技术。为了提供增强的VPN服务，VPN+提出了基于VPN结合TE的技术扩展。因此，VPN+可以满足5G及其他场景下，有严格质量要求的多种业务需求。5G网络切片是VPN+的一种典型应用场景。VPN+的标准布局如图10-1所示。

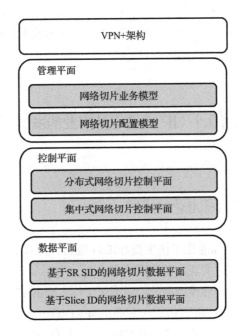

图 10-1　VPN+ 的标准布局

2. IP网络切片实现相关标准草案

IP网络切片实现相关标准草案涉及以下几个方面：基于SR SID的网络切片、基于Slice ID的网络切片、层次化网络切片、IP跨域网络切片、面向用户/应用的IP网络切片以及IP网络切片的管理模型等。

（1）基于SR SID的网络切片

如表10-2所示，基于SR SID的网络切片相关标准涉及两大领域：数据平面和控制平面。SR网络切片的数据平面采用已有的SR封装，通过扩展SR SID/SRv6 Locator的含义，指示报文对应的网络切片的拓扑、功能以及为网络切片分配的资源。SR网络切片的控制平面基于现有控制平面技术（如多拓扑和灵活算法）进行少量扩展即可。这类方案相对容易实现，但在灵活性和可扩展性方面会受到限制。

表 10-2　基于 SR SID 的网络切片相关标准

领域	主题	文稿
数据平面	基于 SR 实现 VPN+：定义基于 SR SID/SRv6 Locator 语义扩展的 VPN+ 数据平面封装和处理流程	draft-ietf-spring-sr-for-enhanced-vpn[4]
	资源感知 SR SID：扩展 SR SID 用于标识为报文处理预留的网络资源	draft-ietf-spring-resource-aware-segments[5]
控制平面	基于 IS-IS 多拓扑的 SR VTN：用于在网络设备之间分发网络切片的拓扑与资源等属性信息	draft-ietf-lsr-isis-sr-vtn-mt[6]
	基于 BGP-LS 多拓扑的 SR VTN：用于向控制器上报网络切片的拓扑与资源等属性信息	draft-ietf-idr-bgpls-sr-vtn-mt[7]
	基于 IS-IS 灵活算法的 SR VTN：用于在网络设备之间分发网络切片的拓扑与资源等属性信息	draft-zhu-lsr-isis-sr-vtn-flexalgo[8]
	基于 BGP-LS 灵活算法的 SR VTN：用于向控制器上报网络切片的拓扑与资源等属性信息	draft-zhu-idr-bgpls-sr-vtn-flexalgo[9]
	IGP 灵活算法	draft-ietf-lsr-flex-algo[10]
	IS-IS 多拓扑	RFC 5120[11]
	OSPF 多拓扑	RFC 4915[12]

（2）基于Slice ID的网络切片

基于Slice ID的网络切片数据平面方案通过扩展IPv6报文头，携带统一的网络切片标识，以指示转发报文所使用的网络切片资源，相关标准如表10-3所示。

IP网络切片的控制平面协议扩展方案基于对各种控制平面技术和属性的组合与扩展，提供满足网络切片灵活定制和海量切片需求的控制平面能力。

表 10-3　基于 Slice ID 的网络切片相关标准

领域	主题	文稿
网络切片可扩展性分析与优化	网络切片的可扩展性考虑及优化建议	draft-ietf-teas-nrp-scalability[13]
数据平面	基于 IPv6 扩展报文头的网络切片标识	draft-ietf-6man-enhanced-vpn-vtn-id[14]
控制平面	支持网络切片的 IGP 扩展	draft-dong-lsr-sr-enhanced-vpn[15]
	支持网络切片的 BGP-LS 协议扩展	draft-dong-idr-bgpls-sr-enhanced-vpn[16]
	支持网络切片的 BGP SPF 协议扩展	draft-dong-lsvr-bgp-spf-nrp[17]
	支持网络切片的 BGP SR Policy 扩展	draft-dong-idr-sr-policy-nrp[18]
	支持网络切片的 PCEP 扩展	draft-dong-pce-pcep-vtn[19]
	支持网络切片的 BGP FlowSpec 扩展	draft-ietf-idr-flowspec-network-slice-ts[20]

（3）层次化网络切片

draft-li-teas-composite-network-slices草案主要描述了层次化网络切片的场景和需求，并分析了实现层次化网络切片的技术[21]。

（4）IP跨域网络切片

IP跨域网络切片标准的内容涉及架构以及数据平面两个领域，对IP跨域网络切片的架构、数据平面封装以及扩展方式进行了描述说明，相关标准如表10-4所示。

表 10-4　IP 跨域网络切片相关标准

领域	主题	文稿
IP 跨域网络切片架构	IP 跨域网络切片架构	draft-li-teas-e2e-ietf-network-slicing[22]
IP 跨域网络切片数据平面	基于 IPv6 的跨域网络切片数据平面封装	draft-li-6man-e2e-ietf-network-slicing[23]
	基于 MPLS 的跨域网络切片数据平面封装	draft-li-mpls-e2e-ietf-network-slicing[24]
	基于 SR 的跨域网络切片扩展	draft-li-spring-sr-e2e-ietf-network-slicing[25]

（5）面向用户/应用的IP网络切片

面向用户/应用的IP网络切片标准，涉及基于APN的网络切片和基于意图路由的网络切片两个领域，具体标准如表10-5所示。

表 10-5　面向用户 / 应用的 IP 网络切片相关标准

领域	主题	文稿
基于 APN 的网络切片	感知应用的网络架构	draft-li-apn-framework[26]
基于意图路由的网络切片	基于意图的路由	draft-li-teas-intent-based-routing[27]

（6）IP网络切片的管理模型

IP网络切片的管理平面可以通过网络切片控制器的北向接口，向客户上层管理系统提供网络切片业务模型，供切片用户下发网络切片业务的需求信息，并收集网络切片的属性和状态信息。同时，管理平面通过网络切片控制器的南向接口提供资源切片部署模型，以完成网络资源切片的创建和维护。IP网络切片的管理模型分别对应如下IETF草案。

- draft-ietf-teas-ietf-network-slice-nbi-yang[28]：定义IETF网络切片业务模型。
- draft-wd-teas-nrp-yang[29]：定义网络资源切片的部署模型。

综上所述，IP网络切片的概念和框架、IP网络切片的实现架构以及基于SR SID网络切片的数据平面和控制平面方案等多篇草案已经被IETF的相关工作组接纳，基于SR SID的网络切片技术和标准已经比较成熟。当前，IP网络切片标准化工作的重点是基于Slice ID的IP网络切片技术。随着IP网络切片部署和应用的发展，层次化网络切片、IP跨域网络切片以及面向用户/应用的IP网络切片等技术的标准化也在IETF中陆续展开。

10.1.2　IP 网络切片产业的活动

为了进一步凝聚产业共识、推动IP网络切片的创新应用，目前产、学、研、用各界都开展了各项活动，包括主流设备厂商对IP网络切片技术的支持、IP网络切片的互通测试以及工作组研讨和产业论坛等。

EANTC（European Advanced Networking Test Center，欧洲高级网络测试中心）已经于2019年和2021年成功举行了两次Flex-Algo的互通测试。其中2021年3月的互通测试结果在2021年7月的"MPLS + SDN + NFV"世界大会上进行展示。该测试验证了Flex-Algo文稿在多家设备商网络设备上的实现，并对Flex-Algo进行了互通验证，测试内容包括基于IS-IS TE扩展发布Flex-Algo所需的TE属性、基于TWAMP进行网络链路时延测量、基于Flex-Algo定义的Metric类型和链路约束进行算路与转发等。

2019年11月，我国推进IPv6规模部署专家委员会批准成立"IPv6+"技术创新工作组，其工作目标是：依托我国IPv6规模部署进展成果，加强基于IPv6下一代互联网技术的体系创新，整合IPv6相关技术产业链（产、学、研、用等）力量，从网络路由协议、管理自动化和智能化及安全等方向积极开展"IPv6+"网络新技术（包括SRv6、VPN+、IFIT、DetNet、BIERv6、SFC和APN等）、新应用的验证与示范，不断完善IPv6技术标准体系，提升中国在IPv6领域的国际竞争力。IP网络切片作为"IPv6+"创新的重要应用获得广泛重视，并先后在2019年6月、2019年12月、2020年6月、2020年9月举办的"IPv6+"产业沙龙会议以及2021年10月举办的中国IPv6创新发展大会上，作为重要创新课题被广泛宣讲。

2020年年底，ETSI成立了新的ISG——IPE（IPv6 Enhanced Innovation，IPv6增强型创新），以推动IPv6创新和发展。2020年9月、2021年10月，ETSI举办的Webinar会议也对IP网络切片这一重要创新课题进行了宣讲。

2019年、2021年以及2022年的MPLS SD&AI Net World大会均安排了网络切片专题，多家网络设备商和网络管理服务提供商都对网络切片架构以及关键技术进行了介绍。

以上活动对IP网络切片的创新应用起到了积极的推动作用。随着IP网络切片在运营商网络中持续展开规模部署，IP网络切片产业将变得更加成熟和完善。

10.1.3 IP 网络切片的商业部署

在全球已经有多家运营商部署了IP网络切片，中国电信、中国联通、中国移动、阿尔及利亚电信等运营商建立了多张支持IP网络切片的网络。IP网络切片的部署经验通过IETF草案draft-ma-teas-ietf-network-slice-deployment[30]在业界进行了分享。

值得关注的是IP网络切片在中国的快速发展。随着5G在中国大规模的部署和应用，端到端网络切片需求促进了IP网络切片的创新与发展应用。截至2022年年中，中国电信、中国联通、中国移动等网络运营商开展了10余个IP网络切片的商业部署或试点，在这一过程中，IP网络切片业务隔离保障的优势逐步得以展现。数量上不断增加的IP网络切片成了运营商重要的增值网络服务，为整个产业创新起到了积极的示范作用。

在这些运营商IP网络切片的部署实践中，中国电信宁夏分公司的IP网络切片具有典型示范意义。中国电信宁夏分公司部署了一张基于SRv6的切片云专网来承载多个不同行业的业务。目前这张网络中主要的业务有医疗业务、教育业务和企业互联网业务等。同时，宁夏分公司正在计划将一些行业和政务服务从不同的专网或MSTP迁移到基于IP的网络上。借助IP网络切片技术，不同行业的业务在这张网络上可以实现相互隔离、互不影响，从而使得每种业务的服务质量都能够得到保证，并且可以大大节省原来为每个行业建设、维护和扩容独立专网的开销。

为了能够给网络中的医疗、教育和企业上网业务提供客户所要求的资源和安全隔离，目前这张网络中创建了3个网络切片。所有网络切片共用一个IGP实例，在转发平面使用信道化子接口技术为每个网络切片预留独立的带宽资源，并在控制平面使用不同的亲和属性定义每个网络切片的逻辑拓扑。在每个网络切片中，每条链路都分配有独立的SRv6 End.X SID，用来指示物理接口下该网络切片对应的用于转发报文的信道化子接口。随着更多的行业和政务服务迁移到这张网络上，需要进一步创建更多的网络切片，因此后续需要考虑演进为基于Slice ID的网络切片方案。

在每个网络切片上可以部署多个属于同一行业的L3VPN业务。例如，医疗行业网络切片用来承载连接不同医院的VPN，以及连接各医院和医疗云上的保险系统的VPN。根据业务切片到资源切片的映射机制，将属于医疗行业网络切片的VPN业务流量映射到该网络切片中的SRv6 Policy显式路径或SRv6 BE路径，在转发过程中，基于资源感知SID被引导到该资源切片对应的信道化子接口进行处理。

中国电信宁夏分公司通过集中式的网络切片控制器管理网络切片和VPN业务，具体包括对网络切片的拓扑和资源的规划，网络切片的信道化子接口部署，将VPN业务映射到对应的网络切片，以及基于业务需求和网络切片的拓扑属性和资源属性信息进行SRv6 TE路径的计算等，其部署实践如图10-2所示。集中式网络切片控制器还负责收集网络切片和VPN业务的流量统计以及性能监控信息，从而提供可视化的网络切片业务，并确保业务所要求的SLA能够得到保证。

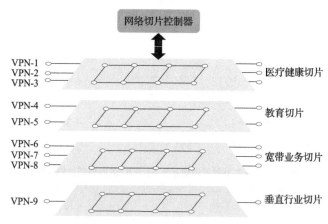

图 10-2　宁夏电信基于 SRv6 SID 的网络切片部署实践

另一个比较典型的网络切片部署实践是阿尔及利亚电信支持IP网络切片的城域网，其部署实践如图10-3所示。阿尔及利亚电信当前的需求是面向体育赛事视频直播业务，对比赛场馆的运营管理业务以及现场观众的上网业务进行相互隔离，并为每种业务提供相应的服务质量保证。此外，这些业务还需要和城域网中的其他现有业务进行隔离，以保证互不影响。为了满足这些业务的隔离和服务质量保证需求，在这张网络中创建了4个网络切片——视频直播切片、场馆运营切片、观众上网切片和缺省切片，分别用于承载赛事视频直播业务、比赛场馆运营业务、赛场观众上网业务，以及其他业务。所有的网络切片共用一个IGP控制协议实例，在转发资源平面使用FlexE接口技术为每个网络切片预留独立的带宽资源，并为每个网络切片分配独立的Slice ID，这样网络设备可以根据数据包中携带的Slice ID区分不同网络切片的报文，使用为对应网络切片创建的FlexE接口转发报文。根据业务需求，每个网络切片内可以承载一个或多个VPN业务。例如，视频直播切片用于承载连接各比赛场馆和视频直播中心的VPN业务。

阿尔及利亚电信同样使用网络切片控制器进行网络切片的规划、创建、运维和优化。网络切片控制器还可基于各网络切片的拓扑和资源约束，为各网络切片进行路径计算，并向路径的头节点下发与网络切片关联的SRv6 Policy。头节点根据SRv6 Policy对引流到网络资源切片内的业务切片报文封装指示转发路径的SID

List，并为报文封装指示对应的网络切片的Slice ID。

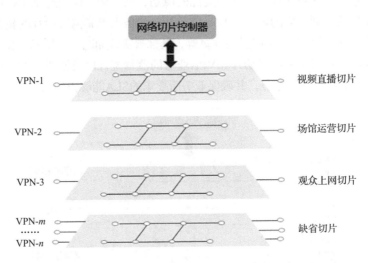

图 10-3　阿尔及利亚电信基于 Slice ID 的网络切片部署实践

|10.2　IP 网络切片的技术展望|

IP网络切片是一个全面并且相对独立的技术体系。当前已经发展的技术方案包括基于SRv6 SID的网络切片、基于Slice ID的网络切片、层次化网络切片和IP跨域网络切片等。IP网络切片技术还会不断发展，IP网络切片服务将进一步原子化，网络切片粒度将更细化、更动态化，切片性能也将更具备确定性。

10.2.1　IP 网络切片服务进一步原子化

从服务的角度来看，IP网络切片在数据平面的原子化体现如下。

第一，在报文中携带本网络域的单域网络资源切片标识，用于实现网络切片的资源隔离。

第二，在报文中携带跨多个网络域的全局网络资源切片标识，用于实现IP跨域网络切片。

第三，在报文中携带5G端到端网络切片标识，用于实现5G端到端网络切片与IP网络切片的对接和映射。

未来的IP网络切片还可以进一步集成其他的原子化服务，相应地，在数据平面需要携带更多服务标识，例如拓扑标识以及不同服务类型的资源标识等。

1. 携带拓扑标识

IP网络切片可以在数据平面携带多拓扑/灵活算法信息，用于标识网络切片所关联的拓扑或灵活算法。在当前的IPv6网络切片方案中，需要使用不同的SRv6 Locator/SID来指示对应的拓扑或灵活算法。如果在数据包中携带专门的多拓扑/灵活算法ID信息，那么SRv6 Locator/SID不再用于标识拓扑，这样就不需要为每个拓扑/灵活算法配置不同的SRv6 Locator/SID，而是根据报文中的多拓扑/灵活算法ID确定对应的转发表，进而使用SRv6 Locator/SID进行查表转发。

如图10-4所示，4个网络切片中，网络切片1和网络切片2的拓扑相同，网络切片3和网络切片4的拓扑相同，每个网络切片有独立的资源属性。基于Slice ID的网络切片方案可以分别使用Flex-Algo 128和Flex-Algo 129来定义网络切片所关联的两种拓扑。每个网络节点需要为Flex-Algo 128和Flex-Algo 129分配不同的Locator来区分不同的拓扑。当网络中需要定义的拓扑数量增多时，需要分配的Locator以及对应的SRv6 SID的数量也会增加，这样会增加网络的部署复杂度，还会带来可扩展性问题。

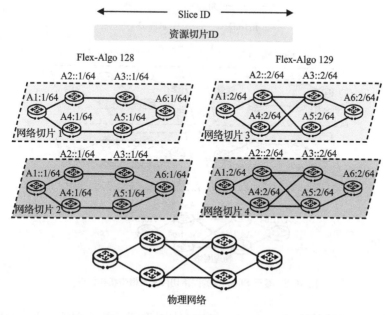

图10-4　基于 Slice ID 的网络切片方案为不同拓扑 / 灵活算法分配不同的 SRv6 Locator

为了解决上述问题，可以在数据平面引入拓扑标识，这样网络节点不再需要为不同的拓扑配置不同的Locator。因此每个网络节点只需要配置一个Locator，该Locator可以和不同的拓扑标识结合使用。以Locator作为前缀生成的SRv6 SID也可以和不同的拓扑或灵活算法进行绑定，这样需要为不同的拓扑或灵活算法生成单独的路由转发表。由于基于Slice ID的网络切片方案为不同的拓扑分配了不同的Locator，因此Locator对应的路由前缀的转发表项可以保存在同一个转发表中。

在进行SPF路由计算的时候，对于特定的多拓扑/灵活算法，根据其对应的拓扑属性信息进行SPF计算，计算生成的路由转发表项保存在对应的路由转发表中。同一个Locator在不同拓扑或灵活算法对应的路由转发表中可以有不同的转发表项。对于SRv6 Policy显式路径计算，控制器或头节点也会根据切片对应的不同拓扑或灵活算法的拓扑属性和TE属性进行约束路径计算，并使用SRv6 End SID和End.X SID编排路径。

如图10-5所示，在转发数据包时，报文头中除了携带网络切片的资源标识，还需要携带拓扑标识。网络设备可以根据报文中携带的拓扑标识确定其对应的路由转发表实例，然后根据报文目的IPv6地址字段中的Locator前缀在该路由转发表中查找对应的转发表项。网络设备在得到出接口信息后，根据报文中的资源标识指示使用出接口上为切片预留的资源来转发报文。

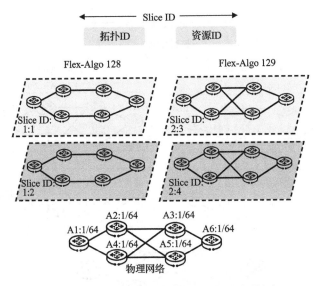

图 10-5　基于 Slice ID 的网络切片方案携带拓扑标识

该方案的优势是将SRv6 Locator/SID与拓扑和灵活算法解耦，不同的拓扑和灵活算法可以共享Locator和SRv6 SID，从而避免为不同拓扑和灵活算法规划、配置不同的Locator以及SRv6 SID。同时，这种方式避免了因网络切片拓扑数量的增加，控制平面需要引入和扩散更多的网络状态的问题，从而提高了网络的可扩展性，并降低了配置的复杂度。同时，SRv6 VPN SID不再与某个拓扑或灵活算法唯一绑定，可以根据业务需要或网络状态变化，为SRv6 VPN SID灵活绑定不同的拓扑或灵活算法。

2. 携带更多服务类型的资源标识

IP网络切片的内涵除了通过资源隔离和拓扑约束提供业务SLA保障，还可以进一步扩展为基于网络切片粒度提供其他可能的网络功能服务，例如网络安全、用户个性化策略等。为了提供这些网络服务，需要基于网络切片粒度提供对应的服务资源及其标识。例如，对应特定的网络切片不仅要保障SLA，还要提供特定的安全服务。因此，在生成网络切片的时候，在对应的网络设备上除了要分配保障SLA的带宽等转发资源，还需要分配提供安全服务的资源，同时建立网络切片与转发资源、安全服务资源的绑定关系。这样，当数据包中携带网络切片ID到达网络设备时，可以获取到对应的转发资源和安全服务资源，并处理和转发报文，从而保证业务的SLA以及安全。

在网络切片的数据平面引入拓扑ID和其他更多服务类型的资源ID后，可以采用如下两种方法在数据包中携带这些ID。

方法一：数据中携带不同的ID，不同ID对应不同的服务或资源。如图10-6所示，可以在数据包中携带拓扑ID、转发资源ID和安全服务资源ID。这里的转发资源ID对应网络切片的资源标识。

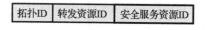

图 10-6　数据包中携带不同 ID

方法二：网络切片中的各网络设备维护网络切片ID与拓扑ID、转发资源ID以及其他服务资源ID的映射关系，这样数据包中只需要携带一个网络切片ID，如图10-7所示。当报文到达网络设备时，可以根据本地的映射关系获取网络切片ID对应的拓扑ID、转发资源ID和其他服务资源ID。这种方式是将本书提到的网络切片ID的含义通用化，使其不仅对应网络切片中用于保障SLA的转发资源，还可以对应拓扑以及其他服务类型的资源。

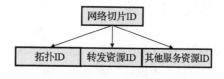

图 10-7　数据包携带通用网络切片 ID

10.2.2　更细粒度和动态化的网络切片

随着网络切片的广泛应用，网络切片的粒度需要进一步细化，对动态化的要求也会增加。

当前网络切片主要面向行业和租户，未来可能要支持应用级的网络切片，那么切片粒度需要进一步细化。这便要求转发平面能够支持更细粒度的资源隔离和调度，控制平面和管理平面需要维护更大数量的应用级网络切片。

网络切片的动态化需求一方面体现为拓扑动态变化，也就是IP网络切片的拓扑和连接随用户及应用的位置变化而变化，另一方面体现为资源按需扩展，即网络切片资源随应用和用户流量变化而变化。

由于动态化需求的增加，网络切片需要实现动态创建、动态调整拓扑和资源，从而实现IP网络切片的快速开通和实时优化。

要满足更细粒度和动态化的要求，未来的IP网络切片要能实现快速开通。IP网络切片快速开通的方法有以下几种。

- IP网络切片预规划。IP网络切片规划的时候不实际创建网络切片，只在设备预置网络切片相关的信息，网络切片随业务的接入快速实例化，秒级开通。
- 基于APN的IP网络切片。即通过APN在报文中携带用户组和应用组等信息，使网络可以更方便地实施精细化服务。APN可以很好地支持IP网络切片更细粒度和动态化的需求，具体如下。
  - draft-li-apn-framework[31]定义了APN的框架。通过APN中携带的用户组和应用组信息，可以映射到对应的IP网络切片，由此可以实现用户/应用级的网络切片。
  - APN中携带的网络性能需求参数信息，可以驱动网络设备在数据平面预留资源，并关联到相应的IP网络切片上，实现IP网络切片资源的动态预留。
  - 在移动场景中，用户和应用的位置会发生变化，但是因为APN中的用户组和应用组信息可以保持不变，通过将用户和应用信息映射到相应的IP网络切片上，可以保证在移动场景中所映射的IP网络切片不发生变化。

10.2.3　网络切片保障业务确定性

当前用于实现IP网络切片资源切分的技术包括FlexE接口、信道化子接口和灵活子通道等。这些资源切分技术可以有效保证网络切片业务的隔离和服务质量。随着5G URLLC业务的发展，网络需要提供更加可靠的SLA保障服务。例如，智慧电网、车联网、Cloud VR等典型应用场景对SLA有很高的要求。

为了满足这些场景对SLA的需求，DetNet技术应运而生。这是一种提供SLA保障的网络技术，它能够综合统计复用和时分复用的技术优势，在IP分组网络中提供类似TDM转发的服务质量，保证高价值流量在传输过程中低抖动、零丢包，具有可预期的端到端时延上限。确定性网络的标准由IETF的DetNet工作组进行制定。

正如IETF标准的确定性网络架构[32]所描述的，确定性网络代表的是一个技术合集，包括以下很多相对独立的单点技术。

- 资源分配：沿DetNet流的路径为其分配保证QoS所需资源，如缓存或出端口带宽。DetNet资源分配可以减少甚至消除网络中报文之间因资源竞争而导致的时延或丢包的现象；网络边缘节点或者数据发送方会限制使用预留资源的DetNet流量速率和最大报文长度，以保证其传输的数据量不超过为其预留的资源。这样可以将DetNet流量作为速率可控的流量，且网络中预留有足够的资源可以保证该流量的转发，因此不需要对DetNet流进行拥塞控制（RFC 2914）。队列管理算法可以对可能发生冲突的报文进行调度，按照资源预留分配带宽，二者互相配合，可以达到避免拥塞的目的。资源分配满足了DetNet的两个QoS需求：有界延迟和极少丢包。由于路径上已经为DetNet流分配了资源，配合设备本地的队列调度、整形方法（如IEEE 802.1 Qbv、IEEE 802.1 Qch等），可以推导出DetNet流在每一跳的时延上限，从而推导出端到端延迟上限。资源分配还可以解决因流量之间竞争出端口带宽导致的丢包问题。

- 显式路径：为了保证业务的服务质量稳定，不受网络拓扑变化的影响，确定性网络需要利用显式路径技术，对报文的路由进行约束，以防止路由震动或其他因素对传输质量产生影响。IP网络中提供了丰富的实现显式路径的协议，包括RSVP-TE、SR等。尤其是SR无须在中间网络节点维护逐流的转发状态，只需要按照当前SID的指示进行转发即可。因此SR具有很好的可扩展性，得到了越来越广泛的应用。

- 冗余保护：冗余保护是指同一个业务报文被复制后，在网络中选取两条或多条不重合的路径同时传输，并在汇合节点保留先到达的报文，即在网络中实现"多发选收"。这种机制能够在某一条路径发生故障丢包时无损切换到另一条路径，保证业务的高可靠传输。

这些单点技术互相结合，可以形成完整的DetNet解决方案。通过将IP网络切片与DetNet结合，利用DetNet引入的新的资源预留和队列管理算法，可以满足5G URLLC等新兴业务的确定性时延需求。

| 设计背后的故事 |

网络切片的发展呈现出一种泛化的趋势，主要体现在以下两个方面。

首先是资源的泛化。在网络切片中，报文携带的Slice ID用于指示为网络切片划分的带宽资源。因为网络业务有不同的SLA需求，一些业务在时延方面有更加苛刻的要求。从本章对DetNet的介绍可以看出，确定性时延保证需要特定的保证时延的资源和机制。因此，网络切片中的Slice ID可以泛化为一种通用的资源ID，不仅可以用于指示带宽资源，还可以用于指示保证确定性时延的资源。Resource-aware Segment草案[5]中对资源有很好的描述，为了保证业务的SLA，Resource-aware Segment不仅可以用于指示带宽资源，还可以用于指示其他不同的资源。这对Slice ID也同样适用。资源的泛化还表现在资源ID不仅用于指示保障SLA的资源，还可以用于指示实现其他服务的资源，例如，用于保证网络安全的资源。这也意味着网络切片不仅能提供SLA保障服务，还可以提供其他类型的网络服务。

其次是网络切片应用场景的泛化。IP网络切片最初起源于5G场景，用于提供5G端到端网络切片中的承载网切片。目前，运营商的IP城域网、骨干网等也引入了IP网络切片技术，不仅可以用于移动业务，还可以用于固定网络业务、企业业务等。因为IP技术的普遍应用，不仅运营商IP网络中会广泛引入网络切片技术，而且企业网络也在逐步引入网络切片技术。企业园区网络承载的业务正在变得多样化，服务需求也各不相同。当前，园区网络通过各种Overlay VPN技术（如VXLAN等）在网络边缘实现业务隔离。随着网络切片技术的发展，园区网络内也可以进一步实现资源隔离，更好地满足不同业务的服务需求。随着企业上云的发展，SD-WAN技术获得普遍的应用，网络切片也可以和SD-WAN技术结合，以提供更好的企业上云业务的服务质量保证和安全体验保证等。

网络切片的泛化与IP网络切片技术的本质是密切相关的。IP网络切片技术通过在转发平面上引入资源ID，实现了IP网络的二维转发体系，一切可以抽象成需要"位置 + 资源"转发的业务以及应用场景都可以纳入这一体系，从这个意义上讲，网络切片已经完全超越了其最初的业务和应用场景的定义。

| 本章参考文献 |

[1] FARREL A, GRAY E, DRAKE J, et al. A Framework for IETF network slices[EB/OL]. (2022−12−21)[2022−12−30].draft−ietf−teas−ietf−network−slices−17.

[2] DONG J, BRYANT S, LI Z, et al. A framework for enhanced Virtual Private Networks (VPN+) services[EB/OL]. (2022−9−20)[2022−09−30]. draft−ietf−teas−enhanced−vpn−11.

[3] GENG X, CONTRERAS L, DONG J, et al. IETF network slice application in 3GPP 5G end−to−end network slice[EB/OL]. (2022−10−24)[2022−10−30]. draft−gcdrb−teas−5g−network−slice−application−01.

[4] DONG J, BRYANT S, MIYASAKA T, et al. Segment routing based Virtual Transport Network (VTN) for enhanced VPN[EB/OL]. (2022−10−11)[2022−10−30]. draft−ietf−spring−sr−for−enhanced−vpn−04.

[5] DONG J, BRYANT S, MIYASAKA T, et al. Introducing resource awareness to SR segments[EB/OL]. (2020−10−11)[2022−10−30]. draft−ietf−spring−resource−aware−segments−06.

[6] XIE C, MA C, DONG J, et al. Using IS−IS Multi−Topology (MT) for segment routing based virtual transport network[EB/OL]. (2022−07−29)[2022−09−30]. draft−ietf−lsr−isis−sr−vtn−mt−03.

[7] XIE C, LI C, DONG J, et al. BGP−LS with multi−topology for segment routing based virtual transport networks[EB/OL]. (2022−09−12)[2022−09−30]. draft−ietf−idr−bgpls−sr−vtn−mt−01.

[8] ZHU Y, DONG J, HU Z. Using flex−algo for segment routing based VTN[EB/OL]. (2022−07−11)[2022−09−30]. draft−zhu−lsr−isis−sr−vtn−flexalgo−05.

[9] ZHU Y, DONG J, HU Z. BGP−LS with flex−algo for segment routing based virtual transport networks[EB/OL]. (2021−08−26)[2022−09−30]. draft−zhu−idr−bgpls−sr−vtn−flexalgo−01.

[10] PSENAK P, HEGDE S, FILSFILS C, et al. IGP flexible algorithm[EB/OL]. (2022−10−17)[2022−10−30]. draft−ietf−lsr−flex−algo−26.

[11] SHEN N, SHETH N, PRZYGIENDA T. M−ISIS: Multi Topology (MT) routing in Intermediate System to Intermediate Systems (IS−ISs)[EB/OL]. (2015−10−14) [2022−09−30]. RFC 5120.

[12] PSENAK P, MIRTORABI S, ROY A, et al. Multi−Topology (MT) routing in OSPF[EB/OL].(2007−06)[2022−09−30].RFC 4915.

[13] DONG J，LI Z，GONG L，et al. Scalability considerations for network resource partition[EB/OL]. (2022–10–24)[2022–12–31]. draft–ietf–teas–nrp–scalability–01.

[14] DONG J，LI Z，XIE C，et al. Carrying Virtual Transport Network (VTN) identifier in IPv6 extension header[EB/OL]. (2022–10–24)[2022–10–30]. draft–ietf–6man–enhanced–vpn–vtn–id–02.

[15] DONG J，HU Z，Li Z，et al. IGP extensions for scalable segment routing based enhanced VPN[EB/OL]. (2022–07–11)[2022–09–30]. draft–dong–lsr–sr–enhanced–vpn–08.

[16] DONG J，HU Z. BGP–LS Extensions for segment routing based enhanced VPN[EB/OL]. (2022–07–11)[2022–09–30]. draft–dong–idr–bgpls–sr–enhanced–vpn–08.

[17] DONG J，LI Z，WANG H. BGP SPF for network resource partitions[EB/OL]. (2022–10–16)[2022–10–30]. draft–dong–lsvr–bgp–spf–nrp–01.

[18] DONG J，HU Z，PANG R. BGP SR policy extensions for network resource partition[EB/OL]. (2022–07–11)[2022–09–30]. draft–dong–idr–sr–policy–nrp–01.

[19] DONG J，FANG S，Han L，et al. Support for Virtual Transport Network (VTN) in the Path Computation Element Communication Protocol (PCEP)[EB/OL]. (2022–07–11)[2022–09–30]. draft–dong–pce–pcep–vtn–01.

[20] DONG J，CHEN R，WANG S，et al. BGP Flowspec for IETF Network Slice Traffic Steering[EB/OL]. (2023–03–06) [2023–03–31]. draft–ietf–idr–flowspec–network–slice–ts–00.

[21] LI Z，DONG J，PANG R，et al. Realization of Composite IETF Network Slices [EB/OL]. (2023–03–13)[2023–03–31]. draft–li–teas–composite–network–slices–00.

[22] LI Z，DONG J，PANG R，et al. Framework for End–to–End IETF Network Slicing[EB/OL]. (2022–09–08)[2022–09–30]. draft–li–teas–e2e–ietf–network–slicing–02.

[23] LI Z，DONG J. Encapsulation of end–to–end IETF network slice information in IPv6[EB/OL]. (2021–10–16)[2022–09–30]. draft–li–6man–e2e–ietf–network–slicing–00.

[24] LI Z，DONG J. Encapsulation of end–to–end IETF network slice information in MPLS[EB/OL]. (2021–10–16)[2022–09–30]. draft–li–mpls–e2e–ietf–network–slicing–00.

[25] LI Z，DONG J. Segment routing for end-to-end IETF network slicing[EB/OL]. (2022-10-24)[2022-10-30]. draft-li-spring-sr-e2e-ietf-network-slicing-05.

[26] LI Z，PENG S，VOYER D，et al. Application-aware Networking (APN) framework[EB/OL]. (2020-09-30)[2022-10-30]. draft-li-apn-framework-06.

[27] LI Z，HU Z，DONG J. Intent-based routing[EB/OL]. (2022-04-28)[2022-09-30]. draft-li-teas-intent-based-routing-00.

[28] WU B, DHODY D, Rokui R, et al. IETF network slice service YANG model[EB/OL]. (2022-11-07)[2022-11-30].draft-ietf-teas-ietf-network-slice-nbi-yang-03.

[29] WU B，DHODY D，CHENG Y. A YANG data model for Network Resource Partition (NRP)[EB/OL]. (2022-09-25)[2022-09-30]. draft-wd-teas-nrp-yang-02.

[30] MA Y, LUO R,CHAN A, et al.IETF network slice deployment status and considerations[EB/OL].(2022-07-11)[2022-09-30].draft-ma-teas-ietf-network-slice-deployment-01.

[31] LI Z, PENG S, VOYER D, et al. Application-aware Networking (APN) framework[EB/OL].(2022-10-09)[2022-10-30].draft-li-apn-framework-03.

[32] FINN N, THUBERT P, VARGA .Deterministic networking architecture[EB/OL]. (2019-10)[2022-09-30].RFC 8655.

缩略语表

缩写	英文全称	中文名称
2B	To Business	面向企业
2C	To Customer	面向消费者
2H	To Home	面向家庭
3GPP	3rd Generation Partnership Project	第三代合作伙伴计划
AD/DA	Analog to Digital/Digital to Analog	模数 / 数模
AF	Assured Forwarding	确保转发
AMF	Access and Mobility management Function	接入和移动性管理功能
AN	Access Network	接入网
API	Application Program Interface	应用程序接口
APN6	Application-aware IPv6 Networking	应用感知的 IPv6 网络
ARP	Allocation and Retention Priority	分配和保持优先级
AS	Autonomous System	自治系统
ASBR	Autonomous System Boundary Router	自治系统边界路由器
ASG	Aggregation Site Gateway	汇聚侧网关
ASLA	Application-Specific Link Attribute	应用专有的链路属性
ATM	Asynchronous Transfer Mode	异步转移模式
BBF	Broadband Forum	宽带论坛
BE	Best Effort	尽力而为
BESS	BGP Enabled Services	BGP 使能服务
BGP	Border Gateway Protocol	边界网关协议
BGP-LS	Border Gateway Protocol-Link State	BGP 链路状态协议
BGP-LU	BGP Labeled Unicast	BGP 标签单播
BGPCC	BGP as a Central Controller	BGP 中央控制器
BIERv6	BIER IPv6 Encapsulation	位索引显式复制 IPv6 封装
BSS	Business Support System	业务支撑系统
CCSA	China Communications Standards Association	中国通信标准化协会
CE	Customer Edge	用户边缘
CIDR	Classless Inter-Domain Routing	无类别域间路由
CN	Core Network	核心网
CPE	Customer Premises Equipment	用户驻地设备，业界常称客户终端设备

缩写	英文全称	中文名称
CS	Class Selector	类选择符
CSG	Cell Site Gateway	基站侧网关
CSMF	Communication Service Management Function	通信业务管理功能
CT	Core Network and Terminal	核心网与终端
DC	Data Center	数据中心
DCN	Data Center Network	数据中心网络
DetNet	Deterministic Networking	确定性网络
DiffServ	Differentiated Service	区分服务
DRR	Deficit Round Robin	差分轮询
DS	Differentiated Services	区分服务
DSCP	Differentiated Services Code Point	区分服务码点
EANTC	European Advanced Networking Test Center	欧洲高级网络测试中心
ECMP	Equal-Cost Multiple Path	等价负载分担
ECN	Explicit Congestion Notification	显式拥塞通知
EF	Expedited Forwarding	加速转发
eMBB	Enhanced Mobile Broadband	增强型移动宽带
ENP	Ethernet Network Processor	以太网处理器
EPE	Egress Peer Engineering	出口对等体工程
ETSI	European Telecommunications Standards Institute	欧洲电信标准组织
EVPN	Ethernet Virtual Private Network	以太网虚拟专用网
FAD	Flex-Algo Definition	Flex-Algo 定义
FC	Fiber Channel	光纤信道
Flex-Algo	Flexible Algorithm	灵活算法
FlexE	Flexible Ethernet	灵活以太网
FlowSpec	FlowSpecification	流规范
FRR	Fast Reroute	快速重路由
FTP	File Transfer Protocol	文件传送协议
GMPLS	Generalized MPLS	通用多协议标记交换
GNST	Generic Network Slice Template	通用网络切片模板
GRE	Generic Routing Encapsulation	通用路由封装
GSMA	Global System for Mobile Communications Association	全球移动通信协会
GTP-U	GPRS Tunnel Protocol for the User Plane	GPRS 用户平面隧道协议
GUA	Global Unicast Address	全球单播地址

续表

缩写	英文全称	中文名称
HIS	Hospital Information System	医院信息系统
HMAC	Hash-based Message Authentication Code	散列消息认证码
HQoS	Hierarchical Quality of Service	层次化服务质量
IAB	Internet Architecture Board	因特网架构委员会
IANA	Internet Assigned Numbers Authority	因特网编号分配机构
IB	InfiniBand	无限带宽
ICMPv6	Internet Control Message Protocol version 6	第 6 版互联网控制报文协议
ICT	Information and Communication	信息通信技术
IDR	Inter-Domain Routing	域间路由
IEEE	Institute of Electrical and Electronics Engineers	电气电子工程师学会
IETF	Internet Engineering Task Force	因特网工程任务组
IFIT	In-situ Flow Information Telemetry	随流检测
IGP	Interior Gateway Protocol	内部网关协议
IntServ	Integrated Service	综合服务
IOAM	In-band Operation, Administration, and Maintenance	带内运行、管理与维护
IP	Internet Protocol	互联网协议
IPE	IPv6 Enhanced Innovation	IPv6 增强型创新
IPng	IP Next Generation	下一代 IP
IPSSC	IP Standardization Strategy Committee	IP 标准策略委员会
IPv4	Internet Protocol Version 4	第 4 版互联网协议
IPv6	Internet Protocol Version 6	第 6 版互联网协议
IS-IS	Intermediate System to Intermediate System	中间系统到中间系统
ISD	In-Stack Data	栈内数据
ISG	Industry Specification Group	行业规范组
ISP	Internet Service Provider	因特网服务提供方
IT	Information Technology	信息技术
ITU	International Telecommunication Union	国际电信联盟
ITU-T	International Telecommunication Union-Telecommunication Standardization Sector	国际电信联盟电信标准化部门
L2VPN	Layer 2 Virtual Private Network	二层虚拟专用网
L3VPN	Layer 3 Virtual Private Network	三层虚拟专用网
LAN	Local Area Network	局域网
LDP	Label Distribution Protocol	标签分发协议

续表

缩写	英文全称	中文名称
LLA	Link-Local Address	链路本地地址
LLDP	Link Layer Discovery Protocol	链路层发现协议
LP	Linear Programming	线性规划
LSP	Link State Protocol data unit	链路状态协议数据单元
LSR	Link State Routing	链路状态路由
LSVR	Link State Vector Routing	链路状态矢量路由
MAC	Medinm Access Contro	介质访问控制
MCF	Multi-Commodity Flow	多商品流
MEC	Multi-Access Edge Computing	多接入边缘计算
mMTC	massive Machine-Type Communication	大规模物联网，也称海量机器类通信
MP-BGP	Multi-Protocol Extensions for Border Gateway Protocol	边界网关协议多协议扩展
MPLS	Multi-Protocol Label Switching	多协议标记交换
MPLS TE	MPLS Traffic Engineering	MPLS 流量工程
MRT	Maximum Redundancy Tree	最大冗余树
MSDC	Massively Scaled Data Center	大规模数据中心
MSTP	Multi-Service Transfer Platform	多业务传送平台
MT	Multi-Topology	多拓扑
MT ID	Multi-Topology ID	多拓扑标识
NAT	Network Address Translation	网络地址转换
NBI	Northbound Interface	北向接口
NC	Network Controller	网络控制器
ND	Neighbor Discovery	邻居发现
NETCONF	Network Configuration	网络配置
NGC	Next Generation Core	下一代核心网
NLRI	Network Layer Reachability Information	网络层可达信息
NP	Network Programming	网络编程
NRP	Network Resource Partition	网络资源切分
NRP BSID	Network Resource Partition Binding Segment Identifier	网络资源切片绑定段标识
NRPD	NRP Definition	NRP 定义
NS	Neighbor Solicitation	邻居请求
NS	Network Slice	网络切片
NSC	Network Slice Controller	网络切片控制器

续表

缩写	英文全称	中文名称
NSI	Network Slice Instance	网络切片实例
NSMF	Network Slice Management Function	网络切片管理功能
NSS	Network Slice Subnet	网络切片子网
NSSI	Network Slice Subnet Instance	网络切片子网实例
NSSMF	Network Slice Subnet Management Function	网络切片子网管理功能
NTF	Network Telemetry Framework	基于网络 Telemetry 框架
OAM	Operation Administration and Maintenance	运行、管理与维护
OIF	Optical Internetworking Forum	光互联论坛
OPEX	Operating Expense	运营支出
OSPF	Open Shortest Path First	开放最短路径优先
OSS	Operation Support System	运维支撑系统
PACS	Picture Archiving and Communication System	影像归档和通信系统
PCC	Path Computation Client	路径计算客户端
PCE	Path Computation Element	路径计算单元
PCECC	PCE as a Central Controller	PCE 中央控制器
PCEP	Path Computation Element Communication Protocol	路径计算单元通信协议
PCG	Project Coordination Group	项目协调组
PCRF	Policy and Charging Rules Function	策略和计费规则功能
PCS	Physical Coding Sublayer	物理编码子层
PDN	Packet Data Network	分组数据网
PDU	Protocol Data Unit	协议数据单元
PE	Provider Edge	提供商边缘（设备）
PFC	Priority-based Flow Control	基于优先级的流控制
PHB	Per Hop Behavior	逐跳行为
PHY	Physical Layer	物理层
PIR	Peak Information Rate	峰值信息速率
PMA	Physical Medium Attachment	物理媒介附属
PMD	Physical Medium Dependent	物理媒介依赖
PSD	Post-Stack Data	栈后数据
QoS	Quality of Service	服务质量
RAN	Radio Access Network	无线电接入网
RB	Radio Bearer	无线承载
RB	Resource Block	资源块

缩写	英文全称	中文名称
RIFT	Routing In Fat Trees	胖树路由
RoCE	Remote Direct Memory Access over Converged Ethernet	基于聚合以太网的远程直接存储器访问
RPF	Reverse Path Forwarding	逆向路径转发
RSVP	Resource Reservation Protocol	资源预留协议
RSVP-TE	RSVP-Traffic Engineering	资源预留协议流量工程
S-NSSAI	Single-Network Slice Selection Assistance Information	单个网络切片选择辅助信息
SA	Service and System Aspects	业务与系统方面
SAFI	Subsequent Address Family Identifier	子地址族标识符
SBI	Southbound Interface	南向接口
SD	Slice Differentiator	切片区分标识
SD-WAN	Software-Defined Wide Area Network	软件定义广域网
SDN	Software Defined Network	软件定义网络
SFC	Service Function Chaining	业务功能链
SID	Segment Identifier	段标识
SL	Segments Left	剩余字段
SLA	Service Level Agreement	服务等级协定
SLAAC	Stateless Address Autoconfiguration	无状态地址自动配置
SLE	Service Level Expectation	服务等级期望
SLO	Service Level Objective	服务等级目标
SMF	Session Management Function	会话管理功能
SNMP	Simple Network Management Protocol	简单网络管理协议
SP	Strict Priority	严格优先级
SPF	Shortest Path First	最短通路优先
SR	Segment Routing	段路由
SR-MPLS TE	Segment Routing-MPLS Traffic Engineering	段路由-MPLS 流量工程
SRH	Segment Routing Header	段路由扩展报文头
SRLG	Shared Risk Link Group	风险共享链路组
SRv6	Segment Routing IPv6	基于 IPv6 的段路由
SSH	Secure Shell	安全外壳
SST	Slice/Service Type	切片 / 业务类型
TC	Traffic Class	流量类别
TCO	Total Cost of Ownership	总拥有成本
TCP	Transmission Control Protocol	传输控制协议

续表

缩写	英文全称	中文名称
TDM	Time-Division Multiplexing	时分多路复用
TE	Traffic Engineering	流量工程
TEAS	Traffic Engineering Architecture and Signaling	交通工程架构与信号
TEDB	Traffic Engineering Database	流量工程数据库
TI-LFA	Topology-Independent Loop-free Alternate	与拓扑无关的无环路备份
TLV	Type Length Value	类型长度值
TM	Traffic Manager	流量管理器
TN	Transport Network	传送网，在本书中表示为承载网
ToS	Type of Service	服务类型
TSG	Technology Standards Group	技术规范组
TWAMP	Two-Way Active Measure ment Protocol	双向主动测量协议
UCMP	Unequal-Cost Multiple Path	非等价多路径
UDM	Unified Data Management	统一数据管理
UDP	User Datagram Protocol	用户数据报协议
UE	User Equipment	用户设备
ULA	Unique Local Address	唯一本地地址
UNI	User-Network Interface	用户－网络接口
UPF	User Plane Function	用户平面功能
URLLC	Ultra-Reliable and Low-Latency Communication	超可靠低时延通信
UUID	Universally Unique Identifier	通用唯一识别码
VLAN	Virtual Local Area Network	虚拟局域网
VPN	Virtual Private Network	虚拟专用网
VPN+	Enhanced VPN	增强虚拟专用网
VR	Virtual Reality	虚拟现实
VRP	Versatile Routing Platform	通用路由平台
VTN	Virtual Transport Network	虚拟承载网
VXLAN	Virtual extensible Local Area Network	虚拟扩展局域网
WDRR	Weighted Deficit Round Robin	加权差分轮询
WFQ	Weighted Fair Queuing	加权公平队列
WG	Working Group	工作组
WRED	Weighted Random Early Detection	加权随机早期检测
WRR	Weighted Round Robin	加权轮询
ZSM	Zero-touch Network & Service Management	零接触网络和服务管理

后　记
IPv6 网络切片技术发展之路

（李振斌）

1. 播种

2013年SR和SDN技术在业界兴起。在SR技术诞生之初，学界充满了争论，尤其是很多MPLS技术专家对"SR要完全替代LDP和RSVP-TE"的言论非常不满。在诸多交流邮件里面，我总结了SR与MPLS相比存在的5个问题（这些问题后来总结在draft-li-spring-compare-sr-ldp-rsvpte[1]中），其中一个是SR支持的TE特性并不完整，例如RSVP-TE可以支持为路径预留资源，而当时的SR并不具备这样的能力。2013年我第一次到访华为在加利福尼亚州的美国研究所，在跟Richard Li等交流SDN的创新时，他们提出的分层控制器的想法对我有很大的启发，激发了我对将可预留带宽的SR（当时我称之为MPLS全局标签）和分层控制器结合的思考。我于2013年10月向IETF提交了基于MPLS全局标签的虚拟网络架构的草案draft-li-mpls-network-virtualization-framework[2]，草案中主要有以下两个关键思路。

- RSVP-TE能够支持在数据平面上进行带宽资源预留，而SR则没有对应的能力，因此SR的段要扩展，不仅要能指示节点和链路，还要能够指示保证服务的资源。
- 运营商需要给用户提供定制网络的能力，以前是在边界提供VPN服务，现在在域内也要能提供定制的逻辑网络，而运营商的网络和这些定制的逻辑网络要使用不同的控制器分层控制。

当时很多人对SR的理解是其提供一种具有高可扩展性的路径服务，即通过节点段、链路段等的灵活组合提供不同的SR路径来满足客户特定的需求，而忽视了SR在构建虚拟网络时的便捷，换一个角度来看，节点段是虚拟节点，链路段是虚拟链路，将节点段和链路段组合在一起，就是虚拟节点和虚拟链路的集合，这样就形成了虚拟网络。从这个意义上讲，SR也是一种能够很方便地提供虚拟网络的技术。

虽然我们很早提交了这个草案，但是当时关于可预留带宽的SR和分层控制的虚拟网络的客户需求还没有发展起来，因此这个草案就没有得到有力推动。直到2017

年左右，IP网络切片在IETF中兴起，这篇草案中的技术创新思路才有了用武之地。

2. 孕育

随着5G的兴起，我们关于5G承载的研究也逐步展开。华为在移动承载领域取得的成功为5G承载的研究奠定了扎实的基础，而华为网络基础设施端到端产品和解决方案的优势也为我们的5G承载研究提供了诸多便利。经过深入的洞察分析和研究探索，我们的5G承载研究的重点定于两个关键技术方向：网络切片和确定性时延。

2016年11月，我们在IETF第97次会议期间举办了第一次网络切片的Side Meeting。Side Meeting并不是IETF的正式会议，只能在正式会议之外的时间举行。恰巧这次IETF会议的social event（通常由IETF主办方安排的例行交流聚餐活动）取消了，于是我们把网络切片的Side Meeting定在了周二晚上。虽然晚上没有其他会议，但我们仍然很担心与会者会利用这个时间安排自发的聚餐社交活动，没多少人来参加Side Meeting。没有想到的是，这次来参加Side Meeting的人很多，以至于有人反馈这更像是个正式的BoF（Bird of Feather, IETF讨论新技术方向和成立新工作组的正式会议）。看来对于IETF的"nerds"（IETF的工程师们总是自嘲是"书呆子"）来说，新鲜事物远比吃饭和社交重要。

在第一次的Side Meeting上，我们得到的反馈是，大家都对网络切片很感兴趣，也认为IETF需要研究网络切片，但希望我们能说清楚在IETF的技术领域内针对网络切片需要做哪些方面的工作。我们在对这次Side Meeting进行总结之后，对网络切片在IETF涉及的工作领域进行了划分，主要分为两大部分：网络切片的管理运维以及网络切片的实现技术。这和后来网络切片在IETF的标准分布是完全一致的。

经过这次网络切片的Side Meeting，IETF有越来越多的人开始了解和关注网络切片这个话题，这次Side Meeting起到了很好的概念普及和标准预热的作用。我们趁热打铁，与合作伙伴等在2017年3月的IETF第98次会议期间举行了第二次网络切片的Side Meeting。这次会议主要讨论了关于网络切片更为细化的问题描述和应用场景。大家热情高涨，参加的人数竟达到了120多人（Side Meeting作为非正式讨论会议，一般人数只有20~30人）。

连续两次Side Meeting的成功举办让我们对网络切片的前景充满了信心，开始投入BoF的准备当中。与Side Meeting相比，BoF需要能够清晰地描述出应用场景，明确需要解决的问题，以及给出可实施的工作计划和交付件。为此，我们和业界伙伴又做了大量的工作，但在这个过程中大家关注的重点开始分散，一部分人希望尽快成立新的工作组，做大的创新，而另一部分人则更多地考虑如何在IETF现有工作的基础上进行增强和扩展以提供网络切片。在2017年7月IETF第99次会议的网络切片 BoF 上，在讨论应用场景等的过程中，有关网络切片的定义再次引发讨论，当时不少人还认为网络切片是 3GPP 和 5G 的概念，IETF 不需要给出新的网络切片定义。这样的声音导致 BoF 的结论是：IETF 不需要成立新的网络切片工作组，而更应该在已有的工作组中通过对现有技术的扩展来支持网络切片。

从技术角度看，当时网络切片没有太多要做的新东西。当时的 MPLS 仍然占据统治地位，RSVP-TE 本来就能够提供资源预留（隔离），彼时的 SR 还没有获得普遍的认可。因为有这样的技术背景和 Side Meeting/BoF 的反馈，我们将网络切片的相关技术分析和需求进行了系统的整理，在 IETF 推出了 VPN+ 框架草案[3]。VPN+ 实质上就是网络切片，是我们按照 BoF 的结论，基于对现有 IETF 技术增强的思路提出的一个术语。我们认为网络切片是一种增强的 VPN 服务，以前的 VPN 更多的是在网络域的边界提供业务隔离，现在通过网络切片进一步实现了网络域内的资源隔离。不过从 VPN+ 这个名称看不出它跟网络切片的直接关系，而且给人的感觉是要扩展 Overlay 的 VPN 技术以支持网络切片，然而实际上网络切片的技术扩展大多是围绕网络 Underlay 层的工作。后来我们意识到了这个名称带来的问题，但是因为 VPN+ 草案受到很高的关注，并且经过了几次更新，如果更换名字，草案的版本号又要换成 00 重新开始，不利于人们理解文稿的布局和发展历程，我们只好继续使用 VPN+ 这个名称。

3. 萌芽

2017 年和 2018 年的研究对我们至关重要。2017 年年初，汪涛担任网络产品线总裁，指出了 IP 创新的不足。我们痛定思痛，在数据通信产品线加强了 IPSSC（IP Standardization Strategy Committee，IP 标准策略委员会）的运作，成立了 SRv6、5G 承载、Telemetry 等关键标准创新项目组，各个项目组由预研、标准、产品/平台、解决方案、营销、行销等部门的关键人员构成，形成端到端技术创新的合力。技术研究上引入了"大粒度"技术项目机制，把特定技术领域的研究（包括软件、硬件、协议、算法等）集合在一起成立大粒度技术项目，以展开技术创新研究。后来产品线又进一步构建了 NetCity 机制，与关键客户展开联合创新，通过快速迭代，构建产品和解决方案的竞争力。这些机制使得我们的技术创新工作更加有序，队伍也更加具有战斗力，气象为之一新。

网络切片是 5G 承载的重点研究方向。随着研究的深入以及 SR 被业界更为广泛地接纳，网络切片与 SR 的结合进入了我们的技术研究范围，2013 年的那篇草案也重新得到了关注。我们以此为基础开展了保证带宽的 SR 用于网络切片的技术研究和标准布局，并基于 IS-IS MT 的控制平面开发了技术原型。我们给大量的客户做了 SR 网络切片原型的演示，并和他们进行技术交流，这也逐渐加深了我们对网络切片客户需求的理解。

因为技术研究和产品/平台开发的"拉通"，有经验的IP开发专家也加入技术创新工作。受网络切片给IGP带来的可扩展性问题的驱动，胡志波率先提出了网络切片与拓扑分离的理念，也就是说，多个网络切片可以共享相同的拓扑，这样只需要计算一次拓扑，就可以将计算结果用于多个切片，由此降低了IGP的负荷，提升了可扩展性。这个想法确实很精妙，很快获得了认同。

在SR-MPLS技术相对稳定之后，SR技术创新和标准布局的重点开始转到SRv6上。2017年3月，SRv6 Network Programming草案首次发布，受市场项目驱动，我们很快就大规模地投入SRv6的技术研究和开发。在我带领团队进行SRv6研究和创新的过程中，一直有一个问题萦绕在我的脑海中，那就是SR-MPLS已支持VPN、TE、FRR等技术，即使SRv6可以简化，真的值得完全再做一遍吗？更大的价值和意义究竟是什么呢？

在2017年、2018年的技术研究中，得益于我们团队在各个新兴领域展开的研究工作，包括网络切片、IOAM（In-band Operation Administration and Maintenance，带内运行、管理与维护）、IFIT和BIER等，还有与客户和业界技术专家进行的广泛技术交流，我对这个问题的思考也越来越深入。2019年年初，我终于想清楚了，通过IPv6扩展报文头的可扩展性，可以非常方便支持新的网络特性，例如，可以用IPv6扩展报文头来携带全局网络资源切片ID信息，而Native IPv6的可达性属性则可以方便简化连接的建立，并实现网络的增量演进，而这是传统的IPv4和MPLS都难以实现的。在那个时间节点上，我感受到了一个新的网络技术时代的到来。如果说之前我们的研究还停留在使用MPLS和IPv6数据平面选择的混沌之中，那么从那时开始，一切都变得清晰了，采用IPv6作为基座的选择由自发走向了自觉。我们的网络切片技术研究的重心也由此全面转向了IPv6网络切片。

2019年年初，我们推动了近两年的VPN+架构草案在IETF被接纳为工作组文稿，这是IETF和网络切片相关的第一篇工作组文稿，基本确定了IP网络切片的技术架构。

4. 生长

网络切片技术方向的选择清晰了，各种相关的工作接踵而至，让人应接不暇，回想起那段时间，实在是一个"野蛮生长"的时期。

2019年年初，IP网络切片的规划和商用交付正式启动，关于IP网络切片的方案选择已经迫在眉睫。客户网络到底需要多少个切片？现在使用基于SR SID的网络切片方案可以支持十几个网络切片，如果以后要支持更多数量的网络切片，需要更换为基于Slice ID的网络切片方案，客户能否接受？有的客户的网络中MPLS的部署成熟，IPv6基础薄弱，怎么实现向基于IPv6的网络切片目标演进？基于Slice ID的网络切片方案看起来很诱人，但是需要引入新的IPv6数据平面扩展，现网设备也需要升级，还涉及与其他厂商的互通，短期内难以完成怎么办？基于 Slice ID 的网络切片的控制平面协议扩展存在多种选择，到底应该怎么选？这一系列的技术问题摆在眼前，需要我们快速做出决策，然而众多技术选项和客户需求交织在一起，实在是难以抉择。我将大部分精力投入 SRv6，却不得不再腾出手来处理网络切片的相关问题。2019 年 4 月初，在繁忙的巴黎 MPLS 世界大会工作期间，我和古锐、董杰就在酒店的走廊上跟胡志波远程开会讨论方案的选择。2019 年 4 月底，我们终于做出了决策：第一，短期内客户的网络切片数量有限，采用较为成熟的基于 SR SID 的网络切片方案，优先提供基于 SRv6 SID 的网络切片方案，SR-MPLS 网络切片方案次之；第二，中长期主打结合 Flex-Algo 的基于 Slice ID 的网络切片方案，对于网络切片数量要求高而拓扑数量有限的应用场景，采用 IPv6 数据平面；第三，未来如果存在网络切片数量多且拓扑数量也多的场景，可以引入 MT 以支持基于 Slice ID 的网络切片方案。

就在我们为技术选择焦头烂额之际，有一天早餐时间，我遇到了曾昕宗，他告诉我商用网络切片方案已经要交付了，当时我很是震惊。他给我介绍了采用亲和属性的网络切片方案，切片中完全使用 SR Policy，同时显著增大切片对应链路的 Metric 值，使得所有使用最短路径转发的流量只在默认切片中传输。我心想这样的简化方案都可以拿来交付了，那我们费劲地选择如何扩展 Flex-Algo 或者 MT 来支持网络切片还有意义吗？在我还没有缓过神的时候，FlexE 切片在市场上铺天盖地宣传了起来，关于网络切片的亮点直接定位到了基于 FlexE 做资源硬隔离的转发平面能力上，控制平面和数据平面的功能都略去了。后来经过调查，还有一个方案通过现有的 IGP 多进程实现定制拓扑以支持两个网络切片：2B 切片和 2C 切片。这个方案比基于亲和属性的网络切片方案还要简单。随着网络切片方案的商用，软切片、硬切片、软隔离、硬隔离、尊享切片、优享切片、专享切片、专线切片、专网切片、租户切片、行业切片等概念层出不穷，以致 "乱花渐欲迷人眼"。

IETF 的情况也好不到哪里，原本被认为没有什么新东西，但只是对 IETF 现有技术做点增强的网络切片逐渐也发展成了 "热灶"，各家纷纷提交网络切片相关的草案，各种术语满天飞，因为无法统一，又相互有联系，这些草案都很难向前推动。为此，IETF 的 TEAS 工作组组织成立了网络切片的 Design Team，梳理网络切片相关的工作、定义术语和框架，努力实现融合。这个过程十分曲折，有关网络切片术语的争议就持续了数月之久，最后各方达成共识，确定了新术语——"IETF 网络切片"。因为 VPN+ 卓有成效的工作，Design Team 经过多次讨论后，确定以 VPN+ 架构草案为基础开始构建 Design Team 的主要输出件——"IETF 网络切片架构" 草案。

5. 体系

随着网络切片技术内涵的扩大以及技术方案的不断变化，我逐渐意识到了网络切片技术工作的无序以及可能面临的风险，于是从2020年年初开始带领团队系统地梳理网络切片技术。

网络切片技术系统化的工作首先以IETF标准系统布局的方式展开。标准的写作需非常严谨，才可以更好地成为技术的载体。网络切片技术不仅在内部要达成共识，在业界也要达成共识，标准是实现内外部互动交流的重要手段。

2020年春节，我跟董杰远程讨论基于Slice ID的网络切片方案的标准布局。我们首先确定了VTN这个术语。我们在推动VPN+，但一直没能回答一个基本问题，VPN+中的那个"+"到底是什么？而且没有这个名词，一系列相关协议扩展的对象也无法命名。在确定好术语之后，我和董杰用了5天时间完成并发布了基于Slice ID的网络切片方案的两个基础草案：一个是VTN Scalability框架草案，一个是IPv6携带Slice ID的数据平面扩展草案。当时疫情肆虐，内心充满了惶惑，而网络切片的工作倒是让心底踏实了许多。

继基于Slice ID的网络切片草案布局之后，我们又完善了基于SR SID的网络切片草案的布局，与中国电信合作推出了IGP MT、IGP Flex-Algo、BGP-LS MT、BGP-LS Flex-Algo等4个协议扩展草案，将基于Slice ID的网络切片和基于SR SID的网络切片的协议扩展分离开来会更加清晰。而保证带宽的SR的标准草案经过变迁，转化为两篇草案——Resource-aware Segment草案和SR for VPN+草案，相继被IETF的SPRING工作组接纳。这样基于SR SID的网络切片方案的标准化体系变得更加完整和成熟了。

2021年上半年，我们又连续召开了5次技术专题会议讨论网络切片技术，从基本的术语对齐开始，到网络切片的9个技术方案选项的比较分析，再到层次化网络切片、跨域网络切片、业务切片到资源切片的映射，直到控制器的实现和南北向接口开放。在这些讨论中，本以为各种方案放在一起讨论会很混乱，结果发现实际情况比想象的还要混乱；本来以为网络切片都部署开局了，结果发现基本的概念体系还存在很多缺失。经过持续的研究、专题研讨和思想碰撞，问题终于逐渐收敛，混乱的局面终于得到了控制。在技术研讨的基础上，在2021年4月IETF第110次会议上，我们推出了网络切片跨域相关的4篇草案，同年7月的IETF第111次会议上，我们推出了两篇草案，同年11月IETF第112次会议上，我们推出了包含层次化网络切片、意图路由和网络切片部署案例的3篇草案。2022年，我们依然在IETF布局新的网络切片相关草案。这些IETF草案的连续推出不断地完善网络切片技术体系，不仅把我们技术讨论的结果有效地固化下来，而且形成了对标准和产业的有序牵引。

在这些系统化的技术研究和标准推动的过程中，有一次，胡志波跟我说："咱们把网络切片想简单了，我感觉这是一个体系，根本不是一个单一特性。"这对我的触动很大，我们自始至终都把网络切片作为SR功能的增强和扩展，即使在引入Slice ID之后，虽然有许多特有的技术和协议扩展，但是因为网络切片要依赖SR建立转发路径，也未能把二者完全解耦来看待。因为有了建立"体系"的这个想法，后来的日子里我们更加有意识地去发掘。在与园区网络解决方案碰撞之后，我们想到了Slice ID不需要与SR耦合，一样可以与VXLAN隧道和GRE（Generic Routing Encapsulation，通用路由封装）隧道合用。另外，切片资源的概念经过泛化，不仅可以用于为网络切片分配带宽资源，还可以用于保证时延的资源、保证安全的资源等。

网络架构体系包含3个重要的方面：标识、转发和控制。在很长的一段时间里，因为标识和转发技术缺乏变化，IP网络领域只能在控制协议方面进行创新。网络切片引入的资源属性，引发了标识、转发和控制的一系列创新，而这些标识、转发和控制的变化，又进一步超越了网络切片最初的范畴，成为更加通用的新网络体系架构。由此我想到，未来互联网应用在客户端侧和服务器侧发出的原始IPv6报文里面完全可能携带一个资源标识，同时需要跨域协商如何基于这个资源标识实现端到端的资源保证，这个工作更加任重道远，不过IPv6能够携带资源ID的扩展赋予了它一个坚实的开始。

6. 结语

IP网络切片技术发展之路，简单地可以归结为一个"资源标识"的故事，一个痛并快乐着的过程。在这个过程中，许多同事参与了网络切片技术研究、开发、部署、应用，贡献了自己的力量，这是一个集体的成果。华为工作变化之快，使得许多同事已经转变了工作职责或技术方向，而庆幸的是能和董杰、胡志波等同事在这个领域持续耕耘，不论高潮还是低谷，网络切片的技术研究和标准推动始终能得以延续，关于网络切片的思考也能够持续深入。我们以前总是自我批判缺乏"战略耐性"，而在网络切片的工作过程中，我最大的体会是，实现战略耐性，要由有战略耐性的组织来承担。产品线在研究和标准领域的持续投入，终于使得我们的网络切片"百战成精"！

| 后记参考文献 |

[1] LI Z. Comparison between Segment Routing and LDP/RSVP–TE[EB/OL]. (2016–

03-09)[2022-09-30]. draft-li-spring-compare-sr-ldp-rsvpte-01.

[2] LI Z, LI M. Framework of network virtualization based on MPLS global label [EB/OL]. (2013-10-21)[2022-09-30]. draft-li-mpls-network-virtualization-framework-00.

[3] DONG J, BRYANT S, LI Z, et al. A framework for enhanced Virtual Private Networks (VPN+) services[EB/OL]. (2022-09-20)[2022-09-30]. draft-ietf-teas-enhanced-vpn-11.